高职高专计算机类专业教材·网络开发系列

计算机网络技术及应用项目教程

李立功　主　编

迟俊鸿　孟庆菊　崔　炜　副主编

电子工业出版社
Publishing House of Electronics Industry
北京·BEIJING

内 容 简 介

本书作为高等职业教育教学用书,也适合作为计算机网络技术初学者和爱好者的入门学习书籍。本书中所涉及案例均选自实际操作环境中的典型案例,能够真实反映所学知识和技能的实际应用情况。本书采用任务实做的编排方式,由浅入深,先基础后专业、边实做边理论,在内容上力求突出真实、易懂、易学。本书安排了 5 个项目共 11 个任务:项目 1 认识计算机系统,项目 2 组建办公室网络,项目 3 配置网络服务与应用,项目 4 维护网络安全,项目 5 计算机系统及网络常见故障分析与解决。

本书内容丰富,结构清晰,通过完整的实例对计算机网络的概念和技术进行透彻的讲述。本书不仅满足高等职业教育计算机类专业基础课程教学需要,也可作为非计算机专业计算机网络课程的教学用书,还可作为计算机网络技术及应用初学者的入门书籍。

未经许可,不得以任何方式复制或抄袭本书之部分或全部内容。
版权所有,侵权必究。

图书在版编目(CIP)数据

计算机网络技术及应用项目教程/李立功主编. —北京:电子工业出版社,2017.10
ISBN 978-7-121-32461-1

Ⅰ. ①计… Ⅱ. ①李… Ⅲ. ①计算机网络-高等职业教育-教材 Ⅳ. ①TP393

中国版本图书馆 CIP 数据核字(2017)第 195377 号

策划编辑:左 雅
责任编辑:左 雅   特约编辑:俞凌娣
印   刷:涿州市般润文化传播有限公司
装   订:涿州市般润文化传播有限公司
出版发行:电子工业出版社
     北京市海淀区万寿路 173 信箱 邮编 100036
开   本:787×1 092 1/16 印张:17 字数:435.2 千字
版   次:2017 年 10 月第 1 版
印   次:2023 年 8 月第 7 次印刷
定   价:45.00 元

凡所购买电子工业出版社图书有缺损问题,请向购买书店调换。若书店售缺,请与本社发行部联系,联系及邮购电话:(010)88254888,88258888。
质量投诉请发邮件至 zlts@phei.com.cn,盗版侵权举报请发邮件至 dbqq@phei.com.cn。
本书咨询联系方式:(010)88254580,zuoya@phei.com.cn。

前　言

本书作为高等职业教育用书，是根据当前高等职业教育学生和教学环境的现状，结合职业需求，采用"项目教学"的思路，基于工作过程以"任务实做"的形式编写的。本书也适用于计算机网络技术初学者及网络爱好者。

本书在编写上打破传统的章节编排方式，采用任务实做的编排方式，由浅入深，先基础后专业、边实做边理论的编排方式。全书采用"项目—任务—情境"三级结构，对应每一个教学情境，采用"七步"教学法：学习目标、引导案例、相关知识、任务实施、总结与回顾、拓展知识、思考与训练。围绕工作任务，先进行具体的理论和实践描述，然后进行拓展和提高，最后是思考与训练。

本书在内容上力求突出实用、全面、简单、易学的特点。通过本书的学习，能够让读者对计算机软/硬件基础、计算机网络连接、网络应用及安全等有一个比较清晰的概念，能够理解计算机配件的性能指标，能够配置和组装计算机，能够连接简单的网络，能够进行日常的网络应用，能够排除简单的计算机及网络故障。

本书安排了 5 个项目共 11 个任务：项目 1 认识计算机系统，项目 2 组建办公室网络，项目 3 配置网络服务与应用，项目 4 维护网络安全，项目 5 计算机系统及网络常见故障分析与解决。

项目 1 认识计算机系统的软/硬件构成，包括任务 1～2。任务 1 组装计算机硬件，从计算机的硬件结构和计算机配件组装等角度出发，讲述了计算机硬件的基本知识；任务 2 安装与配置计算机软件系统，从操作系统、杀毒软件、应用程序的安装与使用的角度出发，讲述了日常计算机软件安装维护、使用的基本知识。

项目 2 组建办公室网络，包括任务 3～5，从网络设备、网络连接拓扑结构到简单网络连接的整个过程进行了讲述和实际操作。任务 3 介绍了网络拓扑结构、传输介质、交换机、路由器、防火墙等基本知识和技术；任务 4 讲述了构建一个局域网的具体方法和技术，包括规划与设计办公室网络、搭建办公虚拟局域网、配置计算机参数及连接测试、连接到 Internet 等；任务 5 讲述了办公室日常网络应用中的文件夹共享和打印机共享相关知识与实践操作。

项目 3 配置网络服务与应用，包括任务 6～7。任务 6 实现资源共享中讲述了配置 Web 服务器、DNS 服务器、DHCP 服务器、FTP 服务器、VPN 服务器等相关知识和实践操作；任务 7 使用 Internet 资源，具体讲述了搜索引擎的使用、电子邮件的收发、网络下载工具的使用等知识和技术。

项目 4 维护网络安全，包括任务 8～9，从计算机及网络安全的角度，讲述了日常网络安全的基本知识和技术。任务 8 讲述了配置注册表的安全、配置 IE 安全选项、配置软件防火墙；任务 9 讲述了如何配置网络防火墙。

项目 5 计算机系统及网络常见故障分析与解决，包括任务 10～11。任务 10 介绍了日常计算机系统常见故障分析诊断的相关知识和技术；任务 11 介绍了计算机网络常见故障分析的相关知识和技术。

本书由李立功担任主编，负责规划和统筹；迟俊鸿、孟庆菊、崔炜担任副主编；蒋英华、董彧先、冯毅、高俊华、王素倩、张革华、臧宝升等老师参加了编写和审校工作。

由于编者水平有限，时间仓促，书中疏漏和不足在所难免，恳切希望读者批评指正。联系方式：llg_wsq@126.com，QQ：393182984。

编　者

目　　录

项目 1　认识计算机系统 ·· 1

任务 1　组装计算机硬件 ··· 2
1.1　认识计算机部件 ··· 2
1.2　组装计算机硬件 ··· 9

任务 2　安装与配置计算机软件系统 ··· 17
2.1　安装操作系统 ··· 17
2.2　安装杀毒软件 ··· 23
2.3　安装常用应用程序 ··· 31

项目 2　组建办公室网络 ·· 37

任务 3　认识计算机网络及设备 ·· 38
3.1　认识计算机网络 ··· 38
3.2　认识传输介质 ··· 47
3.3　认识交换机 ·· 56
3.4　认识路由器 ·· 73

任务 4　连接办公室网络 ··· 88
4.1　规划与设计办公室网络 ··· 88
4.2　搭建办公虚拟局域网 ·· 91
4.3　配置计算机参数及连接测试 ··· 101
4.4　连接 Internet ··· 108

任务 5　办公室日常网络应用 ·· 116

项目 3　配置网络服务与应用 ·· 126

任务 6　实现资源共享 ··· 127
6.1　配置 Web 服务器 ··· 127
6.2　配置 DNS 服务器 ··· 140
6.3　配置 DHCP 服务器 ··· 150
6.4　配置 FTP 服务器 ·· 158
6.5　配置 VPN 服务器 ··· 167

任务 7　使用 Internet 资源 ·· 177
7.1　使用搜索引擎 ·· 177
7.2　使用电子邮件和老师联系 ··· 183
7.3　日常网络应用 ·· 190

项目 4　维护网络安全 ·· 195

任务 8　配置个人计算机安全 ·· 196

  8.1 配置注册表安全 ·· 196
  8.2 配置 IE 安全选项 ·· 206
  8.3 配置软件防火墙 ·· 217
 任务 9 配置网络防火墙 ·· 231

项目 5 计算机系统及网络常见故障分析与解决 ·············· 250
 任务 10 计算机系统常见故障分析诊断 ·································· 251
 任务 11 计算机网络常见故障分析 ·· 258

参考文献 ··· 266

项目 1 认识计算机系统

本项目主要讲述了计算机组装与维护的基础知识。计算机已经成为人们工作、学习、生活中不可缺少的工具,按照自己的实际需求组装一台计算机成为许多人的选择。在使用过程中人们可能遇到各类计算机故障及计算机日常管理维护方面的问题,这就迫切需要他们既能熟练操作计算机又懂计算机维护的知识和技能。

本项目共分 2 个任务 5 个教学情境,主要包括了解计算机的硬件组成,计算机配件的选型与采购;硬件安装;安装操作系统;安装杀毒软件;安装应用程序等内容。

通过本项目的学习和实践,应达到以下的目标:
- 掌握计算机的组成;
- 掌握计算机各主要部件的功能及性能指标;
- 掌握主机中配件选购的基本原则;
- 学会计算机硬件的组装;
- 学会 Windows 10 的安装;
- 学会计算机硬件设备驱动程序的安装;
- 学会杀毒软件的安装和使用;
- 学会常用应用程序的安装。

任务 1　组装计算机硬件

计算机作为一种工具，已经广泛地应用到现代社会的各个领域，掌握组装计算机的方法可以帮助用户更深入地了解计算机，提高使用计算机的能力。为了能够选购并组装一台满意的计算机，首先应该对计算机的相关知识有所了解。

1.1　认识计算机部件

在学习计算机网络前应首先了解计算机的组成，计算机由硬件系统和软件系统两大部分组成，其中硬件系统是计算机工作的物质系统，而软件系统则是用户操作计算机的媒介。

1.1.1　学习目标

通过本教学情境的学习，应该达到的知识目标和能力目标如下表。

知识目标	能力目标
• 了解计算机的发展历史和趋势； • 掌握计算机的系统组成； • 掌握计算机硬件系统的组成； • 掌握硬件系统各组件的用途； • 了解计算机软件系统的组成； • 了解系统软件的功能作用； • 了解应用软件的功能作用	• 认识计算机硬件系统的组成部件； • 认识计算机常用外部设备

1.1.2　引导案例

1. 工作任务名称

认识计算机部件。

2. 工作任务背景

大部分在校大学生都拥有自己的计算机，通过调查显示 80%的台式机都是大学生自己选型完成的。了解并认识计算机的基本结构和功能部件，是现代大学生的必备知识。

3. 工作任务分析

认识计算机的硬件结构就是要认识计算机的基本硬件设备，理解他们在计算机中的主要作用，掌握它们主要的性能参数。

4. 条件准备

微型计算机一台。

1.1.3 相关知识

计算机（Computer）俗称电脑，是一种用于高速计算的现代电子计算机器，可以进行数值计算，又可以进行逻辑计算，还具有存储记忆功能，是能够按照程序运行，自动、高速处理海量数据的现代化智能电子设备。

计算机及相关技术的迅速发展带动计算机类型也不断分化，形成了各种不同种类的计算机。按照计算机的结构原理可分为模拟计算机、数字计算机和混合式计算机。按计算机用途可分为专用计算机和通用计算机。较为普遍的是按照计算机的运算速度、字长、存储容量等综合性能指标，分为巨型机、大型机、中型机、小型机、微型机（微机）。

计算机系统由硬件系统和软件系统两部分组成。硬件系统件包括中央处理器、内存储器（内存）和外部设备等构成；软件系统包括系统软件和应用软件，是计算机的运行程序和相应的文档。计算机系统的组成如图 1.1 所示。

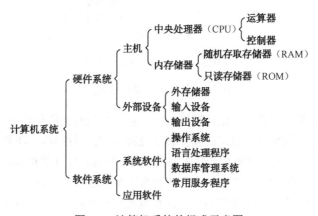

图 1.1 计算机系统的组成示意图

1. 硬件系统

计算机的硬件系统由输入设备、输出设备、存储设备（包括内存储器和外存储器）、中央处理器（CPU）组成。CPU 和内存储器合称为主机。在计算机硬件系统中，各组成部分的功能如下。

（1）中央处理器。中央处理器简称为 CPU（Central Processing Unit），它是计算机的核心和关键，直接决定计算机的性能。CPU 主要由控制器和运算器两个部分组成。

（2）输入设备。常见的输入设备是用来输入程序和数据的硬件设备，包括键盘、鼠标、麦克风、扫描仪、手写板、数码相机、摄像头等。

（3）输出设备。输出设备正好与输入设备相反，是用来输出结果的硬件设备。要求输出设备能以人们所能接受的形式输出信息，如以文字、图形的形式在显示器上输出。除显示器外，常用的输出设备还有音箱、打印机等。

（4）存储设备。存储设备是计算机中具有记忆能力的部件，用来存放程序或数据。存储设备可分为内存储器和外存储器两大类。内存储器简称为内存，又称主存，是 CPU 根据地址线直接寻址的存储空间，由半导体器件制成，其特点是存取速度快；外存储器简称为外存，外存速度相对较慢，但它容量大并且可以长期保存大量程序或数据，因而是计算机中必不可少的重要设备。

2. 软件系统

计算机的软件系统是指在硬件设备上运行的各种程序、数据及有关资料，它指挥计算机执行各种操作来完成指定的任务。如果把硬件系统看做是构成计算机的物质资源，那么软件系统便是使计算机正常运行的技术资源和知识资源。

不安装任何软件的计算机称为"裸机"，没有软件支持的"裸机"是无法工作的。软件系统的组成示意图如图 1.2 所示。

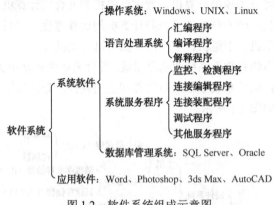

图 1.2　软件系统组成示意图

（1）系统软件。系统软件一般由计算机生产厂家或专门的软件开发公司研制，出厂时写入 ROM 芯片或存入磁盘。任何计算机都必须安装系统软件，其他程序都要在系统软件支持下运行。

系统软件用于管理、控制和维护计算机的软、硬件资源，使计算机能够正常、高效地工作。系统软件主要有操作系统软件、语言处理系统和数据库管理系统 3 类。

① 操作系统。操作系统是由指挥与管理计算机系统运行的程序模板和数据结构组成的一种大型软件系统，其功能是管理计算机的软/硬件资源和数据资源。常用的操作系统有 Windows、Linux 和 UNIX 等。

② 语言处理系统。语言处理系统包括机器语言、汇编语言和高级语言。这些语言处理程序除个别常驻在 ROM 中可以独立运行外，都必须在操作系统的支持下运行。

③ 数据库管理系统。数据库是以一定组织方式存储起来的、具有相关性的数据的集合，实现用户对数据库的建立、管理、维护和使用等功能。

（2）应用软件。应用软件是为了解决实际问题而开发的程序，可以帮助用户实现特定的功能。应用软件可分为专用软件与应用软件包。

① 专用软件。专用软件是用户为了解决特定的具体问题而开发的软件，如学校的学籍管理系统、财务部门的财务管理系统等。

② 应用软件包。应用软件包是一套满足同类应用的许多用户所需要的软件，如 Microsoft 公司的 Office 2010 等应用软件。

1.1.4　任务实施

1. 微机的硬件组成

从微机的外观来看，常用的微机主要由主机、显示器、键盘、鼠标和音箱等几个部分组成，如图 1.3 所示。其中主机又由 CPU、主板、硬盘、内存、光驱、显卡、电源等硬件设备组成，如图 1.4 所示。

图 1.3　微机的硬件组成　　　　　　图 1.4　主机箱内主要组成部件

（1）CPU。CPU 是计算机解释和执行指令的部件，它控制整个计算机系统的操作，因此人们形象地称 CPU 是计算机的大脑。衡量 CPU 性能的常用指标是主频。一般来说，主频越高，CPU 的运算速度越快，其性能也就越高。CPU 的外形如图 1.5 所示，其中左图为 Intel 酷睿 i7 7700K，右图为 AMD 台式 AMD FX-8300。

图 1.5　CPU 外形图

（2）主板。主板也称做主机板、系统板或母板，英文名为 Mainboard。它是一块矩形的多层印制电路板，上面焊接着各种芯片、插槽和接口等。主板是主机的核心部件，主要包含 CPU 插座、内存插槽，以及扩展槽的各种接口、开关、跳线，它们被用于连接其他计算机硬件设备。不同的主板对应使用的 CPU 也不相同。因此，在选购主板时，要注意与选购的 CPU 相对应。主板的外形如图 1.6 所示。

（3）内存。内存是一种存储器，它的特点是存取速度快，但容量相对较小，是计算机用来临时存放数据的地方，也是 CPU 处理数据的中转站。内存条的外形如图 1.7 所示。

图 1.6　主板外形图　　　　　　　　图 1.7　内存条外形图

（4）硬盘。硬盘是计算机存储数据的主要设备。随着设计技术的不断更新和广泛应用，硬盘不断朝着容量更大、体积更小、速度更快、性能更可靠、价格更便宜的方向发展。

固态硬盘（Solid State Drives）简称固盘，用固态电子存储芯片阵列而制成的硬盘，由控制单元和存储单元（Flash 芯片、DRAM 芯片）组成。固态硬盘在接口的规范和定义、功能及使用方法上与普通硬盘完全相同，在产品外形和尺寸上也完全与普通硬盘一致。固态硬盘和硬盘的外形如图 1.8 所示。

图 1.8　固态硬盘和硬盘外形图

（5）显卡。显卡又称显示适配器，它是主板与显示器之间的通信连接件，用于把主板的控制信号传送到显示器，并将数码信号转变为图像信号。显卡通常安装在主板的一个扩展槽内，控制显示器的显示方式如颜色、分辨率等。目前流行的显卡有 PCI、AGP 和 PCI Express 等。显卡的外形如图 1.9 所示。

（6）显示器。显示器的作用就是在屏幕上显示从键盘或鼠标等输入的命令或数据，程序运行时能自动将机内的数据转换成直观的字符、图像从显示器输出，以便及时观察程序运行的信息和结果。显示器的主要性能指标有分辨率、屏幕大小点间距、刷新频率和色彩数等。它是计算机最主要的输出设备。目前市场上主要有 CRT 和 LCD 两种类型的显示器，如图 1.10 所示。

图 1.9　显卡外形图　　　　　　　图 1.10　显示器外形图

（7）光驱。光驱的作用是读取光盘上的数据。与硬盘不同的是，光驱只能在光盘上读取数据，而不能在光盘上写数据。如果要在光盘上写数据，就需要使用刻录机。光驱的外形如图 1.11 所示。

（8）键盘和鼠标。键盘和鼠标是计算机的重要输入设备，使用键盘可以向计算机中输入各种数据信息。常见的键盘有大口键盘、小口键盘、USB 键盘、人体工学键盘、带手写板的键盘等。使用鼠标可以完成选择和确认操作。从鼠标按键上来说，有两键鼠标和三键鼠标；从接口上来说，有 PS/2 接口和 USB 接口鼠标，但 PS/2 接口已基本被淘汰。键盘鼠标的外形如图 1.12 所示。

图 1.11　光驱外形图　　　　　　　　图 1.12　键盘鼠标外形图

（9）电源和机箱。电源是安装在一个金属壳体内的独立部件，除了显示器可以直接外接电源外，其他的计算机硬件设备都需要依靠内部电源供电。因此电源品质的好坏，将直接影响机箱内各硬件设备的使用寿命和性能。

机箱是安装、放置各种部件的容器，能有效地保护计算机硬件设备。机箱由金属体和塑料面板组成，所有系统装置的部件均安装在机箱内部；面板上一般配有工作状态指示灯和控制开关；机箱后面有电源插口、键盘插口以及连接显示器、打印机和串行通信的插口。电源和机箱外形如图 1.13 所示。

图 1.13　电源和机箱外形图

2. 认识计算机常用的外部设备

为了让计算机能够完成更多的功能，可以为计算机连接一些外部设备。随着计算机技术的发展，计算机可以连接的外部设备越来越多，如打印机、U 盘、移动硬盘、摄像头等。下面介绍一些常用的计算机外部设备。

（1）打印机。打印机是最常用的计算机外部设备之一，主要用于将计算机中的文字、图像等信息打印到传统的纸质媒体中。打印机如图 1.14 所示。

（2）扫描仪。扫描仪是计算机重要的外置输入设备之一，它能够将图片、文档以图片方式扫描保存到计算机中。如使用扫描仪可以将照片扫描至计算机中，保存为图片文件。扫描仪如图 1.15 所示。

图 1.14　打印机外形图　　　　　　　　图 1.15　扫描仪外形图

（3）摄像头。摄像头是一种数字视频输入设备，使用它可以与网络上的其他计算机用户进行视频聊天。摄像头如图 1.16 所示。

（4）U 盘和移动硬盘。U 盘与移动硬盘都是可以连接计算机的移动存储设备。U 盘是一种采用 USB 接口的移动存储设备，它具有价格低、存储容量大、存取速度快、可靠性好及携带方便等优点。

移动硬盘以硬盘为存储介质，是一种基于 USB、IEEE 1394 等接口的活动硬盘。相对于 U 盘来说，它具有容量更大、存取速度更快等优点，但价格也要贵一点。U 盘和移动硬盘如图 1.17 所示。

图 1.16　摄像头外形图　　　　　图 1.17　U 盘和移动硬盘外形图

（5）耳机与音箱。耳机与音箱是使用计算机听音乐、玩游戏或看电影必不可少的设备，它们能够从声卡中接收音频信号，并将其还原为真实的音乐。耳机与音箱如图 1.18 所示。

（6）手写板。手写板的作用与鼠标相似，主要用于屏幕光标的快速定位，并且用户还可以使用手写板来精确、快速地绘图和输入汉字。写字板如图 1.19 所示。

图 1.18　耳机和音箱外形图　　　　　图 1.19　写字板外形图

1.1.5　总结与回顾

本教学情境主要讲述了微型计算机的硬件系统组成，如主机、输入设备、输出设备等，并对各主要设备进行了认识。通过学习，可以了解微机硬件系统的基本组成，认识主要输入输出设备，以及对各设备的功能进行初步了解。

1.1.6　拓展知识

1. 微型计算机发展简史

微型计算机发展简史如表 1.1 所示。

表 1.1 计算机发展简史

阶　　段	划 分 年 代	标志元器件	主 要 特 点
第一代计算机	1946～1958 年	电子管	主存储器采用磁鼓，体积大、耗电量大、运行速度慢、可靠性不高
第二代计算机	1958～1964 年	晶体管	主存储器采用磁芯，开始使用高级程序及操作系统，速度提高、体积减小
第三代计算机	1965～1971 年	中小规模集成电路	主存储器采用半导体存储器，集成度高、功能增强、价格下降
第四代计算机	1972 年至今	超大规模集成电路	计算机走向微型化、人工智能化，性能大幅度提高，并采用了多媒体技术，具有听、说、读、写等功能，为网络化创造了条件

2. 计算机的发展趋势

（1）巨型化。计算机的巨型化并不是指机器的体积巨大，而是指它具有超强的功能、更大的容量、更快的速度，可应用于高、精、尖的科学技术事业，如研究卫星、航天设备等。

（2）网络化。计算机网络把分布在各地的许多计算机用通信线路连接起来，用户可以通过连入网络中的计算机，共同享用软、硬件资源。

（3）智能化。智能计算机是一种模拟人脑思维的系统，这就是计算机的智能化。它不仅要懂得人的自然语言，而且还具有判断、决策、分析等高级思维能力。

（4）多媒体化。多媒体是指信息的表现形式（或者说是传播形式），如文字、声音、图形、图像、影视等信息表现。

1.1.7 思考与训练

（1）观察并记录计算机的组成部件，详细了解每一个部件的生产厂家及型号。

（2）上网查询所记录部件的性能、价格等信息。

（3）上网查询所记录部件的可替换部件。

1.2 组装计算机硬件

计算机硬件的组装包括主机和外设的组装。主机的组装包括 CPU、风扇、内存、电源、硬盘、光驱等硬件的组装，常用的外设则有显示器、键盘、鼠标、音箱等。

1.2.1 学习目标

通过本教学情境的学习，应该达到的知识目标和能力目标如下表。

知识目标	能力目标
• 掌握计算机硬件组装的基本知识； • 掌握计算机硬件组装流程； • 了解微型计算机硬件组装过程中的注意事项； • 掌握组装计算机的基本操作	• 学会组装计算机主机硬件； • 学会连接计算机外设； • 学会设置 BIOS 系统参数

1.2.2 引导案例

1. 工作任务名称

计算机组装。

2. 工作任务背景

购置了计算机所需的各部分硬件和外设后,需要学生自己亲手进行组装,从而掌握组装计算机的基本操作,并在组装完成后进行测试。

3. 工作任务分析

组装一台计算机之前,要做好组装前的准备工作,熟悉安装工具的使用,按照一定的硬件组装顺序进行装机。

4. 条件准备

选购好计算机的各部分硬件及外部设备。

1.2.3 相关知识

1. 组装前的准备工作

在组装一台计算机之前,用户需要做一些准备工作,这样才能有效地处理装机过程中出现的各种情况。通常需要进行以下几项准备工作。

(1)工作台。计算机桌是最好的工作台。最好将工作台放置到房间中较空的地方,能够围着它转,以便从不同的位置操作。

(2)配件放置台。在配件放置台上面铺垫一层硬纸板或纯棉布,不要用化纤布或塑料布,以免产生静电而损坏配件。

(3)工具。准备好中号十字螺丝刀一把、一字螺丝刀一把、环形橡皮筋几根、导热硅脂等工具。

(4)拆开配件的包装。将买回的配件开封并取出,除机箱放在工作台上外,其他配件都放在配件放置台上,不要重叠。说明书、安装盘、连接线、螺钉等分类放开备用。尽量不要触摸配件上面的线路及芯片,以免产生静电而损坏它们。

(5)放电。用手触摸地线或者触摸自来水管等以释放自己身上所带的静电,因为电子产品很容易受静电干扰而影响品质。

2. 计算机组装注意事项

组装计算机一定要按标准认真执行,因为计算机是一种精密仪器,很容易损坏。有如下注意事项:

- 组装计算机时一定得防静电,任何行为都不得违背这个原则;
- 组装计算机时一定得适度用力,插板卡时要特别注意;
- 安装螺丝时,一定得全部安装,不能偷工减料;
- 主板上螺丝的垫板得放上去,这样可以防静电;
- 不能触摸主板、显卡、内存条等部件的线路板;
- 插板卡以及跳线时尽可能不碰到主板上的小元件。

1.2.4 任务实施

1. 安装主机

主机是计算机最重要的部分，由 CPU、主板、内存、显卡、硬盘、光驱等设备构成，在安装时需要将这些设备与主板相连，并安装至机箱内部。

（1）安装 CPU 及风扇。

① 从主板的包装袋中取出主板，并放在工作台上。放置主板时，将包装袋放置在工作台上，主板放在包装袋上，这样既可以保护主板反面的焊点，又可以防止桌面被刮伤。

② 在插入 CPU 之前，先将 CPU 插槽处的锁杆拉起，使锁杆几乎垂直于主板面，如图 1.20 所示。

③ 将 CPU 插入插槽中，注意 CPU 针脚的方向问题。在将 CPU 插入插槽时应注意观察 CPU 下面的针脚的排列，在边缘处可以发现有一个角上缺少一个（或几个）插针，而对应的 ZIF 插槽也少了一个（或几个）插孔，CPU 上缺少插针的角对应 ZIF 插槽上少插孔的角，这样就可以了。有些 CPU 有两个角缺少插针，原理相同。放下 ZIF 插槽上的锁杆，锁紧 CPU，即可完成 CPU 的安装操作。

④ 在 CPU 表面均匀涂抹一层硅胶，这有助于将废热由处理器传导至散热装置上。在涂抹硅胶的时候，若发现有不均匀的地方，尽管用手指涂抹，不用担心会有皮肤的损伤。

⑤ 将散热器及固定架垂直对准 CPU，缓慢下降轻轻放在 CPU 的核心上。然后用手下压风扇的固定架，直到固定架卡在 CPU 底座上的凹槽中，如图 1.21 所示。

图 1.20　拉起 CPU 锁杆

图 1.21　散热器插入 CPU 凹槽

⑥ 将散热器固定架上的两个扣杆分别向反方向扣死，保证 CPU 与散热风扇之间的接触面较紧。

⑦ 最后将散热器风扇的电源插头插入主板对应的供电插槽中。

（2）安装内存。

① 安装内存前，先要将内存插槽两端的白色卡角向两边扳动，将其打开。

② 插入内存条时，将内存条金手指上的缺口对准内存插槽内的突起。

③ 将内存条垂直放在插槽上，然后稍微用力下压，直到内存条插槽两头的卡角自动卡住内存条，内存卡到位的瞬间会听到"咔哒"的响声并且手指能够感觉到内存条被卡到位，如图 1.22 所示。

④ 当内存条插到底后，插槽两边的白色卡角会自动闭合。如果内存条已经插到底，但两端的卡角还是不能自动合拢，那么可以用手将其扳到位。

图 1.22　内存条插入插槽

（3）将主板放入机箱。

① 采取斜入式将主板放入机箱中，先对准并放下有 I/O 接口的那边，再放下另外一边。

② 用主板附赠的 I/O 挡板替换机箱背部的挡板。这些挡板与机箱直接连在一起，需要先用螺丝刀将其顶开，然后用尖嘴钳将其扳下。外加插卡位置的挡板可根据需要拆卸，不用将所有的挡板都取下。

③ 使用金属螺丝将主板固定在机箱中，固定时应检查一下金属螺丝柱或塑料钉是否与主板的定位孔相对应，然后将金属螺丝套上纸质绝缘垫圈加以绝缘，最后用螺丝刀旋入此金属螺丝柱即可，如图 1.23 所示。

（4）安装电源。若机箱自带有计算机电源，无需再动手安装；否则按照以下步骤进行安装。

① 将电源对应放入机箱预留的电源位置处，电源线所在面应朝机箱内侧，电源有标签的一面一般应该朝向用户。

② 在机箱的后侧，使用螺丝将电源固定在机箱中，螺丝不要拧得太松，以减小电源工作时的噪声，如图 1.24 所示。

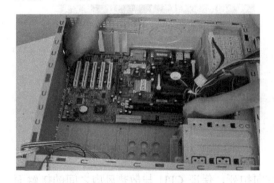

图 1.23　固定主板

图 1.24　固定电源

（5）安装显卡。

① 在主板上找到 PCI-E 插槽后，查看机箱后面所对应的位置是否有铁皮挡板，如果有则需要先拆除该挡板，否则将无法正常安装显卡。

② 将显卡插入主板的 PCI-E 插槽中，如图 1.25 所示。

③ 在机箱后侧，使用螺丝将显卡固定在机箱中。

（6）安装硬盘。

① 将硬盘插入机箱的硬盘托架，硬盘接口应朝向机箱内侧，如图 1.26 所示。

② 在硬盘两侧使用螺丝将硬盘固定在机箱中。

③ 有的机箱带有可拆卸的硬盘托架，可以先将硬盘托架从机箱中取出，以方便在其中安装硬盘。安装完硬盘后，再将硬盘托架重新安装至机箱中。

图 1.25　显卡插入插槽

图 1.26　硬盘插入托架

（7）安装光驱。

① 拆除机箱前面的光驱挡板。有几台光驱就拆掉几块挡板，剩下的塑料挡板可以保留，以免机箱内落灰。

② 将光驱向内推，使光驱的前表面与机箱面板相平，如图 1.27 所示。然后使用螺丝将其固定。有些机箱内有轨道，在安装光驱的时候就需要安装滑轨。安装滑轨时应注意开孔位置，并且螺丝要拧紧。

③ 固定光驱位置，用细纹螺钉固定，4 颗螺钉都旋入固定位置后并调整，最后再拧紧。

2. 连接数据线

（1）连接硬盘数据线。将 SATA 数据线的一端连接至主板接口中，如图 1.28 所示。将 SATA 数据线插入主板接口上时，若听到"咔"的响声，表示数据线已经连接好。

图 1.27　光驱推入机箱

图 1.28　SATA 数据线与主板连接

（2）将 SATA 数据线与硬盘连接。

（3）若用户选购的硬件设备中有使用 IDE 接口的，还需连接 IDE 数据线，将 IDE 数据线的一头插入主板的 IDE 插槽中。

3. 连接电源线

（1）将电源盒引出的 24pin 电源插头插入到主板的电源插槽中，如图 1.29 所示。

（2）将 SATA 电源接口连接至 SATA 硬盘的电源插槽中，D 型电源接口连接至 D 型电源插槽中。

4. 连接机箱控制开关

根据机箱插接线的塑料插头上标注的插接对象，对号入座，连接好主板与面板上的开关、指示灯等，如图 1.30 所示。

图 1.29　连接 24pin 电源线　　　　　　图 1.30　机箱控制开关

5. 连接外部设备

（1）将显示器数据线连接至显示器。将接口对准显示器的插槽，插入接头后将两端螺丝拧紧。

（2）将显示器数据线连接至主机的显卡接口。对准显卡插槽，插入接头后将两端螺丝拧紧。

（3）连接键盘和鼠标。将键盘数据线连接至机箱后的紫色接口，鼠标数据线连接至机箱后的绿色接口。若为 USB 口，直接插入任意的 USB 接口中。

（4）将音箱或耳机的音源线插入到主机的声卡接口中。

（5）将网线的水晶头插入网卡接口中。

（6）将显示器电源线连接至电源插座。

（7）若有摄像头，则将摄像头连接到 USB 口即可。

6. 检查组装的硬件

（1）检查主板上的各个跳线是否正确。

（2）检查各个硬件设备是否安装牢固，如 CPU、显卡、内存、硬盘等。

（3）检查机箱中的连线是否搭在了风扇上而影响风扇散热。

（4）检查机箱内有无其他杂物。

（5）检查外部设备是否连接良好，如显示器、音箱等。

（6）检查数据线、电源线是否连接正确。

7. 开机检测

检查无误后，将计算机主机电源线一端连接至机箱电源接口，另外一端连接至电源插座。接通电源后，按下机箱开关，若用户听到"嘀"的一声，并且显示器出现自检画面，则表示计算机已经组装成功，用户可以正常使用。若未正常运行，则需要重新对计算机中的设备进行检查。

8. 整理机箱

整理机箱内部各种线缆。将要整理的线缆放到扎带线圈内，然后将扎带较细的一头插入较粗且有套的一头，拉紧并用剪刀减去多余扎带头，再合上机箱盖。

9. 设置 BIOS

BIOS（Basic Input Output System，基本输入输出系统）是一组固化到计算机主板上一个 ROM 芯片上的程序，它保存着计算机最重要的基本输入输出的程序、开机后自检程序和系统自启动程序，它可从 CMOS 中读写系统设置的具体信息。其主要功能是为计算机提供最底层的、最直接的硬件设置和控制。

只有在每次开机时才可以设置 BIOS，在计算机启动时按 Delete 键（不同类型主板按键不同，有 F2、F12 等）进入 BIOS 设置界面。BIOS 设置程序主要对计算机的基本输入输出系统进行管理和设置，使系统运行在最好状态下，使用 BIOS 设置程序还可以排除系统故障或者诊断系统问题。它与一般的软件还是有一些区别的，而且它与硬件的联系也是相当地紧密。形象地说，BIOS 应该是连接软件程序与硬件设备的一座"桥梁"，负责解决硬件的即时要求。

（1）进入 BIOS 设置界面。开机然后按键盘上的 Delete 键，稍后即可进入 BIOS 的设置界面。不同的主板 BIOS 的界面也是不同的，最常见的 BIOS 设置界面如图 1.31 所示。

进入到界面之后可以看到有很多选项，第一项是 Standard CMOS Features，就是 CMOS 的标准设置，这里可以设定启动顺序、板载设备、运行频率等。一般情况下不建议去设置它，只需要知道它代表的含义即可。

（2）设置从 U 盘启动系统。利用 ↑↓ 光标键，选择并进入第二项 Advanced BIOS Features（高级 BIOS 设置），常用的一些设置选项都在这里，包括引导顺序等。第一次安装操作系统，需要通过光盘或者 U 盘去启动，然后安装 Windows 10 或者其他系统，如图 1.32 所示。

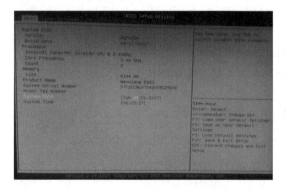

图 1.31　BIOS 设置主界面

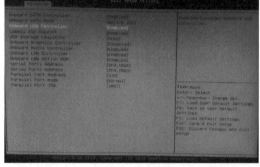

图 1.32　Advanced BIOS Features 设置界面

设置完成后，按 Esc 键返回 BIOS 主界面，选择"Save & Exit Setup"保存并退出 BIOS 设置界面。

1.2.5　总结与回顾

要组装一台高性能的计算机，首先要懂得合理地搭配硬件，需要对市场有充分的了解，积累一定的经验；在进行硬件组装前，需要做好装机前的准备工作，准备好装机工具和装机所用配件；按照一定装机顺序进行各硬件的组装；在装机完成后，需要对其进行性能测试。硬件的组装需要经过多次实践才能够熟练地掌握。

1.2.6　拓展知识

计算机硬件的日常维护保养

（1）定期开机，特别是潮湿的季节里，否则机箱受潮会导致短路，经常用的计算机反而不容易坏。

（2）夏天时注意散热，避免在没有空调的房间里长时间使用计算机，冬天注意防冻。

（3）不用计算机时，要用透气而又遮盖性强的布将显示器、机箱、键盘盖起来，能很好地防止灰尘进入计算机。

（4）尽量不要频繁开关机，暂时不用时，干脆用屏幕保护或休眠。计算机在使用时不要搬动机箱，不要让计算机受到震动，也不要在开机状态下带电拔插除 USB 设备之外的其他硬件设备。

（5）使用带过载保护和三个插脚的电源插座，能有效地减少静电，若手能感到静电，用一根漆包线一头缠绕在机箱后面板上，可缠绕在风扇出风口，另一头接地即可。

（6）养成良好的操作习惯，尽量减少装卸软件的次数。

（7）遵循严格的开关机顺序，应先开外设，如显示器、音箱、打印机、扫描仪等，再开机箱电源。反之关机时应先关闭机箱电源。

（8）显示器周围不要放置音箱，会有磁干扰。显示器在使用过程中亮度要适中，以眼睛舒适为佳。

（9）计算机周围不要放置水或流质性的东西，避免不慎碰翻流入引起麻烦。

（10）机箱后面众多的线应理顺，不要互相缠绕在一起，最好用塑料箍或橡皮筋捆紧，这样做的好处是干净不积灰，线路容易找。

1.2.7 思考与训练

（1）根据自己的经济情况，列出自己选购微机的配置清单。
（2）在老师的指导下，自己动手组装一台计算机，并进行开机测试。

任务 2 安装与配置计算机软件系统

计算机硬件组装完成后，还需要系统安装一系列软件，包括操作系统、硬件设备驱动程序、杀毒软件和常用应用软件等。只有安装了这些程序后，才能发挥计算机的实用功能。

2.1 安装操作系统

刚组装完的计算机只具备处理各种数据的潜力，对于用户来说还暂时不能发挥作用。安装操作系统是计算机系统软件安装的第一步。之后还需要安装硬件驱动程序，计算机才可以与设备进行通信。操作系统不同，硬件的驱动程序也不完全相同。

2.1.1 学习目标

通过本教学情境的学习，应该达到的知识目标和能力目标如下表。

知识目标	能力目标
• 了解 Windows 10 操作系统的安装要求； • 了解 Windows 10 操作系统的全新安装方式； • 理解硬件驱动程序的作用； • 理解硬件驱动程序安装原则	• 能够独立安装 Windows 10 操作系统； • 能够安装常用硬件驱动程序

2.1.2 引导案例

1. 工作任务名称

安装 Windows 10 操作系统。

2. 工作任务背景

计算机硬件组装全部完成，既巩固了学到的理论知识，又掌握了一定的计算机组装能力。要想让刚刚组装完成的计算机能够正常使用，就必须安装操作系统和相应的硬件设备驱动程序。

3. 工作任务分析

目前主流的操作系统大都来源于微软公司，Windows 10 是目前众多计算机用户使用的主流操作系统，占据着较大的市场，受到广大计算机用户的青睐。

考虑到使用习惯和兼容性，我们决定安装 Windows 10 Professional 系统。

4. 条件准备

结合硬件配置，综合考虑兼容性和使用习惯，我们准备了 Windows 10 Professional 操作系统安装盘。

2.1.3 相关知识

1. 操作系统介绍

操作系统（Operating System，OS）是一个管理计算机硬件与软件资源的程序，同时也是计算机系统的内核与基石。操作系统是一个庞大的管理控制程序，大致包括 5 方面管理功能：进程与处理机管理、作业管理、存储管理、设备管理、文件管理。目前计算机上常见的操作系统有 UNIX、Linux、Windows、Mac OS 等。

操作系统的功能包括：管理计算机系统的全部硬件资源、软件资源及数据资源；控制程序运行；改善人机界面；为其他应用软件提供支持等，使计算机系统所有资源最大限度地发挥作用，为用户提供方便的、有效的、友善的服务界面。

2. Windows 10 介绍

Windows 10 是美国微软公司所研发的新一代跨平台及设备应用的操作系统。Windows 10 将包含 7 个不同的版本，分别是家庭版（Home）、专业版（Professional）、企业版（Enterprise）、教育版（Education）、物联网核心版（IoT Core）、移动版（Mobile）和移动企业版（Mobile Enterprise）。

其中，家庭版面向大多数用户设计，具备我们能够见到的绝大多数功能，包括 Cortana 数字助理（小娜）、Edge 浏览器、Continuum 平板电脑模式、Windows Hello 人脸、虹膜、指纹登录、Xbox One 流媒体游戏等，支持 PC、平板电脑、笔记本电脑、二合一电脑等。

专业版面向商务及小企业用户，除家庭版所有功能外，主要增加了一些安全类及办公类功能，如允许用户管理设备及应用、保护敏感企业数据、支持远程及移动生产力场景、云技术支持等。此外该版中 Windows Update for Business 功能也是一个亮点，它可以让企业管理者更快地获取安全更新，并控制更新部署。

3. 安装 Windows 10 Professional 的流程

本教学情境中计算机是裸机，所以进行的是全新安装 Windows 10 Professional 操作系统。首先准备一张 Windows 10 Professional 操作系统的安装光盘，然后按照以下流程逐步完成安装操作，如图 2.1 所示。

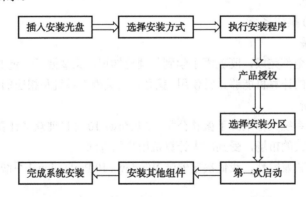

图 2.1 Windows 10 Professional 系统安装流程图

4. 安装驱动程序的顺序

（1）安装主板驱动程序。如果主板没有集成声卡和显卡，还需安装相应的驱动程序。

（2）安装显卡驱动程序。如果购买了独立声卡，还需安装相应驱动程序。

2.1.4 任务实施

1. 全新安装 Windows 10 Professional

Windows10 对计算机硬件环境的要求并不高，CPU 具有 1GHz 或以上的运行速度，内存 RAM 至少 1GB（32 位）或 2GB（64 位），硬盘空间至少 16GB（32 位）或 20GB（64 位），显卡支持 DirectX9 或更高版本（包含 WDDM 驱动程序）。

一般情况下，直接利用光盘进行安装。如果计算机没有光驱，可以将安装光盘镜像成 ISO 文件后复制到硬盘，利用硬盘进行安装。如果使用硬盘 ISO 文件进行安装，可以下载一个 WinPE （一种简易版 Windows），在硬盘上建立 WinPE 操作环境，提供 Windows10 安装所需要的基本环境。下面通过光盘进行 Windows10 的安装。

（1）在 BIOS 设置中把计算机引导程序改为从 CD-ROM 引导。将 Windows 10 Professional 安装光盘放入光驱，重新启动计算机，计算机将从光驱引导，计算机正式进入到 Windows10 安装进程。首先是从徽标开始，接下来是设置界面，如图 2.2 所示。

（2）按照安装程序的提示，一步步进行选择和操作。接下来进入密钥输入环节，你可以在这里直接输，也可以单击"跳过"，等系统装好后再输入，如图 2.3 所示。

产品秘钥在所购买的 Windows10 的包装盒里面。

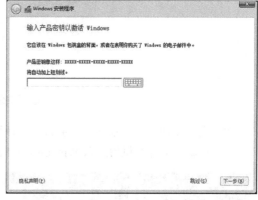

图 2.2　Windows10 安装界面　　　　　　图 2.3　输入产品秘钥界面

（3）接下来在打开的"许可条款"界面中选中"我接受许可条款"复选框，然后单击"下一步"按钮继续安装，如图 2.4 所示。

（4）由于是全新安装，因此这里选择第二项"自定义：仅安装 Windows（高级）"，如图 2.5 所示。

（5）在进入的界面中选择要使用的文件系统的格式并进行格式化操作，这里选择"用 NTFS 文件系统格式化磁盘分区"选项，按 Enter 键。接下来开始进入文件复制阶段，这里大家都很熟了，此阶段大约会持续 20 分钟，如图 2.6 所示。

（6）此时系统进入格式化磁盘的界面，在这里可以看到硬盘的总容量、分区的磁盘容量以及格式化的进度等信息。

（7）这是 Windows 10 个性化设置，一般选择"快速设置"即可，当然也可以选择"自定义设置"。在此，我们选择"自定义设置"。格式化完成之后，安装程序开始自动复制系统文件，用户需耐心等待，如图 2.7 所示。

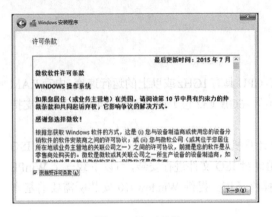

图 2.4　许可条款　　　　　　　　　　　图 2.5　选择安装类型

图 2.6　选择安装到哪个磁盘分区

（8）文件复制完后，系统提示重新启动计算机，按 Enter 键可立即重启计算机。
（9）重新启动计算机后进入 Windows 10 Professional 初始桌面，如图 2.8 所示。

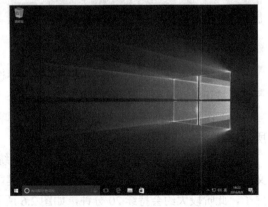

图 2.7　自动复制系统文件　　　　　图 2.8　Windows 10 Professional 初始桌面

（10）完成初始安装后，可以在 Windows 10 Pro 系统的控制面板中，设置网络等属性。

2. 安装驱动程序

虽然 Windows 10 Professional 系统内置了一些常用设备的驱动程序，如硬件、鼠标等。不过这些驱动程序大多数是微软开发的，它们的驱动效果往往没有硬件厂商提供的好。因此在安装完

Windows 10 Professional 系统后，往往还需要安装一些硬件的驱动，使计算机的性能达到最优。

在购买各种计算机硬件的时候，硬件厂商会在包装盒中以光盘形式附送该设备的驱动程序。用户也可以通过访问硬件设备厂商的官网下载最新驱动程序。此外也可以访问诸如驱动之家（http://www.mydrivers.com/）等综合类驱动程序网站，下载最新的驱动程序。

（1）安装主板驱动程序。

① 将主板驱动光盘放入光驱，系统会自动打开安装界面，单击"驱动程序安装"按钮，如图 2.9 所示。

② 打开驱动程序对话框，单击"VIA 芯片驱动"按钮，如图 2.10 所示。

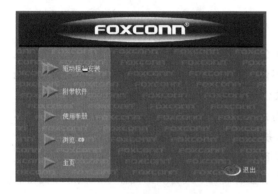
图 2.9　驱动程序安装

图 2.10　"VIA 芯片驱动"安装

③ 进入主板驱动安装界面，单击"NEXT"按钮。

④ 在打开的对话框中阅读安装协议，单击"YES"按钮。

⑤ 在打开的对话框中可以选择安装类型，这里选择"Normal Installation"单选按钮，然后单击"NEXT"按钮。

⑥ 在打开的对话框中保持默认设置，然后单击"NEXT"按钮。

⑦ 开始安装驱动程序，安装完成后将打开对话框，在其中选择"No, I will restart my computer later"单选按钮，单击"OK"按钮，先不重新启动，待所有驱动安装完成后，再重启计算机，即可完成驱动的安装。

（2）安装板载芯片的驱动程序。如果主板集成有声卡、网卡、显卡，那么主板驱动程序光盘中还应附带这些集成芯片的驱动程序。下面以板载声卡驱动程序为例，进行驱动程序的安装。

① 打开驱动安装界面，单击"驱动程序安装"按钮，再单击"板载声卡驱动"按钮。

② 打开声卡驱动程序安装界面，单击"下一步"按钮，开始安装声卡驱动程序。

③ 选择"否，稍后再重新启动计算机"单选按钮，单击"OK"按钮，先不重新启动，待所有驱动安装完成后，再重启计算机，即可完成驱动的安装。

（3）安装显卡驱动程序。以铭瑄 ATI 显卡为例，介绍安装显卡驱动的方法。

① 将显卡驱动程序放入光盘，系统会自动打开安装界面，单击"Driver Install"按钮。

② 打开 ATI 显卡驱动程序安装向导，单击"下一步"按钮。

③ 在打开的对话框中阅读安装协议，之后单击"是"按钮。

④ 在打开的对话框中选择安装方式，单击"自定义"按钮。

⑤ 在对话框的列表框中，只选中"ATI 显示驱动程序"复选框，然后单击"下一步"按钮。

⑥ 开始安装显卡驱动程序，安装完成后打开对话框，选择"是，我现在要重新启动计算机"

单选按钮，然后单击结束按钮，完成整个显卡程序的安装，同时也完成了整个驱动程序的安装。

⑦ 显卡驱动程序安装完成后，调整桌面的分辨率，可以更舒适地使用计算机。

2.1.5 总结与回顾

本教学情境主要讲述了微型计算机操作系统和相关驱动程序的安装等内容，并对操作系统相关设置进行了介绍。通过本情境的学习，可以了解微机操作系统的基本功能和设置，并对常用设备的驱动程序安装与设置进行初步了解。

2.1.6 拓展知识

1. Ghost 简介

Ghost 版系统是指通过赛门铁克公司出品的 Ghost 在装好的操作系统中进行镜像克隆的版本，通常 Ghost 用于操作系统的备份，在系统不能正常启动的时候用来进行恢复。因为 Ghost 版系统方便以及节约时间，故广泛复制 Ghost 文件进行其他计算机上的操作系统安装（实际上就是将镜像还原）。因为安装时间短，所以深受用户的喜爱。但这种安装方式可能会造成系统不稳定，因为每台机器的硬件都不太一样，而按常规操作系统安装方法，系统会检测硬件，然后按照本机的硬件安装一些基础的硬件驱动，当遇到某个硬件工作不太稳定的时候就会终止安装程序。而普通安装则不会，所以安装操作系统应尽量按常规方式安装，这样可以获得比较稳定的性能。

2. Ghost 版 Windows 10 Professional 系统的安装

（1）要安装 Ghost 版 Windows 10 系统，第一步骤，就是从网上下载 Ghost 版 Windows 10 系统 iso 映像文件，解压映像文件后找到后缀名 GHO 文件（Windows.gho），大小在 3~4GB。

（2）用 U 盘启动盘制作工具制作能够引导系统的 U 盘启动盘，然后将下载的 Windows.gho 复制到 U 盘。

（3）将 U 盘启动盘连接上计算机后重启计算机，发现开机 Logo 画面的时候，迅速按下快捷键（F12 或其他系统键），进入启动项选择页面。

（4）选择"手动运行 ghost11"。在 Ghost 中，选择安装文件 Windows.gho 安装到系统分区即可，如图 2.11 所示。

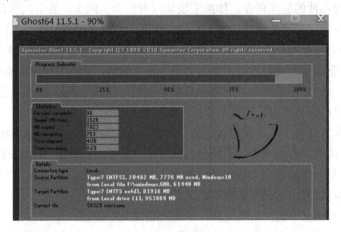

图 2.11　安装向导界面

2.1.7 思考与训练

（1）全新安装 Windows 10 Professional 和 Ghost 版 XP 系统的安装有何不同？
（2）设备驱动程序的安装方法是什么？
（3）上网搜索相关板卡的驱动程序。

2.2 安装杀毒软件

随着互联网的流行，计算机病毒借助网络爆发也随之流行。在与计算机病毒的对抗中，如果能采取有效的防范措施，就能使系统不感染病毒，或者感染病毒后能减少损失。杀毒软件的安装就是一种有效应对方法。

2.2.1 学习目标

通过本教学情境的学习，应该达到的知识目标和能力目标如下表。

知识目标	能力目标
• 了解常见的杀毒软件； • 了解杀毒软件的常用功能	• 掌握杀毒软件的安装和卸载方法； • 掌握杀毒软件的使用方法

2.2.2 引导案例

1. 工作任务名称

安装杀毒软件。

2. 工作任务背景

配置安装好了新的计算机，不可避免存在感染病毒、木马、恶意软件侵入计算机系统的问题，如何消除安全隐患，防毒于未然，那就只有杀毒软件能够解决问题。

3. 工作任务分析

无论是个人计算机还是公用计算机，防止病毒入侵必须安装杀毒软件。

对于杀毒软件，现在成熟的产品有许多，常见的有卡巴斯基、诺顿杀毒软件、瑞星杀毒软件、Mcafee 杀毒软件、360 杀毒等。近年来 360 杀毒异军突起，它是 360 安全中心出品的一款免费的云安全杀毒软件。它具有以下优点：查杀率高、资源占用少、升级迅速等。同时，360 杀毒可以与其他杀毒软件共存，是一个理想杀毒备选方案。360 杀毒是一款一次性通过 VB100 认证的国产杀毒软件。

4. 条件准备

在此，我们安装 360 杀毒软件。

360 杀毒是一款永久免费、性能超强的杀毒软件。它采用 BitDefender 引擎，拥有完善的病毒防护体系；轻巧快速不占资源、查杀能力超强、误杀率低；采用病毒查杀引擎及云安全技术，不但能查杀数百万种已知病毒，还能有效防御最新病毒的入侵；病毒库每小时升级，及时拥有最新的病毒清除能力；优化的系统设计，对系统运行速度的影响极小。

2.2.3 相关知识

1. 计算机病毒

计算机病毒是一种人为编制的、在计算机运行中对计算机信息或系统起破坏作用,影响计算机使用并且能够自我复制的一组计算机命令或程序代码,即病毒是一组程序代码的集合。这种程序不能独立存在,它隐蔽在其他可执行的程序之中,轻则影响计算机运行速度,使计算机不能正常工作;重则使计算机瘫痪,会给用户带来不可估量的损失。计算机病毒必须满足能自行执行及自我复制两个条件。

(1) 病毒的特征。

① 非授权可执行性。一般正常的程序是由用户调用,再由系统分配资源,完成用户交给的任务。其目的对用户是可见的、透明的。而病毒具有正常程序的一切特性,它隐藏在正常程序中,当用户调用正常程序时窃取到系统的控制权,先于正常程序执行,病毒的动作、目的对用户是未知的,是未经用户允许的。

② 隐蔽性。病毒一般是具有很高编程技巧、短小精悍的程序。通常附在正常程序中或磁盘较隐蔽的地方,使其不易被察觉。

③ 潜伏性。大部分的病毒感染系统之后一般不会马上发作,它可长期隐藏在系统中,只有在满足其特定条件时才启动其表现(破坏)模块,也只有这样它才可以进行广泛地传播。

④ 传染性。传染性是计算机病毒最重要的特征,是判断一段程序代码是否为计算机病毒的依据。病毒程序一旦侵入计算机系统就开始搜索可以传染的程序或磁介质,然后通过自我复制迅速传播。

⑤ 破坏性。任何病毒只要侵入系统,都会对系统及应用程序产生程度不同的影响。轻者会降低计算机工作效率,占用系统资源,重者会对数据造成不可挽回的破坏甚至导致系统崩溃。

⑥ 不可预见性。不同种类的病毒,它们的代码虽千差万别,可有些操作是共有的。但由于目前的软件种类极其丰富,且某些正常程序也使用了类似病毒的操作甚至借鉴了某些病毒的技术。使用病毒共性这种方法对病毒进行检测势必会造成较多的误报情况,而且病毒的制作技术也在不断提高,病毒对反病毒软件永远是超前的。

⑦ 寄生性。指病毒对其他文件或系统进行一系列非法操作,使其带有这种病毒,并成为该病毒的一个新的传染源的过程。这是病毒的最基本特征。

⑧ 触发性。指病毒的发作一般都有一个激发条件,即一个条件控制。这个条件根据病毒编制者的要求可以是日期、时间、特定程序的运行或程序的运行次数等。

(2) 病毒的发展趋势。随着互联网的发展,计算机病毒似乎开始了新一轮的进化,未来的计算机病毒也会越来越复杂,越来越隐蔽,呈现了新的发展趋势。病毒技术的发展对杀毒软件提出了巨大的挑战,呈现以下几种发展趋势。

① 传播网络化。很多病毒都选择了网络作为主要传播途径。

② 利用操作系统和应用程序的漏洞入侵系统。

③ 传播方式多样。可利用包括文件、电子邮件、Web 服务器、网络共享等途径传播。

④ 危害多样化。传统的病毒主要攻击单机,而现代病毒会造成网络拥堵甚至瘫痪,直接危害到了网络系统。

⑤ 利用通信工具的病毒越来越多。

⑥ 利益驱动成为病毒发展新趋势。

（3）病毒的命名规范。病毒名是由以下 7 个字段组成的：主行为类型·子行为类型·宿主文件类型·主名称·版本信息·主名称变种号#附属名称·附属名称变种号·病毒长度。其中字段之间使用"·"分隔，"#"以后属于内部信息，为推举结构。

2. 木马

特洛伊木马简称木马，英文名称"Trojan house"。木马是指那些表面上是有用的软件而实际目的却是危害计算机安全并导致严重破坏的计算机程序。木马是一种基于远程控制的黑客工具，典型客户端/服务器（C/S）控制模式，客户端也称为控制端。

木马与病毒最大的区别是木马不具有传染性，不像病毒那样自我复制，也不"主动"地感染其他文件，主要通过将自己伪装起来，吸引计算机用户下载执行。

木马中包含能够在触发时导致数据丢失甚至被窃的恶意代码，要使木马传播，必须在计算机上有效地启用这些程序，例如打开电子邮件中的附件或将木马捆绑在软件中放到网上吸引浏览者下载执行。木马一般以窃取用户相关信息为主要目的，而计算机病毒是以破坏用户系统或信息为主要目的。

（1）木马特性。

① 包含在正常程序中。当用户执行正常程序时，启动自身，在用户难以察觉的情况下，完成一些危害用户的操作，具有隐蔽性。有些木马把服务器端和正常程序绑定成一个程序的软件，叫做 exe-binder 绑定程序，可以让人在使用绑定的程序时，木马也入侵了系统。甚至有个别木马程序能把它自身的 exe 文件和服务端的图片文件绑定，当浏览图片的时候，木马便入侵了系统。它的隐蔽性主要体现在以下两个方面：第一不产生图标；第二木马程序自动在任务管理器中隐藏，并以"系统服务"的方式欺骗操作系统。

② 具有自动运行性。木马为了控制服务端，必须在系统启动时跟随启动，所以它必须潜入在启动配置文件中，如 win.ini、system.ini、winstart.bat 以及启动组等文件之中。

③ 包含未公开并且可能产生危险后果的功能程序。

④ 具备自动恢复功能。现在很多的木马程序中的功能模块已不再由单一的文件组成，而是具有多重备份，可以相互恢复。

⑤ 能自动打开特别的端口。木马程序潜入计算机之中的目的主要不是为了破坏系统，而是为了获取系统中有用的信息，当上网与远端客户进行通信时，木马程序就会用服务器客户端的通信手段把信息告诉黑客们，以便黑客们控制机器或实施进一步的入侵企图。根据 TCP/IP 协议，每台计算机有 256×256 个端口，但我们常用的只有少数几个，木马经常利用不常用的这些端口进行连接。

⑥ 功能的特殊性。通常的木马功能都是十分特殊的，除了普通的文件操作以外，有些木马还具有搜索 cache 口令、设置口令、扫描目标机器人的 IP 地址、进行键盘记录、远程注册表的操作以及锁定鼠标等功能。

（2）常见木马类型。

① 破坏型。唯一的功能就是破坏并且删除文件，可以自动删除计算机上的 dll、ini、exe 文件。

② 密码发送型。可以找到隐藏密码并把它们发送到指定的信箱。有人喜欢把自己的各种密码以文件的形式存放在计算机中，认为这样方便；还有人喜欢用 Windows 提供的密码记忆功能，这样就可以不必每次都输入密码了。许多黑客软件可以寻找到这些文件，把它们送到黑客手中。也有些黑客软件长期潜伏，记录操作者的键盘操作，从中寻找有用的密码。

③ 远程访问型。最广泛的是特洛伊木马，只需有人运行服务端程序，如果客户知道服务端的 IP 地址，就可以实现远程控制。

④ 键盘记录木马。只做一件事情，就是记录受害者的键盘敲击并且在文件里查找密码。这种木马随着 Windows 的启动而启动。它们有在线和离线记录这样的选项，分别记录在线和离线状态下敲击键盘时的按键情况。也就是说按过什么按键，种木马的人都知道，从这些按键中很容易就会得到密码等有用信息，甚至是信用卡账号。

⑤ DOS 攻击木马。随着 DOS 攻击越来越广泛的应用，被用做 DOS 攻击的木马也越来越流行起来。如果有一台机器被种上 DOS 攻击木马，那么日后这台计算机就成为 DOS 攻击的最得力助手了。所以这种木马的危害不是体现在被感染的计算机上，而是体现在攻击者可以利用它来攻击一台又一台计算机，给网络造成很大的伤害和带来损失。还有一种类似 DOS 的木马叫做邮件炸弹木马，一旦机器被感染，木马就会随机生成各种各样主题的信件，对特定的邮箱不停地发送邮件，一直到对方瘫痪、不能接受邮件为止。

⑥ 代理木马。黑客在入侵的同时掩盖自己的足迹，谨防别人发现自己的身份是非常重要的，因此，给被控制的计算机种上代理木马，让其变成攻击者发动攻击的跳板就是代理木马最重要的任务。

⑦ FTP 木马。这种木马可能是最简单和古老的木马了，它的唯一功能就是打开 21 端口，等待用户连接。现在新 FTP 木马还加上了密码功能，这样，只有攻击者本人才知道正确的密码，从而进入对方计算机。

⑧ 程序杀手木马。木马功能虽然各有不同，不过到了对方机器上要发挥自己的作用，还要过防木马软件这一关才行。程序杀手木马的功能就是关闭对方机器上运行的防木马程序，让其他木马更好地发挥作用。

⑨ 反弹端口型木马。一般情况下，防火墙对于连入的链接往往会进行非常严格的过滤，但是对于连出的链接却疏于防范。与一般的木马相反，反弹端口型木马的服务端（被控制端）使用主动端口，客户端（控制端）使用被动端口。木马定时监测控制端的存在，发现控制端上线立即弹出端口主动连接控制端打开的主动端口。

（3）感染木马后的常见症状。木马有它的隐蔽性，但计算机被木马感染后，会表现出一些症状。在使用计算机的过程中如发现以下现象，则很可能是感染了木马。

① 文件无故丢失，数据被无故删改。
② 计算机反应速度明显变慢。
③ 一些窗口被自动关闭。
④ 莫名其妙地打开新窗口。
⑤ 系统资源占用过多。
⑥ 没有运行大的应用程序，而系统却越来越慢。
⑦ 运行了某个程序没有反应。
⑧ 在关闭某个程序时防火墙探测到有邮件发出。
⑨ 密码突然被改变，或者他人得知你的密码或私人信息。

3. 恶意软件

恶意软件是指在未明确提示用户或未经用户许可的情况下，在用户计算机上安装运行，侵害用户合法权益的软件。

（1）恶意软件的分类。
① 强制安装。指未明确提示用户或未经用户许可，在用户计算机上安装软件的行为。
② 难以卸载。指未提供通用的卸载方式，或在不受其他软件影响、人为破坏的情况下，卸载后仍然有活动程序的行为。
③ 浏览器劫持。指未经用户许可，修改用户浏览器或其他相关设置，迫使用户访问特定网站或导致用户无法正常上网的行为。
④ 广告弹出。指未明确提示用户或未经用户许可，利用安装在用户计算机或其他终端上的软件弹出广告的行为。
⑤ 恶意收集用户信息。指未明确提示用户或未经用户许可，恶意收集用户信息的行为。
⑥ 恶意卸载。指未明确提示用户、未经用户许可，误导、欺骗用户卸载其他软件的行为。
⑦ 恶意捆绑。指在软件中捆绑已被认定为恶意软件的行为。
⑧ 其他侵害用户软件安装、使用和卸载知情权、选择权的恶意行为。

（2）恶意软件的来源。互联网上恶意软件肆虐的问题，已经成为用户关心的焦点问题之一。恶意软件的来源主要有以下几种。
① 恶意网页代码。某些网站通过修改用户浏览器主页的方法提高网站的访问量。它们在某些网站页面中放置一段恶意代码，当用户浏览这些网站时，用户的浏览器主页会被修改。当用户好奇打开浏览器时会首先打开这些网站，从而提高其访问量。
② 插件。网络用户在浏览某些网站或者从不安全的站点下载游戏或其他程序时，往往会连同恶意程序一并带入自己的计算机，常常被安装了无数个插件、工具条软件。这些插件会让受害者的计算机不断弹出不健康网站或恶意广告。
③ 软件捆绑。互联网上有许多免费的共享软件资源，给用户带来了很多方便。而许多恶意软件将自身与共享软件捆绑，当用户安装共享软件时，会被强制安装恶意软件，且无法卸载。

2.2.4 任务实施

1. 安装 360 杀毒软件

（1）通过 360 杀毒软件官方网站（http://sd.360.cn）下载最新版本的 360 杀毒安装程序。下载完成后，双击下载的安装文件，运行安装程序，看到如图 2.12 所示的欢迎窗口。

图 2.12 安装向导界面

（2）单击"下一步"按钮，会出现最终用户使用协议窗口。请阅读许可协议，并单击"我接受"。

（3）选择360杀毒软件安装目录，建议按照默认设置，也可以单击"浏览"按钮选择安装目录。单击"下一步"按钮。

（4）输入想在开始菜单显示的程序组名称，单击"安装"按钮，安装程序会开始复制文件，进入安装界面。

（5）文件复制完成后，显示安装完成窗口，单击"完成"按钮。

2. 卸载360杀毒

（1）从Windows的开始菜单中，单击"开始"→"程序"→"360杀毒"命令，再单击"卸载360杀毒"菜单项。

（2）还可以通过单击"开始"→"控制面板"命令，双击"添加或删除程序"图标，在"当前安装的程序"列表中选择"360杀毒"选项，此时该选项的右下角会出现一个"更改/删除"按钮，单击该按钮。随即系统会弹出对话框，单击"移除"按钮。

（3）360杀毒会询问是否要卸载程序，请单击"是"开始进行卸载。

（4）360杀毒卸载向导会询问卸载原因。选择"继续卸载"，并单击"下一步"，卸载程序会开始删除程序文件，如图2.13所示。

图2.13　程序卸载界面

（5）在卸载过程中，卸载程序会询问是否删除文件恢复区中的文件。如果是准备重装360杀毒，建议选择"否"保留文件恢复区中的文件，否则请选择"是"删除文件。

（6）卸载完成后，会提示重启系统，可以根据自己的情况选择是否立即重启。

（7）如果准备立即重启，请关闭其他程序，保存正在编辑的文档、游戏的进度等，单击"完成"按钮重启系统。重启之后，360杀毒卸载完成。

3. 使用360杀毒

（1）病毒查杀。360杀毒提供了四种手动病毒扫描方式：全盘扫描、快速扫描、指定位置扫描及右键扫描，如图2.14所示。

- 快速扫描：扫描Windows系统目录及Program Files目录；
- 全盘扫描：扫描所有磁盘；
- 指定位置扫描：扫描指定的目录；
- 右键扫描：集成到右键菜单中，当您在文件或文件夹上单击鼠标右键时，可以选择"使用360杀毒扫描"对选中文件或文件夹进行扫描。

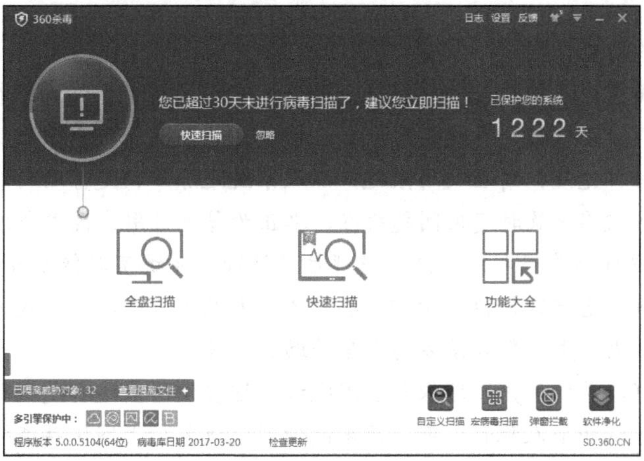

图2.14 病毒查杀界面

其中前三种扫描都已经在360杀毒主界面中作为快捷任务列出，只需单击相关任务就可以开始扫描。

启动扫描之后，会显示扫描进度窗口。在这个窗口中可以看到正在扫描的文件、总体进度，以及发现问题的文件。如果发现安全威胁，360杀毒软件会弹出危险警告窗口，如图2.15所示。

如果希望360杀毒在扫描完计算机后自动关闭计算机，选中"扫描完成后关闭计算机"选项。只有在将发现病毒的处理方式设置为"自动清除"时，此选项才有效。如果选择了其他病毒处理方式，扫描完成后不会自动关闭计算机。

（2）产品升级。360杀毒具有自动升级功能，如果开启了自动升级功能，360杀毒会在有升级可用时自动下载并安装升级文件。自动升级完成后会通过气泡窗口提示。

图2.15 病毒警告界面

如果想手动进行升级，在360杀毒主界面单击"升级"标签，进入升级界面，并单击"检查更新"按钮。

升级程序会连接服务器检查是否有可用更新，如果有的话就会下载并安装升级文件。

2.2.5 总结与回顾

目前国内市场上常用的杀毒软件有360杀毒、瑞星、金山毒霸等，国外引进的有诺顿（Norton）、卡巴斯基（Kaspersky）、小红伞、McAfee等，各个公司的杀毒软件各有特色，都具备查毒、杀毒、实时监控等功能，但功能上也各不相同。杀毒软件的杀毒能力也有强有弱，并非杀毒软件能查杀所有的病毒。病毒总是主动的，而反病毒是被动的。各杀毒软件功能的强弱主要由其自身的杀毒引擎和病毒特征库决定，因此杀毒软件经常升级才是最主要的。

2.2.6 拓展知识

360 安全卫士的功能介绍

360 安全卫士是国内最受欢迎的免费安全软件，它除了拥有查杀流行木马、清理恶意插件功能外，还具有管理应用软件、系统实时保护、修复系统漏洞等数个强劲功能，同时还提供系统全面诊断、弹出插件免疫、清理使用痕迹，以及系统还原等特定辅助功能，并且提供对系统的全面诊断报告，方便用户及时定位问题所在，真正为每一位用户提供全方位系统安全保护。

（1）传统优势项目如流行木马查杀、恶评插件清理、系统实时保护等功能日益强大。360 安全卫士目前可以查杀恶意软件接近千种，各类流行木马上万个，已经成为国内恶意软件查杀效果最好、功能最强大、用户数量最多的安全辅助类软件。

360 安全卫士可以帮助用户清理很多使用痕迹，这些使用痕迹都是极易泄露个人隐私的地方，经常清理有助于保护个人隐私。可以清理的使用痕迹包括上网保存在缓存中的网页文件、已访问过的网页历史记录、自动保存的密码、自动完成的表单资料等文件；清理使用 Windows 时留下的痕迹，比如 Windows 搜索记录、系统粘贴板、开始菜单中的文档记录等；清理使用比如 WinRAR、迅雷、ACDSee 等应用程序时留下的痕迹。

360 安全卫士的实时保护功能，包含恶评插件入侵拦截、网页防漏及恶意网站拦截、U 盘病毒免疫、局域网 ARP 攻击拦截和系统关键位置保护五大部分。恶评插件入侵拦截用于对恶评插件的安装进行警示，对捆绑有恶评插件的安装程序进行提示。

（2）全新升级系统漏洞修补程序可轻松更新补丁。针对很多用户更新系统补丁难的困惑，360 安全卫士补丁下载安装同时进行，即下即装，有效节省漏洞补丁修复时间，方便而快捷。另外，360 安全卫士可以检测的系统漏洞不仅局限在管理系统漏洞补丁一方面，它可以检测的漏洞还包括是否禁用 guest 账号、是否管理员权限账号密码为空、检测系统是否已安装杀毒软件、是否打开系统默认防火墙、是否存在共享资源、是否允许远程桌面以及系统日期是否正确等诸多方面，分别用"待修复漏洞"和"已修复漏洞"两项列出。对于待修复漏洞，360 安全卫士提供了详细的信息查询和快捷的修复措施。

（3）系统全面体检，所有安全隐患一网打尽。进入 360 主界面时，程序将自动扫描系统健康状况，扫描项目包括流行木马、恶评插件、漏洞补丁等共计 16 项，扫描全部安全隐患只需花费数秒时间，非常快速，检测完毕给出体检指数及体检报告，并详细列出了系统存在的安全风险，一目了然，根据体检报告可将系统调整或修复至最佳状态。

（4）最新流行软件推荐。360 安全卫士提供了一个 360 软件管理的模块用于推荐一些装机必备软件和最新流行软件，通过该功能可以省去在网上搜索各常用软件的烦恼，安全与酷玩瞬间兼得，轻松帮你找到最新最全的必备软件，并提供下载和安装。

以上只是介绍了 360 安全卫士的几个比较出色的功能，360 安全卫士已经发展成为目前国内最受欢迎的免费安全辅助工具，同时还提供系统全面诊断、弹出插件免疫、清理使用痕迹以及系统还原等特定辅助功能，并且提供对系统的全面诊断报告，方便用户及时定位问题所在，真正为每一位用户提供全方位系统安全保护。

2.2.7 思考与训练

（1）为计算机安装 360 杀毒软件并完成升级。

（2）为计算机安装 360 安全卫士软件。

(3)为计算机查杀计算机病毒。

2.3 安装常用应用程序

不同的软件具有不同的作用,因此,要让计算机具有更多的功能,需要安装一些应用程序,如浏览器、办公软件、聊天软件等。大家可以根据需要有选择地安装这些软件。

2.3.1 学习目标

通过本教学情境的学习,应该达到的知识目标和能力目标如下表。

知识目标	能力目标
• 了解装机必备的应用程序; • 了解常用的应用软件的作用; • 掌握获得安装源文件的方法	• 学会获得安装程序源文件的方法; • 学会常用应用软件的安装方法; • 能够使用常用的应用软件

2.3.2 引导案例

1. 工作任务名称

安装常用应用及工具软件。

2. 工作任务背景

计算机在安装了操作系统和杀毒软件后,还需要安装一些必备的应用程序。不同用户的需要是有所区别的,根据自己的需要安装适合自己使用的计算机应用软件,让计算机这一工具真正为自己所用。但是,一些常用工具软件是必需的,如浏览器、办公软件、压缩软件、下载工具、图像浏览软件、音频/视频播放软件、即时通信软件等。

3. 工作任务分析

类似浏览器、办公软件、聊天软件、图像浏览及管理软件、压缩解压缩软件、多媒体应用及处理软件、文件传输软件、浏览器、即时通信软件、办公软件、虚拟光驱及刻录工具、磁盘分区及系统备份软件、系统维护软件等类型的软件,每一类都有多款具体的应用软件供选择。安装时需要考虑对计算机硬件最低配置的要求,充分掌握各款应用软件的操作,提高计算机操作使用水平。

4. 条件准备

装好操作系统和杀毒软件的计算机。

2.3.3 相关知识

1. 浏览器

(1)Microsoft Edge,微软公司旗下浏览器。2015年4月30日,微软在旧金山举行的Build 2015开发者大会上宣布,其最新操作系统——Windows 10内置代号为Project Spartan的新浏览器被正式命名为Microsoft Edge。

Edge浏览器的一些功能细节包括:支持内置Cortana语音功能;内置了阅读器、笔记和分享功能;设计注重实用和极简主义;渲染引擎被称为EdgeHTML。

区别于IE的主要功能为,Edge将支持现代浏览器功能,比如扩展。Edge非常易于构建应用程序和扩展，Chrome 浏览器应用"几乎用不着改动"，只是简单微调后，便可实现在 Edge 浏览器上轻松运行。

（2）Google Chrome 浏览器，Google 旗下浏览器。Google Chrome 是由 Google 开发的一款设计简单、高效的 Web 浏览工具，其特点是简洁、快速。Google Chrome 支持多标签浏览，每个标签页面都在独立的"沙箱"内运行，在提高安全性的同时，一个标签页面的崩溃也不会导致其他标签页面被关闭。此外，Google Chrome 基于更强大的 JavaScript V8 引擎，这是当前 Web 浏览器所无法实现的。

另有手机版的 Chrome 浏览器，于 2012 年发布了 Chrome 浏览器移动版，提供 IOS 系统、安卓系统以及 Windows Phone 系统的 Chrome 浏览器，在保持浏览器原有特点的情况下，实现了多终端使用浏览器，具有共享收藏历史信息等功能，是手机浏览器的一次巨大突破。随着 Android 系统的份额不断扩大而市场占有率不断飙升。

（3）Firefox 浏览器，Mozilla 公司旗下浏览器。Mozilla Firefox，中文俗称"火狐"（正式缩写为 Fx 或 fx，非正式缩写为 FF），是一个自由及开放源代码网页浏览器，使用 Gecko 排版引擎，支持多种操作系统，如 Windows、Mac OS X 及 GNU/Linux 等。该浏览器提供了两种版本，普通版和 ESR（Extended Support Release，延长支持）版，ESR 版本是 Mozilla 专门为那些无法或不愿每隔六周就升级一次的企业打造。Firefox ESR 版的升级周期为 42 周，而普通 Firefox 的升级周期为 6 周。

（4）Safari 浏览器，苹果公司旗下浏览器，苹果计算机的操作系统 Mac OS X 中的浏览器，用来取代之前的 Internet Explorer for Mac。Safari 使用了 KDE 的 KHTML 作为浏览器的计算核心。该浏览器已支持 Windows 平台，但是与运行在 Mac OS X 上的 Safari 相比，有些功能出现丢失。Safari 也是 iPhone、iPodTouch、iPad 中 iOS 指定默认浏览器。

（5）Opera 浏览器，挪威厂商 Opera 旗下浏览器。挪威 Opera Software ASA 公司制作的支持多页面标签式浏览的网络浏览器，是跨平台浏览器，可以在 Windows、Mac 和 Linux 三个操作系统平台上运行。

2. 办公软件

（1）Microsoft Office 2016。Office 2016 是微软的一个庞大的办公软件集合，其中包括了 Word、Excel、PowerPoint、OneNote、Outlook、Skype、Project、Visio 以及 Publisher 等组件和服务。

① 第三方应用支持。通过全新的 Microsoft Graph 社交功能，开发者可将自己的应用直接与 Office 数据建立连接，如此一来，Office 套件将可通过插件接入第三方数据。例如，用户今后可以通过 Outlook 日历使用 Uber 叫车，或是在 PowerPoint 当中导入和购买来自 PicHit 的照片。

② 多彩新主题。Office 2016 的主题也将得到更新，更多色彩丰富的选择将加入其中。据称，这种新的界面设计名叫 Colorful，风格与 Modern 应用类似，而之前的默认主题名叫 White。用户可在"文件"→"账户"→"Office 主题"中选择自己偏好的主题风格。

③ 跨平台的通用应用。在新版 Outlook、Word、Excel、PowerPoint 和 OneNote 发布之后，用户在不同平台和设备之间都能获得非常相似的体验，无论他们使用的是 Android 手机/平板、iPad、iPhone、Windows 笔记本/台式机。

④ Clippy 助手回归。从前的 Clippy 助手虽然很萌，但有的时候还是会很烦人。而在 Office 2016 当中，微软将带来 Clippy 的升级版——Tell Me。Tell Me 是全新的 Office 助手，可在用户使用 Office 的过程当中提供帮助，比如将图片添加至文档，或是解决其他故障问题等。这一功

能并没有虚拟形象，只会如传统搜索栏一样置于文档表面。

⑤ Insights 引擎。新的 Insights 引擎可借助必应的能力为 Office 带来在线资源，让用户可直接在 Word 文档中使用在线图片或文字定义。当你选定某个字词时，侧边栏中将会出现更多的相关信息。

（2）金山 WPS。WPS Office 是由金山软件股份有限公司自主研发的一款办公软件套装，可以实现办公软件最常用的文字、表格、演示等多种功能，具有内存占用低、运行速度快、体积小巧、强大插件平台支持、免费提供海量在线存储空间及文档模板、支持阅读和输出 PDF 文件、全面兼容微软 Office97-2010 格式（doc/docx/xls/xlsx/ppt/pptx 等）独特优势，覆盖 Windows、Linux、Android、iOS 等多个平台。

① 兼容免费。WPS Office 个人版对个人用户永久免费，包含 WPS 文字、WPS 表格、WPS 演示三大功能模块，与 MS Word、MS Excel、MS PowerPoint 一一对应，应用 XML 数据交换技术，无障碍兼容 doc/xls/ppt 等文件格式，你可以直接保存和打开 Microsoft Word、Excel 和 PowerPoint 文件，也可以用 Microsoft Office 轻松编辑 WPS 系列文档。

② 体积小。WPS 仅仅只有 MS 的 12 分之 1，它在不断优化的同时，体积依然保持小于同类软件，不必耗时等待下载，也不必为安装费时头疼，几分钟即可下载安装，启动速度较快。

③ 多种界面切换。WPS 2013 充分尊重用户的选择与喜好，提供四界面切换：遵循 Windows 7 主流设计风格的 2012 新界面，metro 风格的 2013 界面（有两种色彩风格——清新蓝和素雅黑），加之传统的 2012 和 2003 风格，赋予你焕然一新的视觉享受。用户可以无障碍地在新界面与经典界面之间转换，熟悉的界面、熟悉的操作习惯呈现，无须再学习。

④ "云"办公。使用快盘、Android 平台的移动 WPS Office，随时随地阅读、编辑和保存文档，还可将文档共享给工作伙伴。

3．聊天软件

（1）腾讯 QQ。腾讯 QQ（简称"QQ"）是腾讯公司开发的一款基于 Internet 的即时通信（IM）软件。腾讯 QQ 支持在线聊天、视频通话、点对点断点续传文件、共享文件、网络硬盘、自定义面板、QQ 邮箱等多种功能，并可与多种通信终端相连。目前 QQ 已经覆盖 Microsoft Windows、Mac OS X、Android、iOS、Windows Phone 等多种主流平台。

（2）阿里旺旺。阿里旺旺是淘宝和阿里巴巴为商人量身定做的免费网上商务沟通软件/聊天工具，可以帮助用户轻松找客户，发布、管理商业信息，及时把握商机，随时洽谈做生意，简洁方便。阿里旺旺分为淘宝版、贸易通版和口碑网版三个版本，这三个版本之间支持用户互通交流。

4．输入法软件

（1）搜狗输入法。搜狗输入法是搜狗（Sogou）公司于 2006 年 6 月推出的一款 Windows/Linux/Mac 平台下的汉字输入法，是基于搜索引擎技术的、特别适合网民使用的、新一代的输入法产品。由于采用了搜索引擎技术，输入速度有了质的飞跃，在词库的广度、词语的准确度上，搜狗输入法都远远领先于其他输入法。用户还可以通过互联网备份自己的个性化词库和配置信息。

（2）百度输入法。百度输入法是百度公司免费提供的输入软件，于 2010 年 10 月推出，拥有百度搜索和云端技术的支持，很快成为新一代输入产品的代表。其特点是输入法词库多元，输入精准，输入方式多样。

2.3.4 任务实施

1. 安装应用软件

软件的安装步骤都大致相同，下面通过安装 Office 2016 来演示安装应用程序的方法。

（1）获取 Microsoft Office 2016 的安装包，找到安装程序 setup.exe。

（2）双击此安装程序，系统将自动初始化软件的安装程序并打开"正在准备安装"界面，稍后系统会打开准备安装的向导界面。在弹出的"用户信息"对话框中，用户可按照提示输入"用户名""缩写""单位"等相关个人信息。

（3）输入完成后，单击"下一步"按钮，打开"安装类型"对话框，在该对话框中选中"典型安装"单选按钮，如图 2.16 所示。

图 2.16 安装界面

（4）单击"浏览"按钮，打开"选择目标文件夹"对话框，在该对话框中用户可设置 Office 2016 要安装到计算机中的位置，在此保留默认设置。

（5）单击"确定"按钮，关闭"选择目标文件夹"对话框并返回"安装类型"对话框，继续单击"下一步"按钮，打开"摘要"对话框，该对话框中显示了"典型安装"中将要安装和不会被安装的程序列表。

（6）单击"安装"按钮，系统将按照用户的设置开始安装 Office 2016，并显示安装进度和安装信息。

（7）安装完成后，系统自动打开"安装已完成"对话框，单击"完成"按钮，即可完成 Office 2016 的安装。

（8）Office 2016 被成功安装后，桌面上将显示其程序图标。

2. 安装工具软件 WinRAR

WinRAR 的安装十分简单，双击下载后的安装文件，就会出现 WinRAR 安装画面，单击"浏览"选择好安装路径后单击"安装"就可以开始安装了。

设置 WinRAR 安装选项时，只需在相应选项前的方框内单击即可，若需取消相应选项，可再次单击选项前的方框。第一个选项组"WinRAR 关联文件"是用来选择由 WinRAR 处理的压缩文件类型，选项中的文件扩展名就是 WinRAR 支持的多种压缩格式；第二个选项组"界面"是用来选择放置 WinRAR 可执行文件链接的地方，即选择 WinRAR 在 Windows 中的位置行；最后一个选项组"外壳整合"，是在右键菜单等处创建快捷方式。一般情况下按照安装的默认设置就可以了。单击"确定"按钮，如图 2.17 所示。

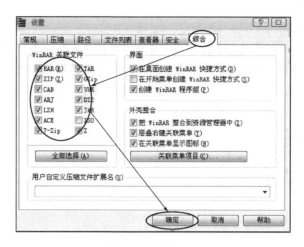

图 2.17　设置界面

设置完成后就会出现 WinRAR 安装完成的画面。单击"完成"按钮，整个 WinRAR 的安装就完成了。

2.3.5　总结与回顾

根据需要有选择地安装常用的应用程序软件，满足不同用户的不同需求，才能够使计算机的功用发挥到最大。应用软件的安装方法大都大同小异，双击安装文件，根据安装程序提示可以完成安装。

2.3.6　拓展知识

软件选择的技巧

（1）多比较。同类软件，款式众多，性能、品位亦有差别。因而，应当在比较中使用那些效果好、效率高、最得心应手的工具软件。这种比较，可以借助于权威评价或论坛评论，这可以减少自己的重复劳动；也可以自己摸索实践，这有助于自己"亲口尝尝梨子的滋味"。简言之，有比较才有鉴别，有鉴别才会实现得心应手和高效率。

（2）少雷同。同类软件，有一款自己认为使用上手的就可以了。如若同类软件安装过多，占用系统硬盘资源事小，最最要命的是，安装同类软件难免互相打架。表现出来的就是系统运行的不正常。而这种不正常的根由，常常又是潜在的和隐蔽的。

（3）慎用破解版。这里指的破解版，就是那些"得来全不费功夫"的下载。这些"便宜货"，安装使用多要付出补偿，甚至是中毒、中木马、安装垃圾插件的昂贵代价。因此，提倡下载原版、正版。要牢记一句话："世上没有免费的午餐"。

（4）切忌瞎设置。所谓"瞎"是指盲目和不讲科学，不从实际出发。经常有这样的情况：因为防火墙设置偏高、偏严，导致不能正常上网，不能进行邮箱登录。因此，软件设置一定要合理，不能随心所欲。最好的办法是循序渐进：先用默认值，待熟悉后再根据自己计算机情况逐步改变设置。

（5）减少自启动。不少软件都有默认"随系统自行启动"功能。随着安装软件的增多，随系统自动启动运行的就会越来越多。其结果是系统启动越来越慢。解决办法其实很简单：除了安全防范软件外，关闭所有软件的"自启动"选项。随系统自行启动软件的多少，一般都可以从桌面右下角图标看出来。

（6）管理要科学。在磁盘的各分区中，应当为常用软件专设一个"软件"分区，并在其下按照"合并同类项"的原则再划分若干目录。只要软件有选择安装路径的选项，就应当安装到"软件盘"的相应目录之下。与此相关，卸载软件应当使用系统和软件"卸载"功能，切忌硬性删除，以确保卸载干净、彻底，不留残迹。

2.3.7　思考与训练

安装常用的工具软件到计算机上。

项目 2　组建办公室网络

本项目主要讲述了组建办公室网络的基础知识。办公室网络属于小型局域网。计算机网络的出现使得计算机应用从以单一计算机为主转向以网络为主，从而使计算机得以在各行各业乃至家庭普遍使用。在这个转变过程中，网络技术的深入研究和计算机网络的不断发展起着非同寻常的重要作用。局域网技术作为计算机领域的基本应用，已经成为整个计算机网络应用领域的重要基础。

本项目共分 3 个任务，主要包括认识计算机网络、连接办公网络以及办公室日常网络应用等内容。

通过项目的学习，应达到以下的目标：
- 了解计算机网络的相关概念；
- 了解局域网的发展和局域网络的地位及意义；
- 理解局域网的相关概念；
- 理解网络设备的概念，重点掌握网络设备的工作过程和使用；
- 掌握办公室网络的规划与设计；
- 掌握配置文件共享和打印机共享；
- 理解网络拓扑结构；
- 掌握网络设备互联的材料及线缆使用；
- 掌握网络设备连接及配置网络参数。

任务 3　认识计算机网络及设备

随着计算机及局域网应用的不断深入，各企事业单位同外界信息媒体之间的相互交换和共享需求日益增加，为了提高工作效率，实现资源共享，降低运作及管理成本，各企事业单位有必要建立企业内部局域网。我们首先要对计算机网络的基本概念和相关知识有所了解，并认识交换机、路由器、防火墙等局域网组建不可缺少的网络设备，它们是搭建局域网络的重要基础设备。

3.1　认识计算机网络

社会的信息化、数据的分布处理和计算机资源共享等各种应用需求，推动了计算机技术与通信技术的紧密结合。计算机网络的发展过程就是计算机技术与通信技术的融合过程。

3.1.1　学习目标

通过本教学情境的学习，应该达到的知识目标和能力目标如下表。

知识目标	能力目标
• 了解计算机网络的概念和基本组成；	• 能够正确配置计算机的 IP 地址和子网掩码；
• 理解网络拓扑结构的概念及各种网络拓扑的特点；	• 能够使用 ping 命令测试网络连通性；
• 理解网络协议的功能和 TCP/IP 协议	• 能够查看和搜索局域网内其他计算机

3.1.2　引导案例

1. 工作任务名称

认识计算机网络。

2. 工作任务背景

铁道学院电信系通信团队 6 人，现由于工作需要组建一个小型交换式局域网。通过对终端计算机的 TCP/IP 的配置实现网络连接。然后对已经连接好的网络连通性进行测试，保证网络上的计算机可以相互访问。

3. 工作任务分析

计算机网络参数的配置包括计算机 IP 地址的分配、子网掩码的设置及网关、DNS 服务器的配置。在实现物理连接后，正确配置网络参数才能实现网络连接。

网络连通的测试方法有好几种，使用 ping 命令进行测试简单方便，其他方式我们将在任务 4 中讨论。

4. 条件准备

（1）PC 若干台。

（2）模拟器软件 Cisco Packet Tracer。

3.1.3 相关知识

1. 计算机网络

在计算机网络发展的不同阶段，人们对计算机网络的定义是不同的。从广义的角度来说，以传输信息为主要目的，用通信线路将多个计算机连接起来的计算机系统的集合，称为计算机通信网。计算机网络技术就是计算机技术和通信技术紧密结合的产物。

2. 计算机网络的组成

计算机网络主要由计算机系统、数据通信系统、网络软件及协议三大部分组成。计算机系统是网络的基本模块，为网络内的其他计算机提供共享资源；数据通信系统是连接网络基本模块的桥梁，它提供各种连接技术和信息交换技术；网络软件是网络的组织者和管理者，在网络协议的支持下，为网络用户提供各种服务。

计算机网络也可以说由网络硬件系统和网络软件系统组成。网络硬件系统主要包括网络服务器、网络工作站、传输介质（将在 3.2 节介绍）等；网络软件系统主要包括网络操作系统软件、网络通信协议、网络应用软件等。

3. 认识网络拓扑结构

网络拓扑结构是指用传输媒体互连各种设备的物理布局，就是用什么方式把网络中的计算机等设备连接起来。拓扑图给出网络服务器、工作站的网络配置和相互间的连接，它影响着整个网络的设计、功能、可靠性和通信费用等方面，是研究计算机网络的主要环节之一，在网络构建时，网络拓扑结构往往是首先要考虑的因素之一。在计算机网络中，常见的拓扑结构有总线型、星形、环形和网状等。

（1）总线型拓扑。总线型拓扑是采用单根传输线路作为共用的传输介质，将网络中所有的计算机和其他共享设备通过相应的硬件接口和电缆直接连接到这根共享的总线上。

总线型网络上各个节点之间通过电缆直接连接，所以总线型拓扑结构中所需要的电缆长度是最小的，但总线只有一定的负载能力，因此总线长度又有一定限制，一条总线只能连接一定数量的节点。因为所有的节点共享一条公用的传输链路，所以一次只能有一个设备传输。如图 3.1 所示为总线型拓扑结构。

总线型结构具有结构简单、费用低等优点。缺点是一次仅能一个端用户发送数据，其他端用户必须等待到获得发送权；媒体访问获取机制较复杂；维护难，分支节点故障查找难。

（2）星形拓扑。星形拓扑结构是指各工作站以星形方式连接成网。网络有中央节点，其他节点（工作站、服务器）都与中央节点直接相连，这种结构以中央节点为中心，因此又称为集中式网络，如图 3.2 所示。

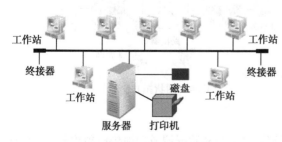

图 3.1　总线型拓扑结构

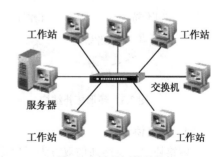

图 3.2　星形拓扑结构

星形拓扑结构便于集中控制，因为端用户之间的通信必须经过中心站。由于这一特点，也带来了易于维护和安全等优点。端用户设备因为故障而停机时也不会影响其他端用户间的通信。同时星形拓扑结构的网络延迟时间较小，传输误差较低。但这种结构要求中心系统必须具有极高的可靠性，因为中心系统一旦损坏，整个系统便趋于瘫痪。对此中心系统通常采用双机热备份，以提高系统的可靠性。

在星形网络中任何两个节点要进行通信都必须经过中央节点控制。因此，中央节点的主要功能有三项：当要求通信的站点发出通信请求后，控制器要检查中央转接站是否有空闲的通路，被叫设备是否空闲，从而决定是否能建立双方的物理连接；在两台设备通信过程中要维持这一通路；当通信完成或者不成功要求拆线时，中央转接站应能拆除上述通道。

由于中央节点要与多机连接，线路较多，为便于集中连线，目前多采用集线器（Hub）或交换机作为中央节点。星形拓扑的网络具有结构简单、易于建网和易于管理等特点，但这种结构要耗费大量的电缆。

（3）环形拓扑。环形拓扑结构中的传输媒介从一个端用户到另一个端用户，直到将所有的端用户连成环形。数据在环路中沿着一个方向在各个节点间传，信息从一个节点传到另一个节点。这种结构消除了端用户通信时对中心系统的依赖性。环形结构如图3.3所示。

环形拓扑结构的特点是：每个端用户都与两个相临的端用户相连，因而存在着点到点链路，但总是以单向方式操作；信息流在网中是沿着固定方向流动的，两个节点仅有一条道路，故简化了路径选择的控制；环路上各节点都是自己控制，故控制软件简单；由于信息源在环路中是串行地穿过各个节点，当环中节点过多时，势必影响信息传输速率，使网络的响应时间延长；环路是封闭的，不便于扩充；可靠性低，一个节点故障，将会造成整个网络瘫痪；维护困难，对分支节点故障定位较难。

（4）网状拓扑。网状拓扑结构主要指各节点通过传输线互相连接起来，并且每一个节点至少与其他两个节点相连。网状拓扑结构具有较高的可靠性，但其结构复杂，实现起来费用较高，不易管理和维护，网状拓扑结构一般用于Internet骨干网上。

网状拓扑的特点：网络可靠性高，可组建成各种形状，可采用多种通信信道，多种传输速率，网内节点共享资源容易，可改善线路的信息流量分配，可选择最佳路径，传输延迟小；控制复杂，线路费用高，不易扩充。网状结构如图3.4所示。

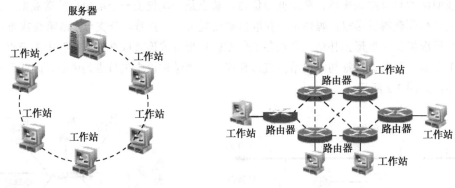

图3.3　环形拓扑结构　　　　　　图3.4　网状拓扑结构

4．网络协议

网络协议是网络通信双方为了确保数据能够通过网络从数据源成功地传送到数据目的地而

事先约定并遵守的一组相同规则的集合。

网络协议中最基本的是 TCP/IP（Transmission Control Protocol/Internet Protocol，传输控制协议/网际协议），它们负责把需要传输的信息分割成许多小的数据包，然后将数据包发往目的地，并能有效地保证传输的正确性和安全性。我们经常所说的 TCP/IP 协议实际上是一组协议，而不单单是传输控制协议和网际协议，还包括远程登录（Telnet）、文件传输协议（FTP）、超文本传输协议（HTTP）和 Internet 控制报文协议（ICMP）等，因此 TCP/IP 是 Internet 协议集。

IP 协议规定了数据传输的基本单元和格式，定义了数据包的传递办法和路由选择，但 IP 协议中数据的传输是单向的，这样就不能保证数据目的地能否正确接收到数据源发出的数据包。TCP 协议提供了可靠的面向对象的数据流传输服务的规则和约定。在 TCP 模式中，当一台计算机需要与另一台计算机连接时，TCP 协议会让这两台计算机之间建立一个连接，用于发送和接收资料及终止连接；当计算机接收到对方发来的数据包后，必须给对方发一个确认数据包，通过这种确认方式保证了数据的可靠传输。

TCP 和 IP 这两个协议的功能不同，可以分开单独使用，但两者在功能上是互补的；只有两者结合才能够保证在复杂的网络环境中实现信息的可靠传输。

5．IP 地址

（1）IP 地址的定义。IP（Internet Protocol，网际协议）是为计算机网络相互连接进行通信而设计的协议。在因特网中，它是能使连接到网上的所有计算机网络实现相互通信的一套规则，规定了计算机在因特网上进行通信时应当遵守的规则。

为了实现网络中各主机间的通信，每台主机都必须有一个唯一的网络地址。就好像每一个住宅都有唯一的门牌一样，才不至于在传输数据时出现混乱。Internet 的网络地址是指连入 Internet 网络的计算机的地址编号。所以，在 Internet 网络中，网络地址唯一地标识一台计算机，这个地址就叫做 IP 地址。目前广泛使用的 IP 协议的版本号是 4（简称为 IPv4），它的下一个版本就是 IPv6，IPv6 正处在不断发展和完善的过程中。

（2）IP 地址的表示法。IP 地址在进行编址时采用两级结构的编制方法，这样方便在 Internet 上进行寻址。每个 IP 地址被分为前后两部分，前半部分称为网络号，用来表示一个物理网络，它的长度将决定 Internet 中能包含多少个网络；后半部分称为主机号，用来表示这个网络中的一台主机，所以主机位和长度将决定每个网络中能连接多少台主机。IP 地址＝网络号＋主机号，IP 地址的结构如图 3.5 所示。

IP 地址是一个 32 位的二进制数，为了方便，采用二进制和点分十进制两种表示方式。点分十进制是从二进制转换得到的，其目的是便于用户和网络管理人员使用和记忆。把 32 位 IP 地址每 8 位分成一组，每组的 8 位二进制数用十进制数表示，并在每组之间用小数点隔开，便得到点分十进制表示的 IP 地址。同样，把点分十进制表示的 IP 地址转化为二进制表示时，分别把每个十进制数转化为 8 位二进制数，并按原来的顺序写出来，如图 3.6 所示。

网络号	主机号

图 3.5　IP 地址的结构

网络号		主机位	
32位的二进制数			
10101100	10101100	10101100	10101100
每8位表示成一个十进制数			
172	16	122	204

图 3.6　IP 地址示例

（3）IP 地址的分类。IP 地址共有 5 种类型，分别是 A 类、B 类、C 类、D 类和 E 类，如图 3.7 所示。其中 A、B 和 C 类地址被称为基本 Internet 地址，供用户使用，为主类地址；D 类和 E 类地址为次类地址，D 类地址称为组播地址，E 类地址被称为保留地址。

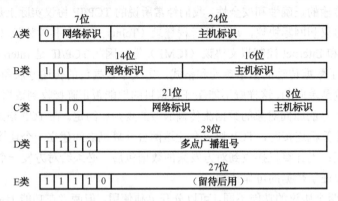

图 3.7　五类 IP 地址

① A 类 IP 地址的网络号长度有 7 位，首位为 "0"，其余 7 位可变，最小为 00000001（首地址 00000000 保留），最大为 01111110（尾地址为 01111111 保留），所以 A 类地址的网络号范围是 1~126，因此允许有 126 个不同的 A 类网络。

A 类 IP 地址的主机号长度为 24 位，表示每个 A 类网络中可以包含 16777214（$2^{24}-2$）台主机。A 类 IP 地址结构适用于有大量主机的大型网络。

② B 类 IP 地址的网络号长度有 16 位，首 2 位为 "10"，其余 14 位可变，最小 10000000.00000001（首地址 10000000.00000000 保留），最大为 10111111.11111110（尾地址 10111111.11111111 保留），所以 B 类地址的网络号范围是 128.1~191.254，因此允许有 16384（$2^{14}-2$）个不同的 B 类网络。

B 类 IP 地址的主机号长度为 16 位，表示每个 B 类网络中可以包含 65534（$2^{16}-2$）台主机。B 类 IP 地址结构适用于一些国际性大公司与政府机构等。

③ C 类 IP 地址的网络号长度为 24 位，首 3 位为 "110"，其余 21 位可变，最小为 11000000.00000000.00000001（首地址 11000000.00000000.00000000 保留），最大为 11011111.11111111.11111110（尾地址 11011111.11111111.11111111 保留），所以 C 类地址的网络号范围是 192.0.1~223.255.254，因此允许有 2097152（$2^{21}-2$）个不同的 C 类小型网络。

C 类 IP 地址的主机号长度为 8 位，因此每个 C 类网络中可以包括 254（2^8-2）台主机。C 类 IP 地址特别适用于一些小型公司与普通的研究机构。

④ D 类 IP 地址不用于标识网络，主要用于其他的特殊用途，如多目的地址的地址广播。

⑤ E 类 IP 地址暂时保留，用于某些实验和将来扩展使用。

常用 IP 地址的使用范围如表 3.1 所示。

表 3.1　IP 地址的使用范围

网络类别	最大网络数	网络地址范围	每个网络中的最大主机数	IP 地址范围
A	126	1~126	16777214	1.0.0.1~126.255.255.254
B	16384	128.1~191.254	65534	128.0.0.1~191.255.255.254
C	2097152	192.0.1~223.255.254	254	192.0.0.1~223.255.255.254

（4）特殊 IP 地址。在 A、B、C 类地址中，每个网络中可容纳的主机数都是申请的 IP 地址数减 2，这是因为有部分地址被用作特殊用途，这些地址被称为特殊地址，如表 3.2 所示。

表 3.2 特殊 IP 地址

网 络 地 址	主 机 地 址	地 址 类 型
特定	全 0	网络地址
特定	全 1	直接广播地址
全 1	全 1	受限广播地址
全 0	全 0	本网络上的本主机
全 0	特定	本网络上的特定主机
127	任意	环回地址

① 网络地址。在 A、B、C 类地址中，网络位不变，主机号为全 0 的 IP 地址代表网络本身，不指派给任何主机。在路由选择中，用网络地址表示一个网络。

② 直接广播地址。在 A、B、C 类地址中，若网络位不变，主机号为全 1，则此地址称为直接广播地址，用于将 IP 分组发送到一个特定网络上的所有主机。

③ 受限广播地址。若 32 位 IP 地址是全 1，则这个地址表示在当前网络上的一个广播地址。当需要将一个 IP 分组发送到本网络上的所有主机时，可使用这个地址作为分组的目的地址。值得注意的是，路由器不会转发此类地址的分组，广播只局限在本地网络。

④ 本网络上的本主机。若 32 位的 IP 地址是全零（0.0.0.0），就表示在本网络上的本主机地址。当一个主机需要获得其 IP 地址时，可以运行一个引导程序，并发送一个全零地址给引导服务器以得到本主机的 IP 地址。

⑤ 本网络上的特定主机。网络号为全零的 IP 地址，表示在这个网络上的特定主机。用于一个主机向同一网络上的特定主机发送一个 IP 分组。因为网络号为 0，路由器不会转发这个分组，所以分组只能局限在本地网络。

⑥ 环回地址。在点分十进制形式的 IP 地址中，第一个字节等于 127 的 IP 地址用做环回地址，它是一个用来测试设备软件的地址。当使用环回地址时，分组永远不离开这个设备，只简单地返回到协议软件。

（5）专用 IP 地址。如果一台计算机或一个物理网络想要访问 Internet，必须要从 ISP 申请注册 IP 地址或网络地址。但是，对于没有与 Internet 连接的计算机或物理网络，则不需要注册 IP 地址与网络地址，管理员可使用任何的 IP 地址或网络地址。但是如果该计算机或该网络与 Internet 连接起来之后，则 IP 地址与 Internet 上注册 IP 的地址会发生冲突。为了防止此类冲突的发生，IP 地址中有 3 个地址范围用于专用网络，这些地址不分配给 Internet 上的注册网络，管理员可在内部专用网络上使用这些专用 IP 地址，这 3 个专用 IP 地址范围如表 3.3 所示。

表 3.3 专用 IP 地址范围

地 址 类 型	起 始 地 址	结 束 地 址
A	10.0.0.0	10.255.255.255
B	172.16.0.0	172.31.255.255
C	192.168.0.0	192.168.255.255

6. 子网掩码

（1）子网和子网掩码。PC 的普及使小型网络（特别是小型局域网络）越来越多，即使采用 C 类地址，也会浪费大量的 IP 地址。随着 Internet 的发展，IP 地址已相当珍贵，因此要充分地利用 IP 地址空间。随着网络用户的增多，网络管理的难度也在不断增加。

为了解决以上诸多问题，通常将网络根据地理位置或业务关系划分为若干个规模较小的子网，这样网络就变成了 3 层结构：网络——子网（网段）——主机。需要注意的是，子网是一个单位内部划分的，在外看来仍然像一个物理网络。

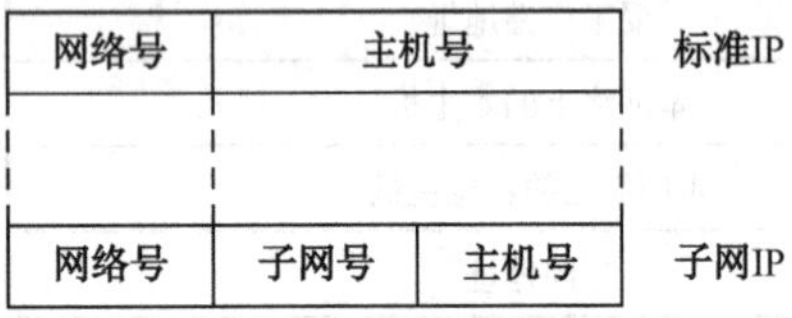

网络号	主机号		标准IP
网络号	子网号	主机号	子网IP

图 3.8　标准 IP 与划分子网后的 IP 地址

划分子网，是将一个 IP 地址中的主机号的前几位划分为"子网号"，后面的仍然是主机号，这样 IP 地址就被划分为 3 个部分，分别为"网络号""子网号"和"主机号"，如图 3.8 所示。

（2）如何创建子网。为了划分子网，我们引入子网掩码（Netmask）的概念。子网掩码也是一个 32 位的二进制地址，其中与 IP 地址中网络号与子网号对应的位为"1"，与主机号对应的位为"0"。定义了子网掩码就很容易计算子网号，只要将 IP 地址与其子网掩码按位相与（任何数与 1 保持不变，与 0 为 0），这样 IP 地址中的网络号与子网号保持不变，而主机位全为 0。

子网掩码的表示形式有三种：二进制形式、点分十进制形式和斜杠形式。二进制形式就是将子网掩码用 32 位二进制数表示出来；点分十进制形式和 IP 地址的点分十进制形式类似，每 8 位子网掩码转换成十进制数，中间用小数点隔开；而斜杠形式是指在 IP 地址后面划一个斜杠，然后在斜杠后面写出子网掩码中 1 的个数，例如，192.168.10.25，子网掩码为 255.255.255.192，可以写做 192.168.10.25/26。

在不划分子网的情况下，A、B、C 类的默认子网掩码如表 3.4 所示。

表 3.4　A 类、B 类、C 类 IP 地址默认子网掩码的值

地址类型	二进制形式	点分十进制形式	斜杠形式
A 类	11111111 00000000 00000000 00000000	255.0.0.0	/8
B 类	11111111 11111111 00000000 00000000	255.255.0.0	/16
C 类	11111111 11111111 11111111 00000000	255.255.255.0	/24

（3）子网掩码的作用。子网掩码的作用就是用来判断任意两个 IP 地址是否属于同一个子网络，也就是说在一个 IP 地址中，通过子网掩码来决定哪部分表示网络，哪部分表示主机。计算机通过 IP 地址和掩码才能知道自己是在哪个网络中。所以掩码很重要，必须配置正确。

只有在一个网络标识下的计算机之间才能"直接"相互通信，不同网络标识的计算机要通过网关（Gateway）才能互通。（网关的相关知识我们将在任务 4 中讨论。）

3.1.4　任务实施

我们使用模拟器软件 Cisco Packet Tracer 来模拟任务的完成。

1. 连接 PC 与交换机

将 6 台 PC 连接到一台 Cisco29 系列交换机上，组成一个小型交换式局域网。拓扑图如图 3.9 所示。

2. 设置 PC 的 IP 地址

将 PC1～PC6 的 IP 地址依次设置为 192.168.0.1～192.168.0.6。以 PC1 为例说明。

（1）单击 PC1 图标，在弹出的对话框中选择"Desktop"选项卡，如图 3.10 所示。

（2）单击"IP Configuration"图标，设置 PC1 的 IP 地址和子网掩码如图 3.11 所示。

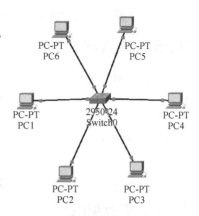

图 3.9　小型交换式局域网拓扑图

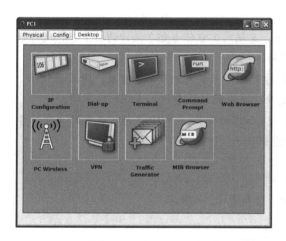

图 3.10　"Desktop"选项卡

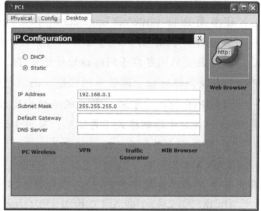

图 3.11　"IP Configuration"选项卡

然后依照同样的方法设置 PC2～PC6 的 IP 地址和子网掩码。

3. 测试 PC

使用 ping 命令测试 6 台 PC 是否能够相互连通。

（1）单击 PC1 图标，出现如图 3.10 所示对话框，单击"Connand Prompt"图标，进入 MS-DOS 模式，输入"ping 192.168.0.2"，如果可以 ping 通，说明 TCP/IP 协议正常，如图 3.12 所示。

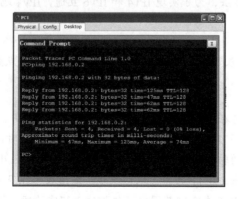

图 3.12　ping 命令测试窗口

（2）依照同样的方法对其他 PC 的连通性进行测试。

3.1.5 总结与回顾

IP 地址用于区分网络中的每台主机，子网掩码用于将一个大的网络划分成若干个小的网络，以提高网络地址的利用率。

组建办公室网络时需要正确设置每台计算机的 IP 地址及子网掩码，需要注意在设置 IP 地址时，要保证每台计算机处于同一个网段中；每台计算机的名称不能相同，但它们应处于同一工作组中。

网络是否连通可以通过 ping 本机 IP 和对方 IP 的方法。

3.1.6 拓展知识

IPv6 协议

IPv6 是 IETF（Internet Engineering Task Force，互联网工程任务组）设计的用于替代现行版本 IPv4 的下一代 IP 协议，号称可以为全世界的每一粒沙子编上一个网址。

IPv4 最大的问题在于网络地址资源有限，严重制约了互联网的应用和发展。IPv6 的使用，不仅能解决网络地址资源数量的问题，而且也解决了多种接入设备连入互联网的障碍。

（1）IPv6 的表示方法。IPv6 的地址长度为 128 位二进制数，是 IPv4 地址长度的 4 倍。于是 IPv4 的点分十进制格式不再适用，采用十六进制表示。IPv6 有 3 种表示方法。

① 冒分十六进制表示法。格式为：

X:X:X:X:X:X:X:X

其中每个 X 表示地址中的 16 位二进制数，以十六进制表示，例如：

ABCD:EF01:2345:6789:ABCD:EF01:2345:6789

这种表示法中，每个 X 的前导 0 是可以省略的，例如：

2001:0DB8:0000:0023:0008:0800:200C:417A → 2001:DB8:0:23:8:800:200C:417A

② 0 位压缩表示法。在某些情况下，一个 IPv6 地址中间可能包含很长的一段 0，可以把连续的一段 0 压缩为 "::"。但为保证地址解析的唯一性，地址中 "::" 只能出现一次，例如：

FF01:0:0:0:0:0:0:1101 → FF01::1101

0:0:0:0:0:0:0:1 → ::1

0:0:0:0:0:0:0:0 → ::

③ 内嵌 IPv4 地址表示法。为了实现 IPv4 和 IPv6 互通，IPv4 地址会嵌入 IPv6 地址中，此时地址常表示为：

X:X:X:X:X:X:d.d.d.d

前 96 位采用冒分十六进制表示，而最后 32 位地址则使用 IPv4 的点分十进制表示，例如

::192.168.0.1

::FFFF:192.168.0.1

就是两个典型的例子，注意在前 96b 中，压缩 0 位的方法依旧适用。

（2）过渡技术。IPv6 不可能立刻替代 IPv4，因此在相当一段时间内 IPv4 和 IPv6 会共存在一个环境中。要提供平稳的转换过程，使得对现有的使用者影响最小，就需要有良好的转换机制。有许多转换机制被提出。IETF 推荐了双协议栈、隧道技术以及网络地址转换等转换机制。

（3）应用前景。虽然 IPv6 在全球范围内还仅仅处于研究阶段，许多技术问题还有待于进一步解决，并且支持 IPv6 的设备非常有限。但总体来说，全球 IPv6 技术的发展不断进行着，并

且随着 IPv4 消耗殆尽，许多国家已经意识到了 IPv6 技术所带来的优势，特别是中国，通过一些国家级的项目，推动了 IPv6 下一代互联网全面部署和大规模商用。随着 IPv6 的各项技术日趋完善，IPv6 成本过高、发展缓慢、支持度不够等问题将很快淡出人们的视野。

3.1.7　思考与训练

1. 简答题

（1）网络协议的内容是什么？
（2）IP 地址的定义及分类是什么？
（3）子网掩码的概念是什么？
（4）如何测试网络的连通性？

2. 实做题

连接办公室中的 5 台计算机，要求每台计算机都属于 192.168.3.0 网段，配置每台计算机的网络参数，并用 ping 命令测试网络是否连通。

3.2　认识传输介质

计算机与外界局域网的连接是通过在主机箱内插入一块网络接口板（或者是在笔记本电脑中插入一块 PCMCIA 卡）即网卡来实现。组建计算机网络，选择什么样的传输介质和网络连接设备很重要，因为这关系到所组建的局域网的性能和组建网络的成本。计算机和传输介质之间的物理连接，为计算机之间相互通信提供一条物理通道，并通过这条通道进行高速数据传输。

3.2.1　学习目标

通过本教学情境的学习，应该达到的知识目标和能力目标如下表。

知识目标	能力目标
• 了解网卡的类型；	• 掌握网卡的安装方法；
• 了解网线的分类及标准；	• 能够正确使用网线制作工具；
• 了解 MAC 地址；	• 能够正确制作直通线；
• 了解双绞线的特点	• 掌握直通线的制作方法

3.2.2　引导案例

1. 工作任务名称

准备网卡及线缆。

2. 工作任务背景

为了组建小型办公室网络，需要为每台计算机购置 D-Link DFE-530TX 自适应网卡，在安装并配置好网卡后，还需要通过双绞线将计算机和交换机连接起来，并查看网卡的 MAC 地址。

3. 工作任务分析

网卡和网线是组建办公室网络的必要材料，正确地安装和配置网卡，按照标准的线序制作网线是网络连通信息传输的保证。

我们为所有需要连网的计算机准备了 D-Link DFE-530TX 自适应网卡。D-Link DFE-530TX 自适应网卡是 D-Link 公司产品，是一款 PCI 接口、速率为 10/100M 自适应、全双工/半双工自动侦测的网络适配器；接口为 RJ45，带有指示灯提示网络连接和工作状况功能。经过分析，选用此产品能够满足办公室计算机的网络要求。

网线选择超五类的非屏蔽型双绞线，既便于安装，又节省成本，根据实际情况确定网线长度。

4. 条件准备

D-Link DFE-530TX 自适应网卡、超五类非屏蔽双绞线 150m、RJ-45 压线钳、RJ-45 接头（水晶头）、电缆测试仪、D-Link DES-1016D 交换机，如图 3.13 所示。

图 3.13　RJ-45 压线钳、RJ-45 水晶头、电缆测试仪

3.2.3　相关知识

1. 网卡

网卡是最基本、应用最广泛的一种网络设备。网卡全名为网络接口卡（Network Interface Card，NIC），其标准由 IEEE 定义。网卡工作于 OSI（Open System Interface，开放式系统互连）七层中的物理层。它的主要工作原理为整理计算机发往网线的数据并将数据分解为适当大小的数据包之后向网络发送出去。

网卡按总线类型、传输速率、接口类型等标准分为以下几种类型。

（1）根据传输速率分类。

① 10Mb 网卡。最大传输速率为 10Mbps。前几年较流行，价格较低，适于一般家庭。

② 10/100Mb 自适应网卡。最大传输速率为 100Mbps，现在较流行的一种网卡；自适应指具有自动检测网络速度的功能。

③ 10/100/1000Mb 自适应网卡。最大传输速率为 1000Mbps，为千兆网卡，可根据线路及物理设备自动检测网络速度。

（2）根据总线类型分类。

① ISA 接口网卡。受 ISA 总线的限制，其传输速率低、安装麻烦，现在已经被淘汰。

② PCI 接口网卡。现在应用最广泛、最流行的网卡；其特点为安装简单，性价比高。

③ USB 接口网卡。近两年出现的一种新型接口网卡，主要为了满足没有内置网卡的用户，接口通过主板的 USB 接口引出。

（3）按连线的接口类型分类。

① RJ-45 接口。标准由 IEEE 规定，使用 RJ-45 接口的网卡要使用 RJ-45 水晶头连接，网线采用双绞线，如图 3.14 所示。

② AUI 接口。主要应用于总线拓扑结构，网线使用同轴粗缆。

③ BNC 接口。与 AUI 网卡类似，网线使用同轴细缆，如图 3.15 所示。

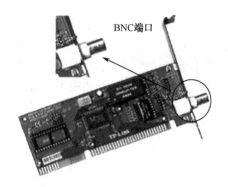

图 3.14　RJ-45 接口网卡　　　　图 3.15　BNC 接口网卡

④ FDDI 接口。光模接口网卡，应用于光纤网络，这种网络具有 100Mbps 的带宽。随着快速以太网的出现，它的速度优越性已不复存在，所以目前非常少见。

（4）按连接介质不同分类。

① 有线网卡。网线类型有双绞线、细缆、粗缆及光纤。

② 无线网卡。不需要网线，是在以无线电波作为信息传输媒介构成的无线局域网的无线覆盖下，通过无线连接网络进行上网使用的无线终端设备。

（5）按网卡应用领域分类。根据网卡所应用的计算机类型，可以将网卡分为应用于工作站的网卡和应用于服务器的网卡，服务器上通常采用专门的网卡，它相对于工作站所用的普通网卡来说在带宽（通常在 100Mbps 以上，主流的服务器网卡都为 64 位千兆网卡）、接口数量、稳定性、纠错等方面都有比较明显的提高。

（6）以太网的 MAC 地址。为了保证网络能正常运行，每台计算机必须有一个与其他计算机不同的硬件地址，即网络中不能有重复地址。这个地址就是 802 标准为局域网规定的一种 48bit 的全球唯一地址，称为物理地址或 MAC 地址。这种地址被嵌入到以太网卡中，网卡在生产时，唯一地址被固化在 ROM 中。网卡一旦插入计算机，计算机通信时需要的硬件地址便是网卡地址。

IEEE802 规定网卡地址为 6 字节，即 48bit，一般以 12 位十六进制表示，如 00-05-5D-6B-29-F5。也可以分成 3 组，每组有 4 个数字，中间以点分开，如 0005.5D6B.29F5，即点分十六进制表示法。

每个地址由两部分组成，分别是供应商代码和序列号。供应商代码代表 NIC（网络接口控制器）制造商的名称，它占用 MAC 的前 6 位十六进制数字，即 24 位二进制数字；序列号由供应商管理，它占用剩余的 6 位地址，或最后的 24 位二进制数字。

2. 传输介质

网络传输介质是指在网络中传输信息的载体。传输介质的种类基本上可以分为两类：一类是有线介质，如电缆、双绞线、光纤等；另一类是无线介质，如微波、卫星通信等。局域网常用的传输介质有非屏蔽双绞线（Unshielded Twisted Pair，UTP）、屏蔽双绞线（Shidlded Twisted Pair，STP）、同轴电缆和光缆等。目前局域网中最常使用的传输介质就是双绞线。

（1）双绞线。双绞线也可以分为两类：屏蔽型双绞线（STP）和非屏蔽型双绞线（UTP）。

双绞线是目前使用最广泛的传输介质。它的优势在于它使用了电信工业中已经比较成熟的技术，因此，对系统的建立和维护都要容易得多。在不需要较强抗干扰能力的环境中，选择双绞线特别是非屏蔽型双绞线，既便于安装，又节省了成本，所以非屏蔽型双绞线往往是办公环境下网络介质的首选。

双绞线的最大缺点在于其抗干扰能力弱,特别是非屏蔽型双绞线。

图3.16 屏蔽双绞线

双绞线采用了一对互相绝缘的金属导线互相绞合的方式来抵御一部分外界电磁波干扰,更主要的是降低自身信号的对外干扰。把两根绝缘的铜导线按一定密度互相绞在一起,可以降低信号干扰的程度,每一根导线在传输中辐射的电波会被另一根线上发出的电波抵消。双绞线的名字也是由此而来,如图3.16所示。

在双绞线标准中应用最广的是ANSI/EIA/TIA(美国国家标准/美国电子工业协会/美国电信工业协会)-568A和ANSI/EIA/TIA-568B(实际上应为ANSI/EIA/TIA-568B.1,简称为T568B)。这两个标准最主要的不同就是芯线序列的不同。

① 非屏蔽型双绞线。

一类线是ANSI/EIA/TIA-568A标准中最原始的非屏蔽双绞铜线电缆,但它开发之初的目的不是用于计算机网络数据通信,而是用于电话语音通信。

二类线是ANSI/EIA/TIA-568A和ISO 2类/A级标准中第一个可用于计算机网络数据传输的非屏蔽双绞线电缆,传输频率为1MHz,传输速率达4Mbps,主要用于旧的令牌网。

三类线是ANSI/EIA/TIA-568A和ISO 3类/B级标准中专用于10Base-T以太网络的非屏蔽双绞线电缆,传输频率为16MHz,传输速度可达10Mbps。

四类线是ANSI/EIA/TIA-568A和ISO 4类/C级标准中用于令牌环网络的非屏蔽双绞线电缆,传输频率为20MHz,传输速度达16Mbps,主要用于基于令牌的局域网和10base-T/100base-T。

五类线是ANSI/EIA/TIA-568A和ISO 5类/D级标准中用于运行CDDI(CDDI是基于双绞铜线的FDDI网络)和快速以太网的非屏蔽双绞线电缆,传输频率为100MHz,传输速度达100Mbps。

超五类线是ANSI/EIA/TIA-568B.1和ISO 5类/D级标准中用于运行快速以太网的非屏蔽双绞线电缆,传输频率也为100MHz,传输速度也可达到100Mbps。与五类线缆相比,超五类在近端串扰、串扰总和、衰减和信噪比4个主要指标上都有较大的改进。

六类线是ANSI/EIA/TIA-568B.2和ISO 6类/E级标准中规定的一种非屏蔽双绞线电缆,它也主要应用于百兆位快速以太网和千兆位以太网中。因为它的传输频率可达200~250MHz,是超五类线带宽的2倍,最大速度可达到1000Mbps,能满足千兆位以太网需求。

超六类线是六类线的改进版,同样是ANSI/EIA/TIA-568B.2和ISO 6类/E级标准中规定的一种非屏蔽双绞线电缆,主要应用于千兆位网络中。在传输频率方面与六类线一样,也是200~250MHz,最大传输速度也可达到1000Mbps,只是在串扰、衰减和信噪比等方面有较大改善。

② 屏蔽型双绞线。屏蔽型双绞线与非屏蔽双绞线的区别在于结构上存在不同。屏蔽型双绞线在绞线和外皮间夹有一层铜网或金属屏蔽层,如图3.16所示。有效减小了影响信号传输的电磁干扰,但相应增加了成本。而非屏蔽型双绞线没有保护层,易受电磁干扰,但成本较低。

七类线是ISO 7类/F级标准中最新的一种双绞线,它主要为了适应万兆位以太网技术的应用和发展。但它不再是一种非屏蔽双绞线了,而是一种屏蔽双绞线,所以它的传输频率至少可达500MHz,是六类线和超六类线的2倍以上,传输速率可达10Gbps。

③ 双绞线的连接线序。使用双绞线组网,网卡必须带有RJ-45接口,双绞线与RJ-45接头的连接方法采用的标准有两个,即ANSI/EIA/TIA-568A标准和ANSI/EIA/TIA-568B标准。对于五类、超五类、六类双绞线来说,均有4对颜色不同、相互绞合的线,按照ANSI/EIA/TIA-568A

标准描述,其连接的线序从左到右依次为:白绿、绿、白橙、蓝、白蓝、橙、白棕、棕;ANSI/EIA/TIA 568B 标准描述的线序从左到右则依次为:白橙、橙、白绿、蓝、白蓝、绿、白棕、棕。双绞线制作线序如图 3.17 所示。

T568A标准

RJ-45	1	2	3	4	5	6	7	8
双绞线	白绿	绿	白橙	蓝	白蓝	橙	白棕	棕

T568B标准

RJ-45	1	2	3	4	5	6	7	8
双绞线	白橙	橙	白绿	蓝	白蓝	绿	白棕	棕

图 3.17 不同标准的双绞线线序

一般在用双绞线组网的时候,接线一定要按线的颜色对应连接,否则会使通信不稳定。

两端 RJ-45 接口中的线序排列完全相同的网线,称为直通线(Straight Cable),也就是说,直通线两端全部采用 ANSI/EIA/TIA 568B 标准或者全部采用 ANSI/EIA/TIA 568A 标准,直通线通常适用于计算机到集线器或交换机之间的连接。

当使用双绞线直接连接两台相同设备时,如两台计算机、两台集线器、两台交换机,两端的线序排列是不一致的,相对直通线而言,另一端的线序应做相应的调整,即第1、2 线和第3、6 线对调,或者说一端采用 ANSI/EIA/TIA 568A 标准,另一端采用 ANSI/EIA/TIA 568B 标准,这种双绞线我们称为交叉线(Crossover Cable)。目前,有些厂商对网络设备进行了技术升级,在连接网络设备的时候已经不需要再区别是采用直通线还是交叉线了。

图 3.18 是直通线和交叉线的线序排列对比。办公室网络是由计算机通过交换机相连,因此需要制作若干根直通线。

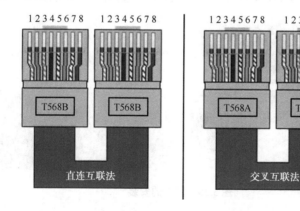

图 3.18 直通线与交叉线的线序

(2)光纤。光纤即光导纤维,是一种利用光在玻璃或塑料制成的纤维中的全反射原理而达成的光传导工具。它的独特的性能使它成为数据传输中最有成效的一种传输介质。现在,人类对数据传输的速度要求越来越高,所以光纤的使用越来越广泛。

光纤是由许多细如发丝的塑胶或玻璃纤维外加绝缘护套组成。光束在玻璃纤维内传输,防电磁干扰、传输稳定、质量高,主要用于主干网的连接。

按光在光纤中的传输模式可分为单模光纤和多模光纤。

① 单模光纤（Single-mode Fiber）。中心玻璃芯较细（芯径一般为 9μm 或 10μm），只能传一种模式的光。适用于远程通信，传输距离较长。

② 多模光纤（Multi-mode Fiber）。中心玻璃芯较粗（50μm 或 62.5μm），可传多种模式的光。多模光纤传输的距离就比较近，一般只有几公里。

（3）同轴电缆。同轴电缆是一种比较早的传输介质，在双绞线还未盛行之前，它几乎是计算机网络主要的传输介质，广泛应用于各种计算机网络环境中。

同轴电缆主要分为两类：粗缆和细缆。细缆的直径为 0.26 厘米，最大传输距离 185 米，主要用于建筑物内的网络连接；而粗缆的直径为 1.27 厘米，最大传输距离达到 500 米，常用于建筑物间的连接。

不论是粗缆还是细缆，其中央都是一根铜线，外面包有绝缘层，如图 3.19 所示。

图 3.19　同轴电缆

3.2.4　任务实施

1．安装配置网卡

（1）安装网卡硬件。PCI 网卡的硬件安装过程如下。

① 准备好要安装的网卡，选择好主板上适当的 PCI 插槽。

② 取下插槽对应的挡板，将板卡对准 PCI 插槽后，均匀用力将网卡插入 PCI 插槽，让整个网卡的金手指完全没入插槽中。

③ 确认装妥后，用螺丝固定好网卡，防止其松动，如图 3.20 所示。

 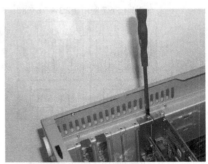

图 3.20　网卡的安装

（2）安装网卡驱动程序。安装驱动程序有自动安装和手工安装两种途径。一般情况下，计算机的即插即用功能可以完成网卡的自动安装。网卡插在计算机主板上以后，不需要用户任何干预，系统会自动地安装网卡驱动程序。要实现即插即用功能，系统要求主板、操作系统及网卡都具有较好的支持功能。

为了实现网卡的真正性能，建议还是安装网卡厂家提供的驱动程序。手工安装网卡驱动程序的具体步骤如下。

① 鼠标单击屏幕左下角 Win 键，再单击"设置"选项，如图 3.21 所示。

② 在"设置"窗口单击"设备"选项，如图 3.22 所示。

图 3.21 "设置"选项

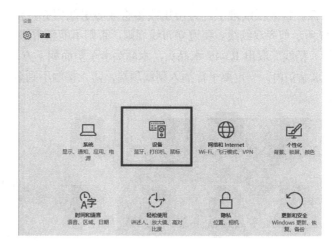

图 3.22 "设置"窗口

③ 在"设备"窗口单击"设备管理器"选项,如图 3.23 所示。

④ 弹出"设备管理器"窗口,选择网络适配器,右击该项,在弹出的快捷菜单中选择"更新驱动程序软件"即可,如图 3.24 所示。

图 3.23 "设备管理器"选项

图 3.24 网络适配器选项

2. 制作直通线

(1) 剥线。利用压线钳的剥皮功能剥开双绞线的外皮,剥线的长度为 13~15mm,不宜太长或太短。

（2）理线。观察线缆内部8根彩色与白色相互缠绕的金属线，将它们的缠绕去掉，并按照ANSI/EIA/TIA 568B 标准描述的线序排列，从左到右依次为：白橙、橙、白绿、蓝、白蓝、绿、白棕、棕。将8根线理平，再用压线钳将8芯引线剪齐，留下的线芯长度为10～12mm，如图3.25所示剪齐双绞线。要遵守布线规则，否则不能正常通信。

（3）插线。取出RJ-45水晶头，水晶头卡子一面朝下方，将排好顺序的非屏蔽双绞线插入RJ-45水晶头内，一定要平行插入到线顶端，防止接触不到金属片，如图3.26所示插上RJ-45接头。

图3.25 剪齐双绞线

图3.26 将双绞线插入RJ-45接头

（4）压线。用RJ-45专用压线钳将接头压紧，确保无松动现象，压过的水晶头的金属脚比压前要低，如图3.27所示为压线操作。

（5）测试网线连通。网线两端的水晶头都制作完成后，利用测试仪检测制作的直通线，保证全部接通。测试的时候，将做好的网线两端分别插入电缆测试仪中的RJ-45插座内，打开测试仪的电源开关，测试仪开始测试，测试直通连线时，主测试仪的指示灯应该从1到8逐个顺序闪亮，而远程测试端的指示灯也应该从1到8逐个顺序闪亮。如果是这种现象，说明直通线的连通性没问题，否则就得重新制作水晶头。如图3.28所示。

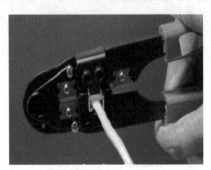
图3.27 压线钳将接头压紧

图3.28 用测试仪检测网线连通性

3. 连接交换机

办公室的5台计算机全部安装好网卡及驱动后，将制作好的直通网线一端插入网卡的RJ-45接口，另一端插入交换机的RJ-45接口中。连接时需注意以下两点。

（1）一定要将网线的插头插到位，保证接头与网卡接口接触良好。

（2）计算机和交换机通电开机后查看网卡和交换机的工作指示灯是否正常，若物理网络连通则网卡指示灯为绿色；否则检查网线及接口。

4. 查看以太网卡的 MAC 地址

进入 Windows 10 的"命令提示符"状态，输入命令"ipconfig/all"（ipconfig 命令的使用我们将在任务 4 中讨论），查看网卡的 MAC 地址，如图 3.29 所示，图中的物理地址即 MAC 地址。

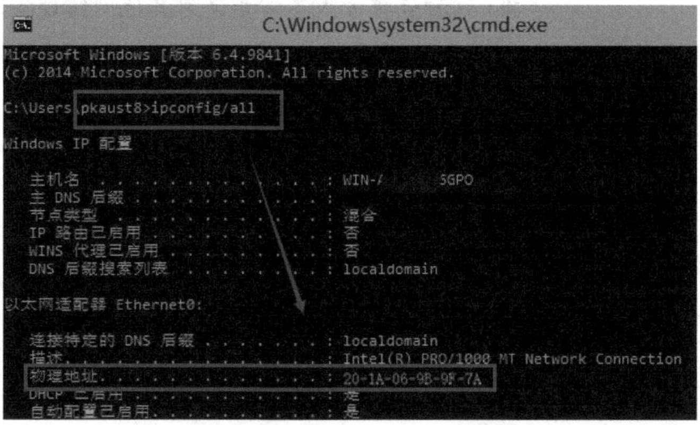

图 3.29　查看 MAC 地址

3.2.5　总结与回顾

网卡是局域网中连接计算机和传输介质的接口，不仅能实现与局域网传输介质之间的物理连接和电信号匹配，还涉及帧的发送与接收、帧的封装与拆封、介质访问控制、数据的编码与解码以及数据缓存的功能等。

连接好网卡硬件后，还需要安装网卡的驱动程序，这样网卡才能够正常工作。

网线是数据传输的通道，双绞线与 RJ-45 接头的连接方法采用标准有两个，ANSI/EIA/TIA 568A 和 ANSI/EIA/TIA 568B 标准。采用的标准不同，网线分为直通线和交叉线。制作时应注意线序的排列。

计算机与交换机的连接需要使用直通网线，应保证网线与网卡和交换机接口能够可靠连接。计算机通信时需要的硬件地址便是网卡的 MAC 地址，这个地址是唯一的。

3.2.6　拓展知识

集成网卡的计算机网络连接

除了独立卡式的网卡以外，目前大多数计算机的网卡都已经集成在主板上，对于这类网卡就省去了硬件的安装，只需要把相应的网卡驱动程序安装好后就可以使用了。根据其集成的网络处理芯片不同，集成网卡的速度也有所不同，传输速率分别为 10Mb、100Mb 及 1000Mb。

如果只需要将两台计算机通过双绞线直接连接起来，可以制作一根交叉双绞线，即双绞线的一端按照 TIA 568B 标准描述的线序从左到右依次为：白橙、橙、白绿、蓝、白蓝、绿、白棕、棕排列制作水晶头，另一端按照 TIA 568A 标准描述的线序从左到右依次为：白绿、绿、白橙、蓝、白蓝、橙、白棕、棕排列制作水晶头。双绞线两端的第 1、3 线对调，第 2、6 线对调。

制作完成后，利用测试仪检测，保证全部接通。测试的时候，将做好的网线两端分别插入电缆测试仪中的 RJ-45 插座内，打开测试仪的电源开关，测试仪开始测试，测试交叉线时，若测试仪两边指示灯闪亮顺序为 1&3、2&6、3&1、4&4、5&5、6&2、7&7、8&8，表示该网线制作成功；若亮灯的顺序不是如此，则说明该交叉线不合格。

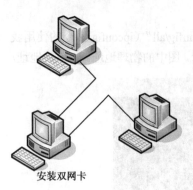

安装双网卡

图 3.30　3 台计算机互联

如果需要将办公室中的三台计算机相连，可以采用 4 网卡的模式，这要求其中一台计算机安装两块网卡，其余两台计算机每个安装一块网卡，通过两根交叉线来实现 3 台计算机的连接；这种连接方式不需要使用其他网络设备，降低了网络成本，如图 3.30 所示。

3.2.7　思考与训练

1. 简答题

（1）网卡的作用和分类是什么？
（2）双绞线的分类及特点是什么？
（3）直通线与交叉线的区别是什么？
（4）什么是以太网的 MAC 地址？

2. 实做题

制作一根直通线、一根交叉线。

3.3　认识交换机

随着网络技术的发展，1995 年出现了最早的以太网交换机，以太网交换机具备强大的交换处理能力和丰富的功能，交换机和路由器已成为局域网组网的核心设备，交换式以太网成为目前最流行的组网方式。

3.3.1　学习目标

通过本教学情境的学习，应该达到的知识目标和能力目标如下表。

知识目标	能力目标
• 理解交换机的基本理论知识； • 理解并掌握交换机的工作原理； • 熟练掌握交换机的三种不同的访问方式； • 理解交换式网络三层模型	• 能够利用交换机的三种不同访问方式登录交换机； • 能够完成交换机的不同命令模式之间的切换； • 能掌握交换机各种命令，能够使用各种帮助信息； • 能够对交换机端口进行配置和查看端口信息； • 能够进行交换机端口镜像的配置； • 能够进行交换机三层端口的配置

3.3.2　引导案例

1. 工作任务名称

配置交换机。

2. 工作任务背景

铁道学院新建网络实训室，采用全系列锐捷网络产品。学院要求机房管理员熟悉网络产品，要采用三种不同的访问方式登录交换机，掌握交换机的不同命令模式之间的切换。熟练掌握交换机常用的配置命令，能够使用各种帮助信息，以及使用命令进行基本的配置，并且要掌握交换机端口镜像以及三层端口的配置。

3. 工作任务分析

交换机的使用通常采用三种不同的访问方式登录交换机，在不同的环境中需要采用不同的登录方式。不同的模式下配置交换机是熟练掌握交换机使用的重要环节。掌握不同命令模式之间的切换，掌握交换机常用的配置命令，能够使用各种帮助信息，以及使用命令进行基本的配置，并且要掌握交换机端口镜像以及三层端口的配置是本情境的主要任务。

4. 条件准备

（1）锐捷 S2126 一台，锐捷 S3760 一台，Console 线一根。

（2）PC 两台，运行 Windows 10 操作系统，要求安装有超级终端程序 Securecrt。

（3）T568B 标准网线两根。

3.3.3 相关知识

1. 交换机概述

交换机是工作于 OSI 的第 2 层即数据链路层的设备，能识别 MAC 地址，并将 MAC 地址与对应的端口记录在自己内部的一个地址表中，通过解析数据帧中目的主机的 MAC 地址，将数据帧快速地从源端口转发至目的端口，从而避免与其他端口发生碰撞，提高了网络的交换和传输速度。

三层交换机是带路由功能的交换机，可以工作在 OSI 的第 2 层，也可工作在 OSI 的第 3 层，即网络层。三层交换机作为三层设备使用时相当于一个多端口的路由器。

交换机相当于是一台特殊的计算机，由硬件和软件两部分组成，软件部分主要是 RGNOS 操作系统，硬件主要包含 CPU、端口和存储介质。交换机的端口主要有以太网（Ethernet）端口、快速以太网（Fast Ethernet）端口、吉比特以太网（Gigabit Ethernet）端口和控制台（Console）端口。

交换机的存储介质主要有只读存储器（ROM）、闪存（Flash）和随机存储器（RAM）。其中，ROM 相当于计算机的 BIOS，交换机加电启动时，将首先运行 ROM 中的程序，以实现对交换机硬件的自检并引导启动 RGNOS。该存储器在系统断电时程序不会丢失。

Flash 是一种可擦写、可编程的 ROM，Flash 包含 NOS 及微代码。Flash 相当于计算机的硬盘，但速度要快得多，可以通过写入新版本的 RGNOS 来实现对交换机的升级。Flash 中的程序，在断电时不会丢失。交换机的配置文件也保存在 Flash 中。

RAM 是一种可读写存储器，相当于计算机的内存，当前的配置信息临时保存在 RAM 中，其内容在系统断电时完全丢失。

2. 交换机的工作原理

交换机的工作原理是存储转发，交换机的内部维护一张 MAC 地址表，MAC 地址表的组成是 MAC 地址和端口对应关系。交换机将某个端口发送的数据帧先存储起来，通过解析数据帧以获得目的 MAC 地址，然后在 MAC 地址表找到目的主机所连接的交换机端口，并立即将数据帧从源端口直接转发到目的端口。假定主机 A 向主机 B 发送数据，交换机通过学习获得 MAC 地址和转发与过滤数据包的过程如下。

（1）当交换机加电启动初始化时，MAC 地址表是空的，如图 3.31 所示。

（2）当主机 A 发送、交换机接收数据帧时，交换机根据收到数据帧中的源 MAC 地址，建立主机 A 的 MAC 地址与交换机端口 F0/1 的映射，并将其写入 MAC 地址表中，如图 3.32 所示。

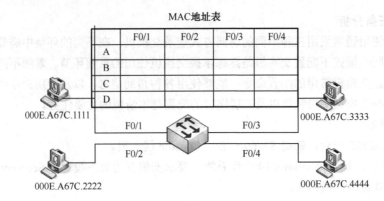

图 3.31 交换机初始化时 MAC 地址表是空的

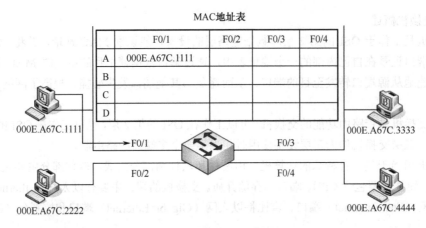

图 3.32 构建 MAC 地址表

（3）由于目的主机 B 的 MAC 地址交换机未知，所以交换机把数据帧泛洪（广播帧和组播帧向所有的端口转发，即泛洪）到所有的端口，主机 B 向主机 A 发出响应，所以交换机知道了主机 B 的 MAC 地址。同样交换机将建立响应帧的源 MAC 地址（即主机 B 的 MAC 地址）与交换机端口 F0/3 的映射，并将其写入 MAC 地址表，如图 3.33 所示。

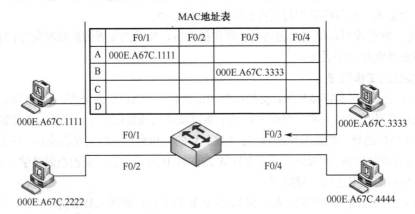

图 3.33 响应泛洪消息

（4）随着网络中的主机不断发送数据帧，这个学习的过程将不断进行下去，最终，交换机得到了一张完整的 MAC 地址表。

需要指出的是，当主机 B 的响应数据帧进入交换机时，由于交换机已知主机 A 所连接的端口，所以交换机并不对响应数据帧进行泛洪，而是直接把数据帧传递到接口 F0/1，如图 3.34 所示。

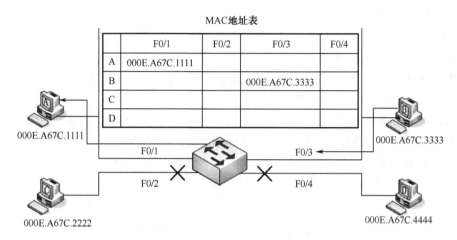

图 3.34　传送数据帧到已知端口

交换机各端口是独享带宽，并可实现全双工通信。比如，一台 100Mbps 的 24 口交换机，其每个端口仍可同时达到 100Mbps 的通信速度，如图 3.35 所示。

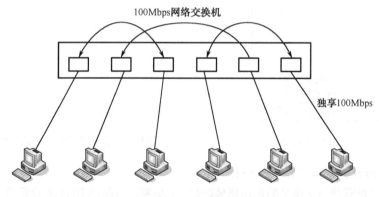

图 3.35　交换机以太网

利用交换机虽然提高了数据的处理速度和效率，但是连接在交换机上的所有设备仍都处于同一个广播域。

3. 交换机的访问方式

要对交换机进行基本的配置，首先要登录到交换机上。对于交换机的访问可以通过以下几种方式进行。

- 通过带外方式对交换机进行管理。
- 通过 Telnet 方式对交换机进行远程管理。
- 通过 Web 方式对交换机进行远程管理。

第一次配置交换机时，必须通过带外管理方式来配置交换机的管理地址，这种配置方式是用计算机的串口与交换机的 Console 端口直接相连，不占用网络带宽，因此被称为带外管理（Out of band）。使用后两种方式配置交换机时，都要通过网络传输，因此被称为带内配置方式，又称为远程配置方式，只有通过带外管理方式配置交换机的管理 IP 和登录密码后，其他两种方式才能通过网络对交换机进行配置管理。

1）通过带外方式管理交换机

第一次使用交换机前要对交换机进行配置，首先通过 Console 线将计算机和交换机直接连接起来。因为交换机没有提供输入/输出的终端，必须借助计算机的超级终端程序。超级终端是 Windows 7 之前的系统版本集成的远控网络设备的终端软件。Windows 7 及 Windows 7 之后的系统版本，推荐使用 Securecrt。这个工具很全面而且很方便，无论是交换机、路由器、防火墙，都可以用 Console 线连接后进行配置。

以 Windows10 系统为例，运行 Securecrt，新建连接，显示对话框如图 3.36 所示。"协议"选择"Serial"；"端口"选择计算机实际连接所使用的端口，本例中所使用的是"COM2"口；波特率为"9600"（绝大多数设备默认为 9600，但有少数不是，也有可能被人为地修改，如果连不上，可以试试其他的值）；然后去掉"流控"的所有选项，如图 3.36 所示。设置好后，单击"连接"按钮，就开始连接登录交换机了，图 3.37 所示为已经登录到交换机"S3760"。

图 3.36　超级终端连接创建对话框

图 3.37　通过超级终端登录到交换机

2）通过 Telnet 方式远程管理交换机

将计算机通过网线与交换机的端口连接好后，需要将计算机的 IP 地址设置成与交换机的管理 IP 地址在同一网段的 IP 地址。以锐捷的二层交换机为例，通过 Telnet 对交换机进行远程管理的步骤如下。

（1）配置交换机的管理 IP 地址和登录密码。

① 配置管理 IP 地址。

Switch(config)#int VLAN 1
Switch(config-if)#ip address 192.168.10.7 255.255.255.0
Switch(config-if)#no shutdown
Switch(config-if)#exit

② 配置二层交换机的 telnet 密码。

Switch(config)#enable secret level 1 0 star

③ 配置二层交换机的特权（enable）密码。

Switch(config)#enable secret level 15 0 star

（2）将交换机的快速以太网口与计算机网卡接口相连。

（3）设置计算机的本地连接 IP 地址与交换机管理 IP 地址为同一网段（如 192.168.10.2）。

（4）打开 Windows 10 的 Telnet 客户端。

在 Windows 10 系统中，Telnet 是作为标准的系统组件集成到系统中供用户使用。不过默认是关闭的。那么如何打开 Windows 10 系统中的 Telnet 客户端呢？下面简单介绍一下。

① 首先找到系统的控制面板，并打开控制面板的界面。右击左下角系统徽标，弹出上拉菜单，单击"控制面板"，如图 3.38 所示。

② 在"控制面板"弹出界面，进入"控制面板\所有控制面板"项，单击"程序和功能"选项，如图 3.39 所示。

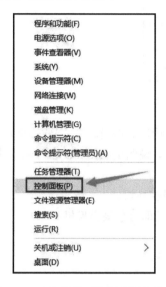
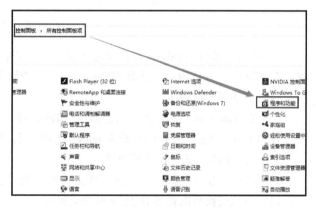

图 3.38 开始菜单"控制面板"选项　　　　图 3.39 控制面板"程序和功能"选项

③ 进入到"程序和功能"面板，在左侧找到"启动或关闭 Windows 功能"，并单击，如图 3.40 所示。

图 3.40 "程序和功能"面板"启用或关闭 Windows 功能"选项

④ 在打开"启动或关闭 Windows 功能"面板的过程中，需要等待一会儿。在完全打开的"Windows 功能"界面中，往下拉状态条，找到"Telnet 客户端"，并选中该复选框，然后单击

"确定"按钮，如图 3.41 所示。

图 3.41 "Telnet 客户端"选项

⑤ 然后会弹出 Windows 功能动态等待窗口，显示"正在应用所做的更改"，需要等待几分钟，在 Windows 功能窗口，变成"Windows 已完成请求的更改"，说明更改 Telnet 客户端成功，并选择关闭功能窗口即可。

（5）在 Telnet 客户端输入并执行命令：Telnet IP 地址，登录交换机。

使用 telnet 登录，要求用户输入 telnet 登录密码，校验成功后即可登录交换机。

3）通过 Web 方式远程管理交换机

以锐捷的三层交换机为例，通过 Web 连接交换机的步骤如下。

（1）设置交换机的管理 IP 地址和登录密码。

① 配置三层交换机的管理 IP 地址。

S3760(config)#int VLAN 1
S3760(config-if)#ip address 192.168.10.7 255.255.255.0
S3760(config-if)#no shutdown
S3760(config-if)#exit

② 配置三层交换机的特权（enable）密码。

S3760(config)#enable secret level 15 0 star

③ 配置三层交换机的 telnet 密码。

S3760(config)#line vty 0 4
S3760(config-line)#password 0 star
S3760(config-line)#login
S3760(config-line)#exit

（2）将交换机的快速以太网口与计算机网卡接口相连。

（3）设置计算机的本地连接 IP 地址与交换机管理 IP 地址为同一网段（如 192.168.10.2）。

（4）在浏览器的地址栏中输入交换机的管理 IP 地址如图 3.42 所示。

使用 Web 方式成功登录后，进入交换机的 Web 管理页面，如图 3.43 所示。Web 管理页面以一个 HTML 网页开始，页面内容主要有交换机型号的厂商说明、具体各级管理页面 WebCLI 的链接等信息。

图 3.42　Web 登录　　　　　　　　　图 3.43　Web 管理页面

4．交换机的工作模式

（1）命令模式概要。根据配置管理的功能不同，交换机可以分为用户模式、特权模式和配置模式 3 种工作模式。

配置模式又分为全局配置模式、接口配置模式、VLAN 配置模式和线程配置模式 4 种。

（2）获得帮助。用户在配置交换机的过程中，如果有记不住的命令，或者拼写不正确的命令，随时可以在命令提示符下输入"?"，即可列出该命令模式下支持的全部命令列表。可以列出相同字母开头的命令关键字，或者每个命令的参数信息；也可以使用 Tab 键自动补齐剩余命令单词。

使用方法如下：

```
Switch>?                    //列出用户模式下所有命令
Switch# ?                   //列出特权模式下所有命令
Switch>s?                   //列出用户模式下所有以 s 开头的命令
Switch# show ?              //列出特权模式下 show 命令后附带的参数
Switch#show conf<Tab>       //自动补齐 conf 后剩余字母
Switch#show configuration ? //列出该命令的下一个关联的关键字
```

（3）使用历史命令。系统提供了用户输入的命令的记忆功能。从历史命令记录重新调用输入过的命令，可以执行下面的操作。

① Ctrl+P 组合键或上方向键。在历史命令表中浏览前一条命令。从最近的一条记录开始，重复使用该操作可以查询更早的记录。

② Ctrl+N 组合键或下方向键。在使用了 Ctrl+P 组合键或上方向键操作之后，使用该操作在历史命令表中回到更近的一条命令。重复使用该操作可以查询更近的记录。

（4）理解命令行的提示信息。用户在使用命令管理交换机时，可能遇到一些错误提示信息。常见的错误信息含义如下。

① % Ambiguous command："show c"。这是用户没有输入足够的字符，简写的命令单词不唯一而发生了歧义，交换机无法识别。重新输入命令，紧接着发生歧义的单词输入一个问号，可能的关键字将被显示出来。

② % Incomplete command。这是用户没有输入该命令的必需的关键字或者变量参数。重新输入命令，输入空格再输入一个问号，可能的关键字或变量参数将被显示出来。

③ % Invalid input detected at '^' marker。这是用户输入命令单词错误，或者是拼写错误，或者是此模式下没有相应的命令，符号（^）指明了产生错误的单词的位置。

（5）使用命令的 no 选项。几乎所有的命令都有 no 选项。通常情况下，使用 no 选项来禁止某个特性或功能，或者执行与命令本身相反的操作。例如，接口配置命令 no shutdown 执行关闭接口命令 shutdown 的相反操作，即打开接口。

Switch(config–if)# no shutdown   //打开接口

5. 交换机基本配置

（1）设置主机名。为了管理方便，可以为交换机配置主机名来标识它。设置交换机的主机名可在全局配置模式下通过 hostname 命令来实现，其配置命令为：

hostname 交换机主机名

默认情况下，交换机的主机名默认为 Switch。若要将交换机的主机名设置为 s2126_1，则配置命令为：

Switch(config)#hostname s2126_1
s2126_1 (config)#exit

（2）配置管理 IP 地址。在二层交换机中，IP 地址仅用于远程登录管理交换机，对于交换机的正常运行不是必需的。若没有配置管理 IP 地址，则交换机只能采用控制端口进行本地配置和管理。

默认情况下，交换机的所有端口均属于 VLAN1，VLAN1 是交换机自动创建和管理的，不能由用户自己建立和删除。每个 VLAN 只有一个活动的管理地址，因此，对二层交换机设置管理地址之前，首先应选择 VLAN 1 接口，然后再利用 ip address 配置命令设置管理 IP 地址，其配置命令为：

interface VLAN VLAN-id
ip address address netmask

参数说明：VLAN-id 代表要选择配置的 VLAN 号，address 为要设置的管理 IP 地址，netmask 为子网掩码。

例如，要设置交换机的管理 IP 地址为 192.168.10.1，子网掩码为 255.255.255.0，则设置命令为：

student(config)# interface VLAN 1
student(config-if)# ip address 192.168.10.1   255.255.255.0

Interface VLAN 配置命令用于访问指定的 VLAN 接口。二层交换机没有三层交换机功能，VLAN 间无法实现相互通信，VLAN 接口仅作为管理接口。

若要取消管理 IP 地址，可选中 VLAN 1 接口，执行 no ip address 配置命令即可。

（3）激活端口。端口默认是处于不激活状态，即 shutdown 状态。当一个端口设置了 IP 地址后，要想让它起作用就应事先激活端口，其设置命令为：

no shutdown

（4）配置远程登录密码和特权密码。远程登录密码是在执行 telnet 命令或通过浏览器访问交换机的过程中要求输入的密码；交换机的特权密码是从用户模式进入特权模式时使用的。密码的设置是在全局配置模式下进行的，其命令为：

enable secret level level encryption-type encrypted-password

参数说明：level 表示用户级别，其范围从 0 到 15（默认情况下，系统只有两个受口令保护的授权级别，即普通用户级别和特权用户级别。Level 1 是普通用户级别，Level 15 是特权用户级别。）。encryption-type 表示加密类型，一般为 0，表示不加密。encrypted-password 表示用户级别的口令，明文输入的口令的最大长度为 25 个字符（口令中不能有空格、问号或其他不可显示字符）。

① 设置远程登录密码。

Switch(config)#enable secret level 1　0　密码

level 1 是普通用户级别，0 表示不加密。

② 配置进入特权模式密码。

Switch(config)#enable secret level 15 0　密码

level 15 表示特权用户级别。

6. 交换机端口配置

（1）交换机端口。交换机端口是由交换机上的单个物理端口构成的，只有二层交换功能，分为 Access Port 和 Trunk Port。Access Port 和 Trunk Port 的配置必须通过手动进行。

① Access Port。每个 Access Port 只能属于一个 VLAN，Access Port 只传输属于这个 VLAN 的帧。Access port 只接收以下 3 种帧：untagged 帧、vid 为 0 的 tagged 帧和 vid 为 access port 所属 VLAN 的帧；只发送 untagged 帧。配置某接口类型为 access port 的命令为：

Switch(config-if)#Switchport mode access

例如，将 S3760 的 f 0/10 设为 access port 的命令为：

Switch# config terminal
Switch(config) #interface f 0/10
Switch(config-if)#Switchport mode access

② Trunk Port。Trunk Port 传输属于多个 VLAN 的帧，默认情况下 Trunk Port 将传输所有 VLAN 的帧。可以通过设置 VLAN 许可列表来限制 Trunk Port 传输哪些 VLAN 的帧。每个接口都属于一个 Native VLAN，所谓 Native VLAN，就是指在这个接口上收发的 UNTAG（非标记）报文，都被认为是属于这个 VLAN 的。Trunk Port 可接收 tagged（标记）和 untagged（非标记）帧。若 Trunk Port 接收到的帧不带 IEEE802.1Q tag，那么帧将在这个接口的 Native VLAN 中传输，每个 Trunk Port 的 Native VLAN 都可设置。若 Trunk Port 发送的帧所带的 VID 等于该 Trunk Port 的 Native VLAN，则帧从该 Trunk Port 发送出去时，tag 将被剥离。Trunk Port 发送的非 Native VLAN 的帧是带 tag 的。

配置某接口类型为 Trunk Port 的命令为：

Switch(config-if)#Switchport mode trunk

例如，将 S3760 的 f 0/10 设为 access port 的命令为：

Switch#config terminal
Switch(config) #interface f 0/10
Switch(config-if)#Switchport mode trunk

（2）选择端口。

① 选择一个端口。在对端口进行配置之前，应先选择所要配置的端口，端口选择命令为：

interface type mod/port

交换机的端口（Port）通常也被称为接口（Interface），它由端口的类型、模块号和端口号共同进行标识。模块号是端口在插槽上的编号。例如，端口所在的插槽编号为 2，端口在插槽上的编号为 3，则端口对应的接口编号为 2/3。

例如，S2126 交换机的模块编号为 0，该模块有 24 个快速以太网端口，若要选择第 9 号端口，则配置命令为：

S2126#config　t
S2126(config)# interface f 0/9
S2126(config-if)#

② 选择多个端口。用户可以使用全局配置模式下的 interface range 命令同时配置多个接口。当进入 interface range 命令模式时，此时设置的属性适用于所选范围内的所有接口。选择多个交换机端口的配置命令为：

interface range type mod/startport – endport

其中，startport 代表要选择的起始端口号，endport 代表结尾的端口号，用于代表起始端口范围的连接符"-"的两端，应注意留一个空格，否则命令将无法识别。

例如，若要选择交换机的第 1 至第 24 端口，则配置命令为：

S2126#config t
S2126(config)# interface range fa 0/1-24
S2126(config-range-if)#

（3）配置以太网端口。

① 为端口指定一段描述性文字。在配置时，可以对端口指定一段描述性的说明文字，对端口的功能和用途等进行说明，以起备注作用。其配置命令为：

description port-description

如果描述文字中包含有空格，则要用引号将描述文字引起来。

例如，为交换机的端口 1 添加一段描述性的说明文字，则配置命令为：

S2126#config t
S2126(config)# interface fa 0/1
S2126(config)# description　　"　port for admin"

② 设置端口的管理状态。对于没有连接的端口，其状态始终处于 shutdown。对于正在工作的端口，可以根据管理的需要，进行启用或禁用。接口的管理状态有两种：up 和 down，当端口关闭时，端口的管理状态为 down，否则为 up。

在接口配置模式下执行以下命令将一个端口关闭：

shutdown

在接口配置模式下执行以下命令将一个端口打开：

no shutdown

③ 设置端口通信速度。配置命令：

speed [10 | 100 | 1000 | auto]

默认情况下，交换机的端口速度设置为 auto。例如若要将交换机的 9 号端口的通信速度设置为 100Mbps，则配置命令为：

S2126(config)# interface f 0/9
S2126(config-if)#　　speed　　100

④ 设置端口的单双工模式。配置命令：

duplex [full | half | auto]

full 代表全双工（Full-duplex），half 代表半双工（Half-duplex），auto 代表自动协商单双工模式。例如若要将交换机的 9 号端口设置为全双工通信模式，则配置命令为：

S2126(config-if)#　　duplex　　full

（4）端口镜像。交换机的端口镜像，通常也称为端口监听（Switch Port Analyzer，SPAN）。

利用端口镜像，可将被监听的一个或多个端口的流量，复制到镜像端口（监听口）。镜像端口通常用于连接网络分析设备，比如运行 Sniffer（嗅探器）或 Ethereal 等软件的主机。网络分析设备通过捕获镜像端口上的数据包，从而实现对网络运行情况的监控。

在同一个交换机上，可以同时创建多个端口镜像，以实现对不同 VLAN 的端口进行监听。监听口（镜像端口）与被监听口必须处于同一个 VLAN（虚拟局域网）中，处于被监听状态的端口，不允许变更为监听口。另外，监听口也不能是 Trunk（干路或汇聚链路）端口。

可以使用 monitor session 语句创建一个 SPAN 会话并指定目的端口（监控口）和源端口（被监听口）。

monitor session session_number {source interface interface-id [,|-] [both|rx|tx]|destination interface interface-id }

① session_number：表示 SPAN 会话号，目前只能为 1。

② source interface interface-id：指定源端口即被监听端口。对于 interface-id，请指定相应的接口号，只能为物理端口，不可以为 AP（聚合端口）或 SVI（虚拟子接口）。

③ destination interface interface-id：指定目的端口即监听端口。

④ ","：指定一些离散的接口集合，如 1，3，7，8。

⑤ "-"：指定一定范围的接口集合，如 1-9。

⑥ both：同时监控输入和输出帧。

⑦ tx：只监控输入帧。

⑧ rx：只监控输出帧。

（5）配置三层交换机端口。

① 端口的二层与三层选择。三层交换机的端口可用做二层的交换端口，也可用做三层的路由端口，默认当做二层端口使用。

将端口设置为三层，配置命令为：

no Switchport

将端口设置为二层，配置命令为：

Switchport

② 配置端口 IP 地址。对于 IP 网络，应为三层端口指定 IP 地址，该地址以后成为所联广播域内其他二层接入交换机和客户端的网关地址。

IP 地址配置命令为：

ip address address netmask

删除接口的 IP 地址的配置命令为：

no ip address

三层端口默认状态一般是 shutdown，所以一个接口配置完成后应立即使用 no shutdown 命令来启用此端口。

③ 显示三层端口信息。

显示某一接口的信息的配置命令为：

show ip interface type　mode/port

例如要查看 1 号端口的配置信息，查看命令为：

Swithch#show ip interface fastethernet 0/1

显示所有三层接口简要信息的配置命令为：

show ip interface brief

3.3.4 任务实施

1. 交换机各个模式之间的切换

```
Switch>enable
！使用 enable 命令从用户模式进入特权模式
Switch#configure terminal
Enter configuration commands, one per line. End with CTRL/Z
！使用 configure terminal 命令从特权模式进入全局配置模式
Switch(config)#interface fastEthernet 0/1
！使用 interface 命令进入接口配置模式
Switch(config-if)#
Switch(config-if)#exit
！使用 exit 命令退回上一级操作模式
Switch(config)#interface fastEthernet 0/2
Switch(config-if)#end
Switch#
！使用 end 命令直接退回特权模式
```

2. 交换机命令行界面基本功能

```
Switch>?
！显示当前模式下所有可执行的命令
disable     turn off privileged commands
enable    turn on privileged commands
exit     exit from the exec
help    description of the interactive help system
ping   send   echo messages
rcommand   run   command   on   remote   switch
show   show   running   system   information
telnet  open   a telnet   connection
traceroute   trace   route   to destination
switch>en<tab>
switch>enable
！使用 Tab 键补齐命令
switch#con？
Configure connect
！使用？显示当前模式下所有以"con"开头的命令
switch#conf t
Enter configuration commands, one per line. End with CTRL/Z.
switch(config)#
！使用命令的简写
switch(config) #interface？
！显示 interface 命令后可执行的参数
Aggregateport    Aggregate port interface
Dialer Dialer interface
FastEthernet      Fast IEEE 802.3
GigabitEthernet   Gbyte Ethernet interface
```

```
Loopback    Loopback interface
Multilink   Multilink-group interface
Null        Null   interface
Tunnel      Tunnel interface
Virtual-ppp Virtual PPP interface
Virtual-template Virtual Template interface
Vlan        Vlan   interface
range       Interface range command
switch(config)#interface
switch(config)#interface fastEthernet 0/1
switch(config-if)# ^Z
switch#
!使用快捷键"Ctrl+Z"可以直接退回到特权模式
Switch# ping 1.1.1.1
Sending  5 ,100-byte  ICMP  Echos  to  1.1.1.1,
Timeout is 2000 milliseconds.
.^C
Switch#
```
!在交换机特权模式下执行 ping 1.1.1.1 命令，发现不能 ping 通目标地址，交换机默认情况下需要发送 5 个数据包，如不想等到 5 个数据包均不能 ping 通目标地址的反馈出现，可在数据包未发出 5 个之前按快捷键 Ctrl+C 终止当前操作

3. 配置交换机的每日提示信息

```
L2-SW(config)#banner motd    $
```
!使用 banner 命令设置交换机的每日提示信息，参数 motd 指定以哪个字符为信息的结束符
```
Enter text message end with the character '$'
Welcome to L2-SW ,if you are admin you can config it.
If you are not admin ,please exit!
L2-SW(config)#exit
```

4. 配置交换机的管理 IP 和登录密码

Switch(Config)#hostname S2126	//设置主机名
S2126 (config)#interface VLAN 1	//选中管理接口 VLAN1
S2126 (config-if)#ip address 192.168.2.154 255.255.255.0	
	//配置管理 IP
S2126 (config-if)#no shutdown	//激活端口
S2126 (config-if)#exit	
S2126 (config)#enable secret level 1 0 star	
	//配置 Telnet 登录密码为 star
S2126 (config)#enable secret level 15 0 star	
	//配置特权密码为 star

利用网线将交换机与 PC1 的网卡相连，即将 PC1 接入到交换机的快速以太网端口 F0/1 上，修改 IP 地址为 192.168.2.10，子网掩码为 255.255.255.0，然后进入 Windows 的 MS-DOS 窗口，输入 telnet 192.168.2.154 命令，登录连接交换机，以 Telnet 连接登录的方式工作。

5. 使用 shutdown 命令对端口的影响

将 PC2 连接在交换机的端口 2，此时交换机的 F0/2 灯亮起。在超级终端中对交换机进行配置，将端口 2 shutdown，观察交换机的第 2 号端口的指示灯有何变化，计算机的网络连接状态

有何变化，执行 show int f 0/2 配置命令，查看该端口的状态。然后执行 no shutdown，再观察端口指示灯有何变化，最后执行 show int f 0/2 命令，查看该端口的状态。

6. 配置交换机的第 5-8 号端口为 100Mbps 全双工模式

```
S2126 (config)interface range f 0/5-8            //选中端口 5-8
S2126 (config-if-range)#speed 100                //设置传输速率为 100Mbps
S2126 (config-if-range)#duplex full              //设置为全双工模式
```

7. 配置端口镜像

将第 1 号端口镜像到第 2 号端口。在第 2 号端口连接的 PC2 上安装运行 Sniffer 或 Wireshark 程序，利用该程序实现对第 1 号端口的数据包进行捕获分析。配置命令：

```
S3760 (config)#monitor session 1 source interface fastEthernet 0/1 both      // 同时监控端口发送和接收的流量
S3760#show monitor session 1                                                 // 验证测试
S3760 (config)#monitor session 1 destination interface fastEthernet 0/2      // 指定交换机的 0/2 接口为目的口（也叫监控口）
S3760#show monitor session 1                                                 // 验证测试
```

在 PC1 上运行 ping 命令，在 PC2 上可以捕捉到 PC1 发出的 ping 命令的数据包。

8. 将三层交换机的二层端口升为三层端口

配置 S3760 交换机的第 10 号端口为三层端口，并配置 IP 地址为 192.168.3.1，然后将 PC2 的主机 IP 地址设置为 192.168.3.14，网关地址设置为 192.168.3.1。

```
S3760 (config)#interface f 0/10
S3760 (config-if)#no Switchport
S3760 (config-if)#ip address 192.168.3.1 255.255.255.0
S3760 (config-if)#no shutdown
S3760 (config-if)#exit
```

9. 显示交换机的配置信息

```
S3760#show version                       //显示交换机的各种基本参数
S3760#show running-config                //显示交换机当前配置情况，也作 show run
S3760#show startup-config                //显示交换机保存在 NVRAM 存储器中的初始配置情况，也做 show start
S3760#show interfaces                    //显示交换机所有端口的基本情况
S3760#show interface [端口类型/端口号]   //显示交换机某个端口的基本情况，也作 show int [端口类型/端口号]
S3760#show ip interface                  //显示交换机的 ip 地址
S3760#show mac-address-table             //显示交换机的 mac 地址表
S3760#show history                       //显示历史命令
S3760#show interface f 0/1 sw            //显示端口 f 0/1 的信息
S3760#show monitor session 1             //显示端口镜像
S3760#show ip interface f 0/10           //显示三层端口
```

3.3.5 总结与回顾

（1）通过 Telnet 和 Web 方式远程管理交换机时，必须配置交换机的管理 IP 和登录密码后，才能通过网络对交换机进行配置管理。

（2）命令行操作进行自动补齐或命令简写时，要求所简写的字母能够区别该命令。如

switvh#conf 可以代表 configure，但 swith#co 无法代表 configure，因为 co 开头的命令有两个 copy 和 configure，设备无法区别。

（3）注意区别每个操作模式下可执行的命令种类，交换机不可以跨模式执行命令。

（4）配置设备名称的有效字符是 22 个字节。

（5）交换机端口在默认情况下是开启的，AdminStatus 是 up 状态，如果该端口没有实际连接其他设备，OPerStatus 是 down 状态。

（6）Show running-config 查看的是当前生效的配置信息，该信息存储在 RAM（随机存储器）里，当交换机掉电，重新启动时会重新生成新的配置信息。

（7）端口镜像只能配置一个 SPAN 会话，即 session 1。如果原先已经设置过该会话，首先将当前 session 1 的配置清除掉。Switched port 和 routed port 都可以配置为源端口和目的端口。

（8）SPAN 会话并不影响交换机的正常操作。可以将 SPAN 会话配置在一个 disabled port 上，然而，SPAN 并不马上发生作用直到目的端口和源端口被激活。

（9）一个端口不能同时是源端口和目的端口。在删除时，如果不指明源端口或者目的端口，则删除整个会话。

3.3.6 拓展知识

交换机的三层结构模型

在实际应用中经常使用二层交换机、三层交换机和少量的路由器来构建交换式以太网，设计中普遍采用三层结构模型。这个模型将整个局域网在逻辑上划分为核心层、汇聚层和接入层 3 个层次，每个层次都有其特定的功能。核心层用于高速数据转发，汇聚层负责路由聚合及流量控制，接入层面向工作组接入及访问控制。该模型结构清晰，网络运行效率高，易于扩展。

（1）核心层。核心层是交换式以太网的骨干。核心层的作用只有一个，就是高速、可靠地转发数据。在典型的层次化模式中，组件间通过核心层互联，核心用做网络骨干，因此，核心层交换机必须速度很快且永续性极高。

核心层交换机是整个网络的中心交换机，应当具有最高的交换性能，以满足连接和汇聚各汇聚层交换机的流量需求。核心层的交换机一般采用高档的三层交换机。这类交换机具有很高的交换背板带宽和较多的高速以太网端口或光纤端口。

（2）汇聚层。汇聚层位于核心层和接入层之间。在交换式以太网中，汇聚层具有很多功能：
- 布线间连接的汇聚；
- 定义广播域或组播域；
- VLAN 间的路由选择；
- 安全性。

汇聚层汇聚来自接入层的节点，保护核心不受高密度对等关系的影响。此外，汇聚层还创建故障边界，在接入层发生故障时提供逻辑隔离点。汇聚层通常以 L3 交换机对形式部署，针对网络核心连接使用 L3 交换，对接入层连接使用 L2 服务。负载平衡、服务质量（QoS）和易于设置等都是汇聚层的主要考虑因素。

汇聚层交换机是多台接入层交换机的汇聚点，它必须能够处理来自接入层设备的所有通信量，并提供到核心层的上行链路，因此汇聚层交换机与接入层交换机比较，需要更高的性能、更少的接口和更高的交换速率。

（3）接入层。接入层为用户提供对网络中的本地网段的访问，并且实现网络访问控制。用户通过接入层实现对网络的访问。通过广域网技术，如帧中继等，接入层也可以为远程访问者提供网络接入。其功能如下：
- 对汇聚层的访问控制和策略进行支持，接入层使用访问控制列表以防止非法用户进入网络；
- 建立独立的冲突域，这些冲突域可以小到只有两台设备，即目的设备和所连接的交换机端口；
- 建立工作组与汇聚层的连接，因此接入层的交换机应配备有高速上连的端口。

接入层是边缘设备、终端站和 IP 电话接入网络的第一层。接入层中的交换机连接两个单独的分布层交换机以实现冗余。如果它与分布层交换机之间是 L3 连接，则不会出现环路，所有上行链路都将有效转发流量。

接入层目的是允许终端用户连接到网络，因此接入层交换机应具有低成本和高端口密度的特性。接入层使用第 2 层交换机。

3.3.7 思考与训练

1. 选择题

（1）交换机是属于 OSI 参考模型（　　）的设备。
A. 数据链路层　　B. 物理层　　C. 网路层　　D. 传输层

（2）以下描述中不正确的是（　　）。
A. 设置了交换机的管理地址后，就可以用 Telnet 方式来登录连接交换机，并实现对交换机的配置和管理
B. 首次配置交换机时，必须采用 Console 端口登录配置
C. 默认情况下，交换机的所有端口均属于 VLAN1，设置管理地址，实际上就是设置 VLAN1 接口的地址
D. 交换机允许同时建立多个 Telnet 登录连接

（3）对交换机进行第一次配置必须使用以下（　　）的配置方式。
A. 通过带外对交换机进行管理（PC 与交换机通过 Console 端口直接相连）
B. 通过 Telnet 对交换机进行远程管理
C. 通过 Web 对交换机进行远程管理
D. 通过 SNMP 管理工作站对交换机进行远程管理

（4）交换机的当前正在进行生效的配置文件保存在（　　）中。
A. ROM　　B. FLASH　　C. DRAM　　D. NVRAM

（5）以下对 RGNOS 的描述，不正确的是（　　）。
A. 命令不区分大小写，而且支持命令简写
B. 按 Tab 键可以补全命令
C. 对交换机的配置，可以命令行模式也可以通过 Telnet 远程登录进行配置
D. 对交换机的第一次配置只能通过 Web 界面来进行

2. 填空题

（1）交换机的硬件主要包含_____、_____和_____。

（2）对交换机的管理可以通过 Telnet 远程登录的方式进行，但必须对交换机配置_____ IP 和_____密码后才可以。

（3）配置超级终端时的波特率应配置为_____。

（4）在_____模式下可以配置交换机的主机名；在_____模式下可以显示交换机的当前配置信息；在_____模式下可以配置一个端口的传输速率。

（5）可以用_____命令从全局配置模式返回到特权模式，也可以使用_____命令返回。

3.4 认识路由器

随着各企事业单位网络规模的不断扩大，很多单位不只有一个局域网，多个局域网络之间的通信就成为当前急需解决的问题。局域网络互联是使用路由器把两个或多个局域网互联起来，实现各局域网络之间的信息交换。

3.4.1 学习目标

通过本教学情境的学习，应该达到的知识目标和能力目标如下表。

知识目标	能力目标
• 了解路由器的组成、功能及分类； • 掌握路由器的初始配置； • 掌握路由器的常规配置； • 掌握查看路由器系统及配置信息的方法； • 了解路由器的管理方式； • 掌握路由器的基本工作原理	• 能连接与部署路由器； • 能通过 Console 端口配置路由器； • 能使用命令管理路由器； • 能使用路由器完成两个网络的连接

3.4.2 引导案例

1. 工作任务名称

配置路由器。

2. 工作任务背景

铁道职业技术学院电信系有通信教研室和信号教研室，两个教研室的网络是独立的。现在要将两个教研室的网络连通，方便资源共享。

3. 工作任务分析

这是一个典型的使用路由器的网络环境，两个教研室各通过一台二层交换机组成交换式局域网，通过路由器实现通信教研室和信号教研室的互连。

4. 条件准备

（1）PC 若干台。

（2）模拟器软件 Cisco Packet Tracer。

3.4.3 相关知识

1. 路由器功能

（1）路由器简介。路由器（Router）是用于连接多个逻辑上分开的网络，所谓逻辑网络是代表一个单独的网络或者一个子网。当数据从一个子网传输到另一个子网时，可通过路由器来完成。因此，路由器具有判断网络地址和选择路径的功能，它能在多网络互联环境中，建立灵活的连接，可用完全不同的数据分组和介质访问方法连接各种子网。

要解释路由器的概念，首先需要知道什么是路由。所谓"路由"，是指把数据从一个地方传送到另一个地方的行为和动作，而路由器正是执行这种行为动作的机器，是一种连接多个网络或网段的网络设备，它能将不同网络或网段之间的数据信息进行"翻译"，以使它们能够相互"读懂"对方的数据，从而构成一个更大的网络。

一般来说，在路由过程中，数据至少会经过一个或多个中间节点，如图 3.44 所示，路由器就是这样的中间节点，路由器通过转发策略完成数据的转发。

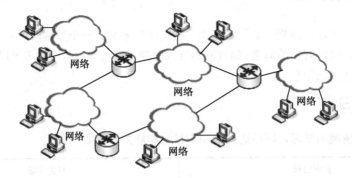

图 3.44　路由器互联网络

转发策略称为路由选择（routing），这也是路由器名称的由来（router，转发者）。

路由器的主要工作就是为经过路由器的每个 IP 数据包寻找一条最佳传输路径，并将该数据包有效地传送到目的地址。由此可见，选择最佳路径的策略即路由算法是路由器的关键所在。为了完成这项工作，在路由器中保存着各种传输路径的相关数据——路由表（Routing Table），供路由选择时使用，也就是说路由器转发 IP 数据包是根据路由表进行的，这一点有点类似于交换机，交换机转发数据帧是根据 MAC 地址表进行的。

(2) 路由器的主要功能。路由器的功能主要集中在两个方面：路由寻址和协议转换。路由寻址主要包括为数据包选择最优路径并进行转发、学习及维护网络的路径信息（即路由表）。协议转换主要包括连接不同通信协议网段（如局域网和广域网）、过滤数据包、拆分大数据包、进行子网隔离等。

下面针对这两个方面，分别进行简要介绍。

① 数据包转发。在网际间接收节点发来的数据包，然后根据数据包中的源 IP 地址和目的 IP 地址，对照自己缓存中的路由表，把 IP 数据包直接转发到目的节点，这是前面所讲的路由器最主要，也是最基本的路由作用。

② 路由选择。为网际间通信选择最合理的路由，这个功能其实是上述路由功能的一个扩展功能。如果有几个网络通过各自的路由器连在一起，一个网络中的用户要向另一个网络的用户发出访问请求的话，存在多条路径，路由器就会分析发出请求的源地址和接收请求的目的节点地址中的网络 ID 号，找出一条最佳的、最经济、最快捷的通信路径。

③ 不同网络之间的协议转换。目前多数中、高档的路由器往往具有多通信协议支持的功能，这样就可以起到连接两个不同通信协议网络的作用。如常用 Windows 操作平台所使用的通信协议主要是 TCP/IP 协议，但是如果是 NetWare 系统，则所采用的通信协议主要是 IPX/SPX 协议，同样在广域网和广域网、局域网和广域网之间也会采用不同的协议，这些网络的互联都需要靠支持这些协议的路由器来连接。如图 3.45，某 XXX 网络与某 YYY 网络互联，XXX 网络的网络层协议、数据链路层协议、物理层接口标准可能与 YYY 网络的网络层协议、数据链路层协

议、物理层接口标准都不一样，这时，可以通过路由器进行网络之间的协议转换而实现相互的通信，这也就是常说的异构网络互联。

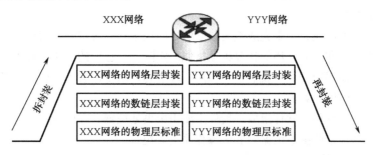

图 3.45　路由器的协议转换

④ 拆分和包装数据包。有时在数据包转发过程中，因网络带宽等因素，数据包过大，很容易造成网络堵塞，这时路由器就要把大的数据包根据对方网络带宽的状况拆分成小的数据包，到了目的网络的路由器后，目的网络的路由器就会再把拆分的数据包装成一个原来大小的数据包。

⑤ 解决网络拥塞问题。拥塞现象是指到达通信子网中某一部分的数据包数量过多，使得该部分网络来不及处理，以致引起这部分乃至整个网络性能下降的现象，严重时甚至会导致网络通信业务陷入停顿，即出现死锁现象。这种现象跟公路网中经常出现的交通拥挤一样，当节假日公路网中车辆大量增加时，各种走向的车流相互干扰，使每辆车到达目的地的时间都相对增加（即延迟增加），甚至有时在某段公路上车辆因堵塞而无法开动（即发生局部死锁），而在网络中路由器之间可以通过拥塞控制、负载均衡等方法解决网络拥塞问题。

⑥ 网络安全控制。目前许多路由器都具有防火墙功能，比如说简单的包过滤防火墙，它能够起到基本的防火墙功能，也就是它能够屏蔽内部网络的 IP 地址、自由设定 IP 地址、通信端口过滤，使网络更加安全。

（3）路由器和交换机的区别。路由器产生于交换机之后，就像交换机产生于集线器之后，所以路由器与交换机也有一定联系，并不是完全独立的两种设备。路由器主要克服了交换机不能路由转发 IP 数据包的不足。总的来说，路由器与交换机的主要区别体现在以下几个方面。

① 工作层次不同。最初的交换机是工作在 OSI/RM 开放体系结构的数据链路层，也就是第二层，而路由器一开始就设计工作在 OSI 模型的第三层网络层。由于交换机工作在 OSI 的第二层数据链路层，所以它的工作原理比较简单，而路由器工作在 OSI 的第三层网络层，可以得到更多的协议信息，路由器可以做出更加智能的转发决策。

② 数据转发所依据的对象不同。这一点也意味着交换机处理的信息单元是数据帧，而路由器处理的信息单元是数据包（在 TCP/IP 协议体系中，就是 IP 数据包，也称为 IP 数据报）。交换机是利用物理地址或者说 MAC 地址来确定转发数据，而路由器则是利用不同网络的 ID 号（即 IP 地址中的网络 ID）来确定数据转发。

③ 传统的交换机只能分割冲突域，不能分割广播域，而路由器可以分割广播域。由交换机连接的网段仍旧属于同一个广播域，广播数据包会在交换机连接的所有网段上传播，在某些情况下会导致通信拥挤和安全漏洞。连接到路由器上的不同网段会被分配成不同的广播域，广播数据不会穿过路由器。

④ 路由器通常支持一个或者多个防火墙功能，它们可被划分为用于 Internet 连接的低端设

备和传统的高端路由器。低端路由器提供了用于阻止和允许特定 IP 地址和端口号的基本防火墙功能，并使用 NAT 来隐藏内部 IP 地址。

2. 路由器组成

路由器是一种专门设计用来完成数据包存储、路径选择和转发的专用计算机，从这个角度来说，它的组成应该和我们常用的计算机很类似。实际上，它们的结构大同小异，都包括了输入、输出、运算、储存等部件，我们也可以简单理解为，路由器就是一台具有多个网络接口、用于数据包转发的专用计算机。

路由器主要是由硬件和软件组成。硬件主要由中央处理器、存储器件、网络接口等物理硬件和电路组成，软件主要由路由器的 IOS 操作系统等组成。

1）路由器软件结构

如图 3.46 所示是一个比较典型的路由器软件体系结构图，按照 OSI 参考模型及软件模块的调用关系给出路由器软件系统结构图，物理层一般为操作系统接口及各种业务模块的驱动。数据链路层为实现各种链路层协议的各个模块，网络层、传输层、应用层都可按模块功能定义成相应层协议。

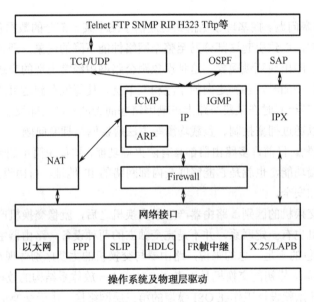

图 3.46　路由器软件体系结构

简单地说，路由器软件系统主要包括了路由器操作系统、路由器配置文件、路由器各类协议、路由器实用管理程序等。

（1）路由器操作系统 IOS（Internet Work Operating System，网际操作系统）。路由器之所以可以连接不同类型的网络并对数据包进行路由，除了必备的硬件条件外，更主要的还是因为每个路由器都有一个核心操作系统来统一调度路由器各部分的运行。

不同的路由器平台采用了不同版本的 IOS，但是，IOS 在不同平台之间保持了相同的用户接口。这使得在配置不同型号路由器的相同功能时可以使用相同的命令。IOS 配置通常是通过基于文本的命令行接口（Command Line Interface，CLI）进行的，但也有越来越多的路由器提供了图形化的配置界面，如 Web 方式，但从配置的灵活性来看，还是使用 CLI 进行配置更为便捷。

（2）路由器的配置文件。路由器与交换机一样，也有如下两种类型的配置文件。

① 启动配置文件。即 Startup-config 文件，也称为备份配置文件，被保存在 NVRAM 中或者 Flash 中，并且在路由器每次初始化启动时加载到内存中变成运行配置文件。

② 运行配置文件。即 Running-config 文件，也称为活动配置文件，驻留在内存中，当对路由器进行配置之后，配置命令被实时添加到路由器的运行配置文件中并被立即执行。但是，这些新添加的配置命令不会被自动保存为启动配置文件，通常对路由器进行配置或配置修改后，再将当前的运行配置文件保存成启动配置文件。

（3）路由器的各类协议。路由器上运行了大量的软件协议模块，如 PPP、HDLC、IP、IPX、RIP、OSPF 等，通过这些协议，路由器可以实现异构网络的互联，也可以进行路由表的动态维护等工作。

例如，一个网络层协议为 IP 协议的网络和一个网络层协议为 IPX 协议的网络，就可以通过路由器上的协议模块进行相互协议的转换，从而实现两个网络的互联。如果 OSPF 这样的路由选择协议在多台路由器上运行之后，路由器之间就可以进行相互的通信，动态建立维护路由表，使得网络管理员的工作更加轻松。

（4）路由器实用管理程序。除了上述的软件外，路由器通常还提供一些图形化的配置、管理程序，可以使得不熟悉命令行配置的网络管理员对路由器进行配置。

2）路由器接口类型

路由器具有非常强大的网络连接和路由功能，它可以与各种各样的不同网络进行物理连接，这就决定了路由器的接口技术非常复杂，越是高档的路由器其接口种类也就越多，因为它所能连接的网络类型越多。

这些接口归纳起来主要有以下 3 类。

- 局域网接口：主要用来和内部局域网连接；
- 广域网接口：主要用来和外部广域网连接；
- 配置接口：主要用来对路由器进行配置。

路由器上具有较多类型的接口，每个接口都有自己的名字和编号，一个路由器接口的全名称由它的类型标志与数字编号构成，编号自 0 开始。格式通常为"类型"/"插槽"/"端口适配器"/"端口号"。如 Eth4/0/1 表示 4 号插槽第 1 个端口适配器上的第 2 个以太网接口。

（1）路由器局域网接口。常见的局域网接口主要有 AUI、BNC 和 RJ-45 接口，还有 FDDI、ATM、千兆以太网等都有相应的网络接口，下面介绍主要的几种局域网接口。

① AUI 接口。AUI 接口就是用来与粗同轴电缆连接的接口，它是一种"D"型 15 针接口，这在令牌环网或总线型网络中是一种比较常用的接口。路由器可通过粗同轴电缆收发器实现与 10Base-5 网络的连接，但更多的则是借助于外接的收发转发器（AUI-to-RJ-45）实现与 10Base-T 以太网络的连接。当然，也可借助于其他类型的收发转发器实现与细同轴电缆（10Base-2）或光缆（10Base-F）的连接。AUI 接口示意图如图 3.47 所示。

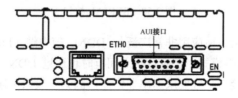

图 3.47　AUI 接口

② RJ-45 接口。RJ-45 接口是我们最常见的接口,它是双绞线以太网接口。因为在快速以太网中也主要采用双绞线作为传输介质,所以根据接口的通信速率不同,RJ-45 接口又可分为 10Base-T 网 RJ-45 接口和 100Base-TX 网 RJ-45 接口两类。其中,10Base-T 网的 RJ-45 接口在路由器中通常标识为"ETH",而 100Base-TX 网的 RJ-45 接口则通常标识为"FE"、"TX"、"TP"等,具体情况可参阅生产厂商的产品说明。如图 3.48 所示为 10Base-T 网 RJ-45 接口和 10/100Base-TX 网 RJ-45 接口。

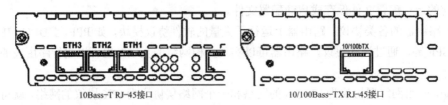

图 3.48　RJ-45 接口

③ SC 接口。SC 接口也就是我们常说的光纤接口,用于与光纤的连接。光纤接口通常不直接用光纤连接至工作站,而是通过光纤连接到快速以太网或千兆以太网等具有光纤接口的核心交换机。这种接口一般在高档路由器才具有,SC 接口在具体设备上通常以"FX"标注,如图 3.49 所示。

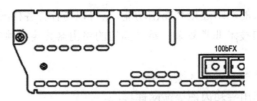

图 3.49　SC 接口

(2) 路由器的广域网接口。路由器不仅能实现局域网之间的连接,更重要的应用还是在于局域网与广域网、广域网与广域网之间的连接。但是因为广域网规模大,网络环境复杂,所以也就决定了路由器用于连接广域网的端口的类型较多。除了以上路由器的 AUI 接口、RJ45 接口以外,还有以下一些广域网接口类型。

① 同步串口。在路由器的广域网连接中,应用最多的接口还要算"同步串口"(SERIAL)了,如图 3.50 所示。

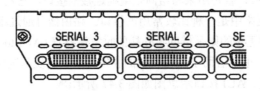

图 3.50　SERIAL 接口

这种接口主要用于连接目前应用非常广泛的 DDN、帧中继(Frame Relay)、X.25、PSTN(模拟电话线路)等网络连接模式。在企业网之间有时也通过 DDN 或 X.25 等广域网连接技术进行专线连接。这种同步接口一般要求速率非常高,因为一般来说通过这种接口所连接的网络的两端都要求实时同步。

② 异步串口。异步串口（ASYNC）主要应用于 Modem 或 Modem 池的连接，如图 3.51 所示。它主要用于实现远程计算机通过公用电话网拨入网络。这种异步接口相对于上面介绍的同步接口来说在速率上要求少许多，因为它并不要求网络的两端保持实时同步，只要求能连续即可，主要是因为这种接口所连接的通信方式速率较低。

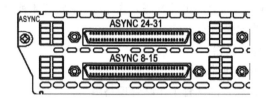

图 3.51　ASYNC 端口

③ ISDN BRI 接口。因 ISDN 这种互联网接入方式连接速度上有它独特的一面，所以在当时 ISDN 刚兴起时在互联网的连接方式上还得到了充分的应用。ISDN BRI 接口用于 ISDN 线路通过路由器实现与 Internet 或其他远程网络的连接，可实现 128Kbps 的通信速率。ISDN 有两种速率连接接口，一种是 ISDN BRI（基本速率接口）；另一种是 ISDN PRI（基群速率接口）。ISDN BRI 接口是采用 RJ-45 标准，与 ISDN NT1 的连接使用 RJ-45-to-RJ-45 直通线。如图 3.52 所示的 BRI 为 ISDN BRI 接口。

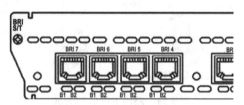

图 3.52　ISDN BRI 接口

（3）路由器配置接口。路由器的配置接口有两个，分别是 Console 和 AUX、Console 通常用来在进行路由器的基本配置时通过专用连线与计算机连接，而 AUX 则用于路由器的远程配置连接。

① Console 接口。Console 接口使用配置专用连线直接连接至计算机的串口，利用终端仿真程序（如 Windows 下的超级终端）进行路由器本地配置。路由器的 Console 接口多为 RJ-45 接口。如图 3.53 所示就包含了一个 Console 配置接口。

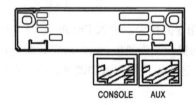

图 3.53　Console 接口

② AUX 接口。AUX 接口为异步接口，主要用于远程配置，也可用于拨号连接，还可通过收发器与 Modem 进行连接。AUX 接口与 Console 接口通常同时提供，因为它们各自的用途不一样。

3. 路由器管理方式

一台新路由器，不像 Hub 或一般的交换机那样连接线路即可使用，需要根据所连接的网络用户的需求进行一定的设置才能使用。

1）路由器的管理方式

路由器的管理方式基本上与交换机的管理方式相同，主要有 4 种管理方式，如图 3.54 所示。

- 通过 Console 接口管理路由器。
- 通过 AUX 接口管理路由器。
- 通过 Telnet 虚拟终端管理路由器。
- 通过安装有网络管理软件的网管工作站管理路由器。

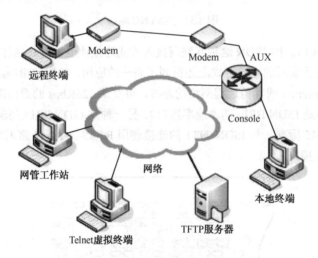

图 3.54　路由器的管理方式

四种方式中主要是通过 Console 接口和 Telnet 两种方式对路由器进行管理。TFTP 服务器主要用于路由器文件的上传和下载。

2）路由器的配置模式

路由器配置模式基本上与交换机的配置模式相类似，以下我们介绍一下路由器的一些常用配置模式。

成功登录到路由器后，首先看到提示符为"Router>"，此时路由器的配置模式称为普通用户模式，这种模式是一种只读模式，用户可以浏览关于路由器的某些信息，但不能进行任何配置修改。

在用户模式下输入 Enable 指令并按提示输入 Enable 密码（前提是配置了 Enable 密码）后将进入特权模式，此时路由器的提示符为"Router#"，在此配置模式下可以查看路由器的详细信息，可以改变路由器的配置，还可以执行测试和调试命令。在此模式下输入 exit 则回到普通用户模式。

在特权模式下输入"Config　terminal"指令可以进入全局配置模式，此时的路由器提示符为"Router(config)#"。在全局配置模式下可以配置路由器的全局参数，如设置路由器名称、设置日期和时间等。

在全局配置模式下，通过键入"Interface"命令可以进入接口配置模式，此时的路由器提示符为"Router(config-if)#"。接口配置模式主要用来对路由器的各个接口的参数，如 IP 地址、封装方式等进行配置。

在全局配置模式下，通过键入"Line"命令可以进入到线配置模式，此时的路由器提示符为"Rouer(config-line)#"。线配置模式主要用来对 Console 线路、虚拟终端线路等的参数，如登录密码等进行配置。

在全局配置模式下，通过键入"ip access-list"可以进入访问控制列表配置模式，此时根据配置标准访问控制列表和扩展访问控制列表的不同情况，提示符分别为"Router(Config-Std-Nacl)#"和"(Config-Ext-Nacl)#"，此时可以进行相应的访问控制列表配置。

在全局配置模式下，通过键入"RIP"命令，可以进入到 RIP 协议配置模式，路由器提示符为"Router(config-rip)#"，可以进行 RIP 协议的相关配置。

在全局配置模式下，通过键入"OSPF"命令，可以进入到 OSPF 协议配置模式，路由器提示符为"Router(config-OSPF)#"，可以进行 OSPF 协议的相关配置。

各种配置模式之间相互切换如图 3.55 所示。

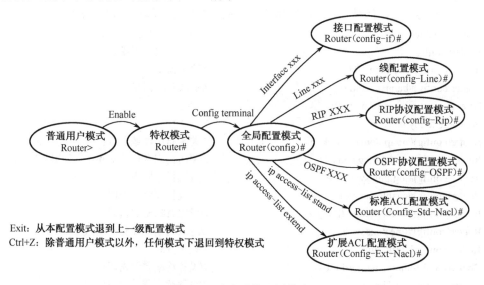

图 3.55　路由器的配置模式

3）路由器命令行

路由器使用的是文本方式的操作系统，其各项功能均需使用命令行进行配置；这种命令行的配置方式称为 CLI（Command-Line Interface，命令行接口）。

配置路由器虽然需要使用命令行进行，但其命令的使用并不困难，这里有很多小窍门可以方便我们的使用。

① 问号的使用。问号是路由器 IOS 中常用的使用技巧。在用户对某个命令模糊或忘记的时候，可以使用问号来查找需要的命令。例如：

```
Router>?                              //查看当前模式下所有的可用命令
  enable        Enter Privileged mode
  exit          Exit from EXEC mode
  fastboot      Select fast-reload option
  terminal      Change terminal settings
Router>f?                             //查看以 f 开头的命令
  fastboot      Select fast-reload option
```

② tab 键也是经常使用的命令，它可以将能够标识命令的几个字母，补全为一个命令。例如：

```
Router>f<tab>                    //单击 Tab 键后补全 f 为 fastboot
Router>fastboot
```

4. 路由器初始化配置

对于新出厂的路由器，都会提示使用系统配置对话来进行路由器的初始化配置，例如：

```
--- System Configuration Dialog ---
At any point you may enter a question mark '?' for help.
Use ctrl-c to abort configuration dialog at any prompt.
Default settings are in square brackets '[]'.
Would you like to enter the initial configuration dialog? [yes]:
```

但我们一般不推荐使用这样的配置方式，而是使用 Ctrl+C 键退出，如下：

```
Router>
```

下面我们将介绍如何对一台新的路由器进行最初的配置，具体配置过程如下：

```
Router>enable                                      //输入 enable 进入特权模式
Router#config t                                    //进入全局配置模式
Router(config)#hostname R1                         //路由器重命名为 R1
Router(config)#banner motd #                       //更改欢迎消息
Enter the text message ,end with #
Welcome to my lab!!! #
Router(config)#no ip domain-lookup                 //关闭路由器域名查找
Router(config)#no logging console                  //关闭日志文件从 console 接口输出
Router(config)#logging syn<tab>                    //设置日志同步
Router(config)#enable password tjtdxy              //设置特权明文密码
Router(config)#enable secret tjtdxy                //设置特权密文密码
Router(config)#line console 0                      //进入终端线配置子模式
Router(config-line)#login                          //设置登录
Router(config-line)#password tjtdxy                //设置终端登录密码
Router(config-line)#line vty 0 4                   //设置远程登录虚拟线路
Router(config-line)#login                          //设置登录
Router(config-line)#password tjtdxy                //设置登录密码
Router(config)#interface Ethernet 0                //进入端口配置子模式
Router(config-if)#no ip add                        //注销以前 IP 地址
Router(config-if)#ip add 192.168.28.120 255.255.255.0    //设置 IP 地址
Router(config-if)#no shutdown                      //打开端口
```

以上就是路由器的最初配置，请同学们灵活使用上面的命令完成下面的操作任务。

5. 路由器管理登录安全配置

路由器作为网络中重要的网络设备，需要很高的安全性。为避免人为恶意地修改配置参数造成网络的故障，路由器管理登录的访问控制中包括了加密访问密码、虚拟终端密码、控制台 Console 密码等。

（1）Console 接口登录安全配置。配置内容和过程如下。

① 配置 Console 接口密码。

```
Router# config terminal
Router_config# line console 0
```

Router_config_line# password 0 ababab　　　　　//设置密码为 ababab
Router_config_line#exit

② 启用 Console 接口验证。

Router_config# aaa authentication login default line
// 用认证类型为线路认证，即使用 Console 线路的密码进行验证

③ 验证 Console 登录。

Router>exit
Router console 0 is now available
Press RETURN to get started
User Access Verification
Password:xxxxxx　　　　　　　　　　　　　　//键入 ababab，不回显
Welcome to　Multi-Protocol 2600 Series Router
Router>

通过以上配置后，如果网络管理员通过 Console 接口对路由器进行配置的时候，会提示输入密码 ababab。

（2）虚拟终端 Telnet 登录安全配置。配置内容和过程如下。

① 配置虚拟终端 vty 密码。

Router# config terminal
Router_config# line vty 0 4
Router_config_line# password 0 aaaaaa　　　　//设置密码为 aaaaaa
Router_config_line# exit

② 启用虚拟终端认证。

Router_config# aaa authentication login default line
//设置使用线路上定义的密码进行认证，这就定义了 Console 用 Console 接口的密码验证，Telnet 用户使用 line Vty 下定义的密码认证

通过以上配置后，如果网络管理员通过 Telnet 方式对路由器进行配置的时候，会提示输入密码 aaaaaa。

（3）特权模式 enable 密码。配置内容和过程如下。

Router_config# enable password 0 bbbbbb
Router_config# aaa authentication enable default enable
// 用认证类型为 enable 认证，即对 enable 的密码进行验证
Router_config# exit
Router#exit
Router>
Router>enable
Please enter password: //输入密码 bbbbb
Router>

6．路由器接口配置

我们知道路由器作为网络之间的连接设备，可以应用于局域网与局域网之间、局域网与广域网之间、广域网和广域网之间的连接，其接口也极其丰富，因此，对于路由器的接口，网络管理员需要经常做出配置。

关于接口的配置，主要是从以下几个方面来进行：进入接口配置模式、接口 IP 地址配置、启用接口、显示接口配置状态。

接口配置主要步骤如下。

(1) 进入接口配置模式。从全局配置模式进入接口配置的指令格式为：

Interface TYPE interface-number

其中 Type 字段可以是：Ethernet、fastethernet、serial、tokenring、fddi、loopback、dialer、null、atm、bri、async 等。

(2) 接口 IP 地址配置。在接口配置模式下，接口 IP 地址配置的指令格式为：

IP address ip-address subnet-mask

其中 ip-address 为设置的接口 IP 地址，subnet-mask 为接口 IP 地址对应的子网掩码。

(3) 启用接口。在接口配置模式下，完成接口 IP 地址配置后，该接口并不会立刻自动启动并开始工作，而是出于"管理性关闭"状态（以太网接口和逻辑环回接口除外），必须手工启动接口，启用该接口的命令为 no shutdown，执行该指令后将提示该接口被启动。

如果临时将某个接口关闭，则可以使用 shutdown 指令，接口将处于"管理性关闭"（administratively down）状态，简单地说就是人工关闭接口。而接口 down 则表示该接口没有检测到载波信号而 down，是物理层的原因或故障。

网络拓扑结构如图 3.56 所示，配置的内容如图 3.57 所示。

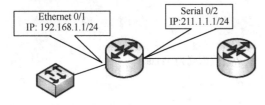

图 3.56 接口配置网络拓扑结构　　　　　　图 3.57 接口配置内容

(4) 显示接口配置状态。在特权用户模式下，可以使用 show interface <interface-number>指令来查看接口的详细信息，如图 3.58 为显示 Ethernet0/1 的接口详细信息。

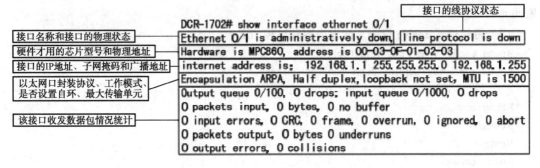

图 3.58 show interface 输出示例

3.4.4 任务实施

1. 连接路由器和局域网

用一个路由器连接两个交换式局域网，如图 3.59 所示。

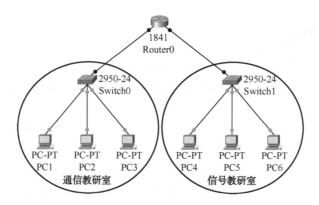

图 3.59　局域网间互连拓扑图

2. 设置路由器接口的 IP 地址

设置路由器接口 f0/0 的 IP 地址为 192.168.10.1：

Router>enable
Router#configure terminal
Router(config)#interface f0/0
Router(config-if)#ip address 192.168.10.1 255.255.255.0
Router(config-if)#no shutdown
Router(config-if)#exit
Router(config)#

设置路由器接口 f0/1 的 IP 地址为 192.168.20.1：

Router(config)#interface f0/1
Router(config-if)#ip address 192.168.20.1 255.255.255.0
Router(config-if)#no shutdown
Router(config-if)#exit
Router(config)#

3. 设置 PC 的 IP 地址

将 PC 的 IP 地址和路由器接口的 IP 地址设置成同一个网段。如本例中，可以将通信教研室中的 PC1、PC2、PC3 的 IP 地址分别设为 192.168.10.10，192.168.10.11，192.168.10.12，将信号教研室中的 PC4、PC5、PC6 的 IP 地址设为 192.168.20.10，192.168.20.11，192.168.20.12。

4. 测试两个局域网的连通性

用 PC1 ping PC4，如图 3.60 所示，用同样的方法可以测试其他 PC 之间的连通性。

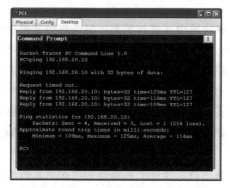

图 3.60　用 ping 命令测试网络连通性

3.4.5 总结与回顾

在交换网络中,通过 VLAN 对一个物理网络进行了逻辑划分,不同的 VLAN 之间是无法直接访问的,必须通过三层的路由设备进行连接。一般利用路由器或三层交换机来实现不同 VLAN 之间的互相访问。

将路由器和交换机相连,使用 IEEE 802.1Q 来启动一个路由器上的子接口成为干道模式,就可以利用路由器来实现 VLAN 之间的通信。

路由器可以从某一个 VLAN 接收数据包并且将这个数据包转发到另外的一个 VLAN,要实施 VLAN 间的路由,必须在一个路由器的物理接口上启用子接口,也就是将以太网物理接口划分为多个逻辑的、可编址的接口,并配置成干道模式,每个 VLAN 对应一个这种接口,这样路由器就能够知道如何到达这些互联的 VLAN。

这里我们用 VLAN 代表不同网络,路由器的功能实际更多应用在不同网络的互联上。

3.4.6 拓展知识

1. 多层交换

多层交换是相对于传统交换概念而提出的。传统的交换技术是在 OSI 网络标准模型中的第二层(数据链路层)进行操作的,而多层交换技术是在网络模型中的第三层或以上实现数据包的高速转发。多层交换技术的出现,解决了局域网中网段划分之后,网段中子网必须依赖路由器进行管理的局面,也解决了传统路由器低速、复杂所造成的网络瓶颈问题。当然,多层交换技术并不是网络交换机与路由器的简单堆叠,而是二者的有机结合,形成一个集成的、完整的解决方案。

(1)路由器转发数据与交换机有什么不同。路由器是在 OSI 七层网络模型中的第三层——网络层操作的,它在网络中收到任何一个数据包(包括广播包在内),都要将该数据包第二层(数据链路层)的信息去掉(称为"拆包"),查看第三层信息(IP 地址)。然后,根据路由表确定数据包的路由,再检查安全访问表;若被通过,则再进行第二层信息的封装(称为"打包"),最后将该数据包转发。如果在路由表中查不到对应 MAC 地址的网络地址,则路由器将向源地址的站点返回一个信息,并把这个数据包丢掉。

与交换机相比,路由器显然能够提供构成企业网安全控制策略的一系列存取控制机制。由于路由器对任何数据包都要有一个"拆打"过程,即使同一源地址向同一目的地址发出的所有数据包,也要重复相同的过程。这导致路由器不可能具有很高的吞吐量,也是路由器成为网络瓶颈的原因之一。

(2)提高硬件性能,不解决路由器瓶颈问题。提高路由器的硬件性能(采用更高速、更大容量的内存)并不足以改善它的性能。因为路由器除了硬件支撑外,其复杂的处理能力与强大的功能主要是通过软件来实现的,这必然使得它成为网络瓶颈。另外,当流经路由器的流量超过其吞吐能力时,将引起路由器内部的拥塞。持续拥塞不仅会使转发的数据包被延误,更严重的是使流经路由器的数据包丢失。这些都给网络应用带来极大的麻烦。路由器的复杂性还对网络的维护工作造成沉重的负担。例如,要对网络上的用户进行增加、移动或改变时,配置路由器的工作将显得十分复杂。

(3)多层交换解决了哪些问题。传统的网络结构对用户应用所造成的限制,正是多层交换技术所要解决的关键问题。目前,市场上最高档路由器的最大处理能力为每秒 25 万个包,而最高档交换机的最大处理能力则在每秒 1000 万个包以上,二者相差 40 倍。在交换网络中,尤其是大规模的交换网络,没有路由功能是不可想象的。然而路由器的处理能力又限制了交换网络的速度,这就是多层交换所要解决的问题。

要了解第三层交换并不困难,假设 A 跟 B 以前曾通过交换机通信,中间的交换机如支持第三层交换的话,它便会把 A 和 B 的 IP 地址及它们的 MAC 地址记录下来,当其他主机如 C 要和 A 或 B 通信时,针对 C 所发出的寻址封包,第三层交换机会不假思索地送 C 一个回覆封包告诉它 A 或 B 的 MAC 地址,以后 C 当然就会用 A 或 B 的 MAC 地址"直接"和它通信。

因为通信双方完全没有通过路由器这样的第三者,所以哪怕 A、B 和 C 属不同的子网,它们间均可直接知道对方的 MAC 地址来通信,更重要的是,第三层交换机并没有像其他交换机把广播封包扩散,第三层交换机之所以叫三层交换机是因为它们能看懂三层信息,如 IP 地址、ARP 等。因此,三层交换机能洞悉某广播封包目的何在,而在没有把它扩散出去的情形下,满足了发出该广播封包的人的需要(不管它们在任何子网里)。如果认为第三层交换机就是路由器,那也应称做超高速反传统路由器,因为第三层交换机没做任何"拆打"数据封包的工作,所有路过它的封包都不会被修改并以交换机的速度传到目的地。

2. 直连路由

根据路由器学习路由信息、生成并维护路由表的方法包括直连路由(Direct)、静态路由(Static)和动态路由(Dynamic)。直连路由:路由器接口所连接的子网的路由方式称为直连路由。非直连路由:通过路由协议从别的路由器学到的路由称为非直连路由;分为静态路由和动态路由。直连路由是由链路层协议发现的,一般指去往路由器的接口地址所在网段的路径,该路径信息不需要网络管理员维护,也不需要路由器通过某种算法进行计算获得,只要该接口处于活动状态(Active),路由器就会把通向该网段的路由信息填写到路由表中去,直连路由无法使路由器获取与其不直接相连的路由信息。

3.4.7 思考与训练

选择题

(1)在交换网络中,( )是用来提供 VLAN 间通信的。
A. 路由器   B. 调制器   C. VTP   D. 子网

(2)在一个单独的路由器接口上要提供 VLAN 间的通信需要用什么?( )
A. 一个单独的逻辑接口   B. 逻辑子接口
C. 一块支持干线的网卡   D. 一个多端口转发器
E. 多重物理接口   F. 通往路由器的多重交换链路

(3)在 4 个 VLAN 间实现"单臂路由器"VLAN 间路由选择时,需要几个接口?( )
A. 1   B. 2   C. 4   D. 无法确定

任务 4 连接办公室网络

当今计算机技术飞速发展，计算机的应用越来越广泛，众多计算机通过网络连接在一起，人们可通过网络与其他人进行交流、查阅信息、实现共享资源、进行联机游戏等。网络已成为人们生活中不可缺少的一部分。组建局域网络，在小范围内实现资源共享、交流信息已成为一种时尚，人们可以在办公室内部、家庭、邻里之间建立自己的局域网络。

4.1 规划与设计办公室网络

组建办公室内部局域网络，实现网络内软件、硬件资源的共享，可以提高办公效率，促进信息交流。

4.1.1 学习目标

通过本教学情境的学习，应该达到的知识目标和能力目标如下表。

知识目标	能力目标
• 了解什么是局域网； • 理解用户对网络的需求； • 掌握网络规划与设计的步骤与方法； • 掌握网络规划与设计文档的编写	• 能够完成对用户网络需求的论证； • 能够编写网络规划文档； • 能够编写网络设计文档

4.1.2 引导案例

1. 工作任务名称

规划与设计办公室网络。

2. 工作任务背景

铁道学院铁道电信系三个教学团队需要进行网络连接，目前团队共有 58 人，其中铁道信号专业 17 人，铁道通信专业 6 人，计算机网络专业 35 人，学院管理中心规划给电信系的 IP 地址网络是：172.16.36.0/24，现要对该办公室的网络进行规划和设计，实现各教学团队的软/硬件资源共享。

3. 工作任务分析

要组建计算机网络，第一阶段的工作就是要对网络功能进行分析，在此基础上确定网络结构，并做网络地址规划。

本情境的需求是组建小型办公室网络。办公室内一般有多台计算机以及其他硬件设备，组建小型办公网络，可以实现网络通信和资源共享，让办公室内的所有计算机能够共享文件和文件夹。

4.1.3 相关知识

规划与设计办公室网络。

4.1.4 任务实施

1. 分析网络功能

在一间办公室有 58 台计算机,要求组建小型办公室网络,以实现网络通信和资源共享,让所有的计算机能够使用软/硬件资源。让用户可以不用坐在其他计算机面前,就可以使用这些计算机资源或者设备;能够处理存储在网络中其他计算机上的文件;能够通过网络使用计算机发送和接收邮件;能够实行网络会议等。同时办公室局域网也是多人协作工作学习的基础设施,可以真正实现无纸办公,节约成本。

2. 确定网络结构

建立一个经济、实用、多功能且易升级的办公室局域网是现代工作和学习的需要,复杂的网络不但增加开支,而且会给日后的网络维护带来无尽的麻烦,成为负担。因此,对于某个部门、小型企业、学生宿舍诸如此类的小型局域网络,可采用交换式局域网。最常见的办公室局域网一般采用星型结构,这是因为星型网络的构造简单、连接容易,使用双绞线和网卡再加上交换机就可以架设一个局域网。这种结构管理比较简单,建设费用和管理费用都较低,并且易于改变网络容量,方便增加和减少计算机,容易发现、排除故障。因此可以在该办公室构建星型网络。其网络拓扑结构如图 4.1 所示。

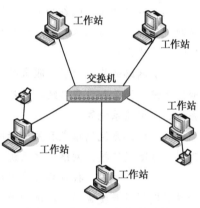

图 4.1 办公室网络拓扑结构

3. 网络地址规划

网络地址规划的目的是为网络的每一台主机分配一个正确的 IP 地址,可以通过以下两种方式划分子网:(1)基于子网的数目划分;(2)基于子网的规模划分。

本例中学院管理中心规划给电信系的 IP 地址网络:172.16.36.0/24,目前团队共有 58 人,其中铁道信号专业 17 人,铁道通信专业 6 人,计算机网络专业 35 人。如果采用第一种方式,每个子网中主机数一般差不多,而我们目前教学团队中人数差距比较大,所以采用第二种方式。

基于子网的规模划分子网的步骤如下:

第一步根据业务上的需求,规划每个子网的主机数目;

第二步根据子网规模计算主机地址位数,从而确定子网的地址位数。

首先网络团队人数比较多,先规划这个团队的地址,根据它的人数 58,大于 32,小于 64,那主机位应该是 6 位,子网位就是 2 位,主机数应该是 $2^6-2=62$,子网数应该是 $2^2=4$,所以网络团队 IP 地址规划为:172.16.36.0/26;而信号团队规划为:172.16.36.64/26;通信团队规划为:172.16.36.128/26。

4.1.5 总结与回顾

办公室网络可以实现网络通信和资源共享,让所有的计算机能够共享使用软/硬件资源。星型拓扑结构构造简单、容易连接,建设费用和管理费用都较低,可以满足办公室网络这样小型的局域网的要求，中心节点选用交换机。网络地址可以根据网络数或主机数进行规划。

对于小型局域网，网络技术通常选用以太网技术。

4.1.6 拓展知识

1. 网络规划

网络规划就是为即将建设的网络系统提出一套完整的设想或方案，具体的做法如下。

（1）需求分析的技术型论证。如果用户的需求提得非常详细和充分，那么只要逐条论证，并给出明确的技术实施的保证即可；如果用户的需求提得不详细或不充分，那么只能与用户加强沟通，帮助用户明确需求，达成共识，再逐条论证，并给出明确的技术实施的保证。

（2）网络的分布。网络分布包括网络的用户数、网络用户的地理位置、用户间的距离、用户的关系分类、区域内建网的要求和限制等。

（3）网络的基本规模。网络的基本规模就是从需求的角度出发考虑建网的大小。

（4）网络的基本设备和类型。网络的基本设备和类型包括用户需要工作站和服务器的计算机数量和类型及其基本配置；网络共享设备的数量和类型；网络连接和互联设备的数量和类型；网络的其他设备。

（5）网络的基本功能和服务项目。网络的基本功能和服务项目的内容有数据库系统、应用软件系统、网管和计费系统、设备间的逻辑连接、文件管理系统、电子邮件系统、网络的互连系统、防火墙系统等。

（6）网络系统的难点和关键性问题。这部分主要考虑网络设备的匹配、网络拓扑结构的合理性、线路的连接、网络操作系统的合理选择等问题。

（7）投资预算。投资预算应包括设备的购置费用、工程施工费用、网络的安装调试费用、软件的购置或开发费用、培训费用、网络的运行和维护费用、售后服务费用等。

（8）网络技术文档的规范编写。将（1）~（7）项的内容，按简明扼要、全面准确的要求，编制网络规划方案。

2. 网络的设计

网络的设计是对网络规划提出的设想或方案，给出具体的指标和实现方法。网络的设计可按以下步骤进行。

（1）网络的拓扑结构设计。网络拓扑结构设计应从主干网和子网两方面考虑。主干网是网络的主干线，涉及通信线路的容量和流量的分配，设计时主要考虑可靠性、吞吐量、时延和网络费用等问题；子网在设计时主要考虑交换机/集线器的选址，用户的场地分配和终端的布局等问题。

网络的拓扑结构设计还需要考虑经济性、灵活性和可靠性的要求。

（2）组网方案的确定。组网方案的确定就是选择网络所遵循的标准或适当的组网技术，主要从两方面考虑：一是选用的标准或技术要成熟、商品化和兼容性好；二是要符合近期的需要并兼顾长远的发展。

（3）网络的软/硬件设施的选定。服务器选择应考虑的因素为：CPU的性能、存储器的容量、高速的传输总线、高效的磁盘接口、系统的容错功能以及数据的备份等。

网络操作系统选择应考虑的问题为：网络的性能、网络的管理、网络的安全性、网络的可靠性和灵活性、网络的成本以及网络的实现等因素。

网络互联设备的选择既要考虑产品的先进性，又要考虑实际情况，应避免先进设备无法发挥优势的情况发生。对路由器和交换机或集线器的选择是，需考虑设备的端口类型、数量、支持的协议、传输率、时延、背板的带宽等技术指标。

（4）网络的综合布线设计。网络综合布线的设计要点是尽量满足用户的通信要求；了解建筑物、楼宇的通信环境；确定合适的通信网络拓扑结构；管理间和设备间要考虑防静电和防雷击；选取适用的传输介质；以开放式为基准，尽量与大多数厂家的产品兼容。

（5）综合布线设计的内容。包括工作区子系统设计、水平子系统设计、垂直子系统设计、管理间子系统设计、设备间子系统设计、建筑群子系统设计、综合布线总体方案设计。

（6）主要数据库系统的选择。选择主要数据库要考虑其最大容量、性能和价格，应由网络和信息管理人员共同商定。

（7）编写设计说明书。在有关各方就问题（1）~（6）达成共识的条件下，编写网络设计说明书，说明书应详细说明所采用的网络结构、关键设备的依据。

4.1.7 思考与训练

1. 简答题

（1）网络规划的步骤有哪些？
（2）网络设计说明书包括哪些内容？

2. 实做题

请对办公室网络需求进行分析，尝试写出网络设计说明书。

4.2 搭建办公虚拟局域网

局域网在现代社会中覆盖率越来越高，几乎所有的机关、学校、企事业单位都有交换式局域网，但随着局域网内的主机数量日益增多，由大量的广播报文带来的带宽浪费、安全等问题变得越来越突出。

为了解决这个问题，我们可以使用的方法之一是将网络改造成用路由器连接的多个子网，但是这样会增加网络设备的投入；另一种成本较低却又行之有效的方法就是采用 VLAN（Virtual Local Area Network，虚拟局域网）。

4.2.1 学习目标

通过本教学情境的学习，应该达到的知识目标和能力目标如下表。

知识目标	能力目标
• 理解冲突域和广播域的区别； • 理解并掌握虚拟局域网概念； • 理解虚拟局域网的优点； • 掌握汇聚链路的概念； • 掌握 Tag VLAN 封装协议 IEEE 802.1Q； • 了解虚拟局域网的分类	• 能够创建、命名和删除 VLAN； • 能够进行 Trunk 的配置； • 能够利用交换机实现端口隔离； • 掌握基于端口的 VLAN 的配置

4.2.2 引导案例

1. 工作任务名称

配置虚拟局域网。

2. 工作任务背景

铁道电信系有三个教学团队：铁道信号、铁道通信、计算机网络，团队的个人计算机分散在两台交换机上，它们之间需要通信。为了安全起见，三个教学团队需要进行相互隔离。

3. 工作任务分析

为了实现不同教学团队的信息隔离，铁道电信系计划采用配置虚拟局域网的方法来实现管理。现要在交换机上做适当配置来实现这一目标，使在同一 VLAN 里的计算机系统能跨交换机进行相互通信，而在不同 VLAN 里的计算机系统不能进行相互通信。

4.2.3 相关知识

1. VLAN 的概念

VLAN（Virtual Local Area Network，虚拟局域网）是一种可以把局域网内的交换设备逻辑地而不是物理地划分成一个个网段的技术，也就是从物理网络上划分出来的逻辑网络。VLAN 有着和普通物理网络同样的属性，除了没有物理位置的限制，其他属性和普通局域网都相同。第二层的单播、广播和多播帧在一个 VLAN 内转发、扩散，而不会直接进入其他的 VLAN 之中。VLAN 内的各个用户就像在一个真实的局域网内（VLAN 的用户可能位于很多的交换机上，而非一台交换机上）一样可以互相访问，同时，不是本 VLAN 的用户也无法通过数据链路层的方式访问本 VLAN 内的成员，如图 4.2 所示。

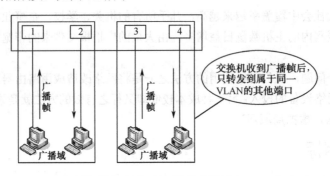

图 4.2 VLAN 隔离广播域

由于 VLAN 是基于逻辑连接而不是物理连接的，所以它可以提供灵活的用户/主机管理、宽带分配及资源优化等服务。

2. 冲突域与广播域

（1）冲突域。是指连接在同一导线上的所有工作站的集合，或者说是同一物理网段上所有节点的集合或以太网上竞争同一带宽的节点集合。这个域代表了冲突在其中发生并传播的区域，这个区域可以被认为是共享段。使用同轴电缆以总线结构或用共享式集线器以星形结构构建的以太网，其上的所有节点同处于一个共同的冲突域，一个冲突域内不同设备同时发出数据帧就会产生冲突，导致发送失败。冲突域内的一台主机发送数据时，处于同一个冲突域内的其他主机都可以接收到，而且也只能接收数据，不能发送数据。当主机数量太多时，冲突将大幅增加，带宽和速度将显著下降。

（2）广播域。是指接收同样广播消息的节点的集合。如在该集合中的任何一个节点传输一个广播帧，则所有其他能收到这个帧的节点都被认为是该广播域的一部分。由于许多设备都极易产生广播，所以如果不维护，就会消耗大量的带宽，降低网络的效率。连接在多个级联在一起的集线器上的所有设备，构成了一个冲突域，同时也构成了一个广播域，此时冲突域和广播域是相同的。广播域被认为是 OSI 模型中的第二层概念，所以连接在一台没有划分 VLAN 的交换机上的设备，它们分别属于不同的冲突域，交换机的每一个端口构成一个冲突域，接在不同端口上的主机分属于不同的冲突域，但都属于同一个广播域，即交换机的所有端口构成了同一个广播域。

3. VLAN 的优点

VLAN 具有以下优点。

（1）限制广播包。根据交换机的转发原理，如果一个数据帧不知道该从哪个接口转发，那么交换机就将该数据帧向所有的其他接口发送，这样极大地浪费了带宽。如果配置了 VLAN，那么当一个数据包不知该如何转发时，交换机只会将此数据包发送到所有属于该 VLAN 的其他接口，这样，就将数据包限制到了一个 VLAN 内。在一定程度上节省了带宽。

（2）安全性。由于配置了 VLAN 后，一个 VLAN 的数据包不会发送到另一个 VLAN 中，确保了该 VLAN 的信息不会被其他 VLAN 的人窃听，从而实现了信息的保密。

（3）虚拟工作组。虚拟工作组的目标是建立一个动态的组织环境。例如，在校园网中，同一个部门的终端划分在同一个 VLAN 上，很容易互相访问、交流信息，同时，所有的广播包也都限制在该 VLAN 上，而不影响其他 VLAN 的人。如果一个人办公地点发生变化，而他仍然在该部门，那么，他的配置无须改变。如果一个人办公地点没有改变，但是他换了一个部门，那么，只需配置相应的 VLAN 参数即可。

4. VLAN 的分类

根据定义 VLAN 成员关系的不同，VLAN 可以分为以下几种。

（1）基于端口的 VLAN（Port-Based）。
（2）基于协议的 VLAN（Protocol-Based）。
（3）基于 MAC 层分组的 VLAN（MAC-Layer Grouping）。
（4）基于网络层分组的 VLAN（Network-Layer Grouping）。
（5）基于 IP 组播分组的 VLAN（IP Multicast Grouping）。

基于端口的 VLAN 是划分虚拟局域网最简单也最有效的方法。它是交换机的若干个端口（可以连续也可以不连续）的集合，按交换机的端口来划分，管理员只需要管理和配置交换机端口，而不用管交换机端口连接什么设备。

属于同一个 VLAN 的端口可以连续也可以不连续，可以在同一台交换机上，也可以跨越多台交换机。

这种方法的优点在于只需定义端口，非常灵活、简单方便。缺点在于连接到某 VLAN 上的用户离开原来的端口，到了一个新的交换机的端口，就要重新定义其所属的 VLAN。

5. 汇聚链路的概念

在规划企业级网络时，很有可能会遇到隶属于同一部门的用户分散在同一座建筑物的不同楼层中，这时可能就需要跨越多台交换机的多个端口划分 VLAN，和在同一交换机上划分 VLAN 的方法不同。如图 4.3 所示，需要将不同楼层的同一部门的主机设置为同一个 VLAN，以便于它们之间的通信。

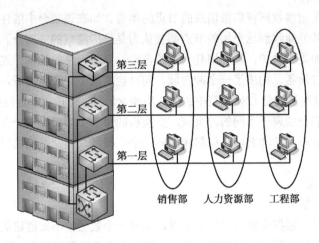

图 4.3　跨交换机划分 VLAN

当 VLAN 成员分布在多台交换机的端口上时，VLAN 内的主机彼此间应如何自由通信呢？最简单的解决方法是在交换机 1 和交换机 2 上各拿出一个端口，用于将两台交换机级联起来，专门用于提供该 VLAN 内的主机跨交换机相互通信，如图 4.4 所示。

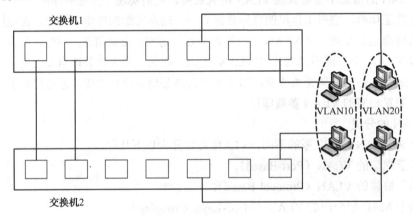

图 4.4　跨交换机实现 VLAN

这种方法虽然解决了 VLAN 内主机间的跨交换机通信，但每增加一个 VLAN，就需要在交换机间添加一条互联链路，并且还要额外占用交换机端口，其扩展性和管理效率都很差。

为了避免这种低效率的连接方式和对交换机端口的浪费占用，人们想办法让交换机间的互联链路汇聚到一条链路上，让该链路允许各个 VLAN 的通信流经过，这样就可以解决对交换机端口的额外占用问题，这条用于实现各 VLAN 在交换机间通信的链路，称为交换机的汇聚链接（Trunk Link）或主干链路，如图 4.5 所示。用于提供汇聚链路的端口称为汇聚端口。由于汇聚端口通信流量大，一般只有 100Mbps 或以上速度的端口才能作为汇聚端口使用。

由于汇聚链路承载了所有 VLAN 的通信量，为了标识各帧属于哪一个 VLAN，需要对流经汇聚链路的数据帧进行打标（Tag）封装，以附加上 VLAN 信息，这样交换机就可以通过 VLAN 标识，将数据帧转发到对应的 VLAN 中。

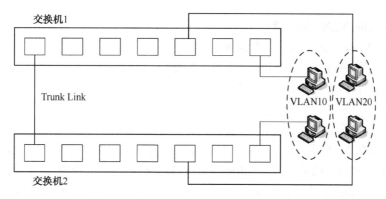

图 4.5 利用 Trunk Link 实现跨交换机 VLAN 内主机通信

6. Tag VLAN 封装协议 IEEE 802.1Q

1996 年 3 月，IEEE 802.1 Internet Working 委员会制定出 802.1Q VLAN 标准。IEEE 802.1Q 的帧在原来的以太网帧的基础上增加了 4 个字节的 Tag 信息，其中包括 2 个字节的 TPID（Tag Protocol Identifier）和 2 个字节的 TCI（Tag Control Information）。TPID 是一个固定值：0X8100，而 TCI 中又包含 3 位的优先级，1 位的 CFI（Canonical Format Indicator），其默认值为 0，其余的 12 位作为 VID（VLAN Identifier）。802.1Q 帧格式如图 4.6 所示。

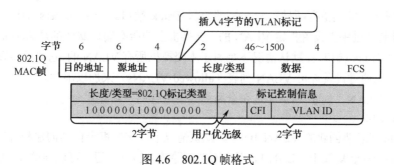

图 4.6　802.1Q 帧格式

发送给交换机时，为了让对端交换机能够知道数据帧的 VLAN ID，它应该给从主机接收到的数据帧增加一个 Tag 域后再发送，其数据帧传输过程中的变化如图 4.7 所示。

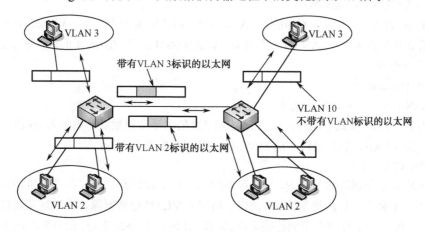

图 4.7　802.1Q 数据帧传输过程

7. 基于端口的 VLAN 的配置

(1) 配置 VLAN 大致有以下几个步骤。

① VLAN 配置分析规划，解决配置什么的问题。

② VLAN 的具体配置，实现在交换机上配置 VLAN。

③ VLAN 配置信息的查看、修改，确保配置合理正确。

④ VLAN 配置信息的保存。

(2) VLAN 的默认配置。VLAN 是以 VLAN ID 来标识的，遵循 IEEE 802.1Q 标准，最多支持 250 个 VLAN(VLAN ID 范围是 1～4094)。在交换机上可以添加、删除、修改 VLAN 2～VLAN 4094，而 VLAN 1 则是由交换机自动创建的，并且不可被删除。如表 4.1 所示列出了 VLAN 的默认配置。

表 4.1 VLAN 的默认配置

参　　数	默 认 值	范　　围
VLAN ID	1	1～4094
VLAN name	VLAN x	其中 x 是 VLAN Name，无范围
VLAN state	active	active、inactive

VLAN 成员端口类型有两种：Access 端口和 Trunk 端口。一个 Access 端口只能属于一个 VLAN，并且是通过手工设置指定 VLAN 的。交换机上的所有端口默认都是 Access 端口，属于 VLAN 1。一个 Trunk 端口，在默认情况下是属于本交换机所有 VLAN 的，它能够转发所有 VLAN 的帧，但是可以通过设置许可 VLAN 列表（allowed-VLANs）来加以限制。

(3) 创建 VLAN。创建 VLAN 是在全局模式下进行的，其配置命令为：

```
VLAN VLAN-id
```

其中 VLAN-id 代表要创建的 VLAN ID 号。默认情况下，交换机会自动创建和管理 VLAN 1，所有交换机端口默认均属于 VLAN 1，用户不能删除该 VLAN。用户可创建的 VLAN ID 的范围是 2～4094，但最多只能建立 250 个 VLAN。如果输入的是一个新的 VLAN ID，则交换机会创建一个 VLAN，并进入到 VLAN 配置模式；如果输入的是已经存在的 VLAN ID，则进入到 VLAN 配置模式修改相应的 VLAN 配置。

(4) 命名 VLAN。为区分不同的 VLAN，应对 VLAN 取一个名字。VLAN 的名字默认为 "VLAN+用 0 开头的 4 位 VLAN ID 号"。比如，VLAN 0004 就是 VLAN 4 的默认名字。给 VLAN 命名的配置命令为：

```
name VLAN-name
```

其中，VLAN-name 为 VLAN 的名字。

此命令在 VLAN 模式下运行，如果想把 VLAN 的名字改回默认，则输入 no 命令即可。

(5) 删除 VLAN。删除已经创建的 VLAN，使用的配置命令为：

```
no VLAN VLAN-id
```

其中，VLAN-id 是要删除的 VLAN，VLAN 删除后，原来属于该 VLAN 的交换机端口将仍然属于该 VLAN，不会自动划归到 VLAN 1。由于所属的 VLAN 已被删除，此时这些端口将处于非活动状态，在查看 VLAN 时看不到这些端口。因此，在删除 VLAN 之前，最好先将属于该 VLAN 的端口划归到 VLAN 1，然后再删除该 VLAN。

VLAN 1 是系统默认的，不能由用户删除。

（6）向 VLAN 分配 Access 端口。在接口模式下可利用以下命令将选中的端口划分到一个已经创建的 VLAN 中。如果把一个接口分配给一个不存在的 VLAN，那么这个 VLAN 将自动被创建。

switchport access VLAN VLAN-id

其中，VLAN-id 是 VLAN 的 ID 号，表示将端口划入哪一个 VLAN。

（7）显示 VLAN 信息。在特权模式下，才可以查看 VLAN 的信息。显示的信息包括 VLAN-id、VLAN 状态、VLAN 成员端口及 VLAN 配置信息。显示命令为：

show VLAN [VLAN-id]

其中，[VLAN-id]是可选项，如果有此项则显示某一 VLAN 的信息，如果没此项则显示所有已建立的 VLAN 的信息。

（8）显示接口状态信息。在特权模式下，还可以使用以下命令来显示并查看与 VLAN 配置有关的接口配置是否正确。

show interfaces interface-id switchport

【应用案例】 在交换机 S2126 上建立一个 VLAN 10，并将它命名为 student。将 1～5 号端口、8 号端口划分到 VLAN 10 中，划分完毕后显示该 VLAN 及接口信息。

配置如下：

```
Switch#configure  terminal
Switch(config)#VLAN 10
Switch(config-VLAN)#name student
Switch(config-VLAN)#end
Switch#show VLAN
    VLAN Name                          Status      Ports
    ---------------------------------- ----------- ---
    1    default                       active      Fa0/1 ,Fa0/2 ,Fa0/3
                                                   Fa0/4 ,Fa0/5 ,Fa0/6
                                                   Fa0/7 ,Fa0/8 ,Fa0/9
                                                   Fa0/10,Fa0/11,Fa0/12
                                                   Fa0/13,Fa0/14,Fa0/15
                                                   Fa0/16,Fa0/17,Fa0/18
                                                   Fa0/19,Fa0/20,Fa0/21
                                                   Fa0/22,Fa0/23,Fa0/24
    10   student                       active
```

从上面显示的结果看 VLAN 10 已经创建好了，并处于 active 状态，但还没有划分任何端口。下面将指定的端口添加到 VLAN 10 中。

```
Switch#configure  terminal
Switch(config)#interface range f 0/1-5              //选中 f 0/1-5 端口
Switch(config-if-range)#switchport mode access      //将端口设成 access 模式
Switch(config-if-range)#switchport access VLAN 10   //将端口添加到 VLAN 10 中
Switch(config-if-range)#exit
Switch(config)#interface f 0/8                      //选中 f 0/8 端口
Switch(config-if)#switchport mode access            //将端口设成 access 模式
Switch(config-if)#switchport access VLAN 10         //将端口添加到 VLAN 10 中
Switch(config-if)#end
Switch#show VLAN                                    //显示 VLAN 信息，查看配置是否正确
```

VLAN Name	Status	Ports
1 default	active	Fa0/6 , Fa0/7 ,Fa0/9
		Fa0/10,Fa0/11,Fa0/12
		Fa0/13,Fa0/14,Fa0/15
		Fa0/16,Fa0/17,Fa0/18
		Fa0/19,Fa0/20,Fa0/21
		Fa0/22,Fa0/23,Fa0/24
10 student	active	Fa0/1,Fa0/2,Fa0/3
		Fa0/4,Fa0/5,Fa0/8

从上面的显示结果看,相应的端口已划入 VLAN 10 中。

下面使用 show interface f0/8 switchport 命令查看端口 f0/8 的完整信息。

```
switch#show interface f0/8 switchport
Interface        Switchport Mode     Access Native Protected VLAN lists
------------------------ ---------- --------- ------ ------ -----
FastEthernet 0/8  enabled    access    10     1    Disabled  ALL
```

8. IEEE 802.1Q Trunk 的配置

使用 Switchport 模式接口配置命令可以使得一个快速以太网接口或者千兆位接口工作在 Trunk 模式。其配置命令为:

Switch(config-if)#switchport mode {access | dynamic {auto | desirable } | trunk }

把交换机的一个端口配置为 802.1Q 干线端口的步骤如下。

(1)为了配置 Trunk 需要进入接口配置模式。

Switch(config)#interface type mod/port

(2)配置这个端口作为 Trunk 模式。

Switch(config-if)#switchport mode trunk

(3)指定默认的 VLAN。

Switch(config-if)#switchport trunk allowed VLAN VLAN-id

4.2.4 任务实施

1. 实践条件

(1)二层交换机两台,Console 线一根。

(2)PC 4 台,运行 Windows 10 操作系统,要求安装有超级终端程序。

(3)T568B 标准的网线 5 根。

2. 实践拓扑

跨交换机实现 VLAN 的拓扑图,如图 4.8 所示。

3. 实践过程

(1)在交换机 A 上创建 VLAN 10,并将 f 0/2 端口划分到 VLAN 10 中。

```
switchA#configure terminal                  //进入全局配置模式
switchA(config)#VLAN 10                     //创建 VLAN 10
switchA(config-VLAN)#name wangluo           //将 VLAN 10 命名
switchA(config-VLAN)#exit
switchA(config)#interface f 0/2             //进入接口配置模式
switchA(config-if)#switchport access VLAN 10  //将 f 0/2 端口划分到 VLAN 10 中
```

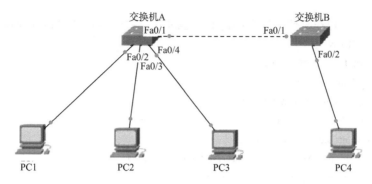

图 4.8 跨交换机实现 VLAN 的拓扑图

验证测试：验证已创建了 VLAN 10，并已将 f 0/2 端口划分到 VLAN 10 中。

switchA#show VLAN

（2）在交换机 A 上创建 VLAN 20，并将 f 0/3 端口划分到 VLAN 20 中。

switchA(config)#VLAN 20	//创建 VLAN 20
switchA(config-VLAN)#name xinhao	//将 VLAN 20 命名
switchA(config-VLAN)#exit	
switchA(config)#interface f 0/3	//进入接口配置模式
switchA(config-if)#switchport access VLAN 20	//将 f 0/3 端口划分到 VLAN 20 中

验证测试：验证已创建了 VLAN 20，并已将 f 0/3 端口划分到 VLAN 20 中。

SwitchA#show VLAN

（3）在交换机 A 上创建 VLAN 30，并将 f 0/4 端口划分到 VLAN 30 中。

switchA(config)#VLAN 30	//创建 VLAN 30
switchA(config-VLAN)#name tongxin	//将 VLAN 30 命名
switchA(config-VLAN)#exit	
switchA(config)#interface f 0/4	//进入接口配置模式
switchA(config-if)#switchport access VLAN 30	//将 f 0/4 端口划分到 VLAN 30 中

验证测试：验证已创建了 VLAN 30，并已将 f 0/4 端口划分到 VLAN 30 中。

SwitchA#show VLAN

（4）将交换机 A 的 F0/1 端口设为 Trunk 模式。

switchA(config)#interface f 0/1	//进入接口配置模式
switchA(config-if)#switchport mode trunk	//将 f 0/1 端口设为 Trunk

验证测试：验证 fastEthernet0/1 端口已被设置为 Tag VLAN 模式。

switchA#show interface f 0/1 switchport

Interface	Switchport Mode	Access	Native	Protected	VLAN lists
FastEthernet 0/1	enabled TRUNK	1	1	Disabled	ALL

（5）在交换机 B 上创建 VLAN 10，将 f 0/2 端口划分到 VLAN 10 中。

switchB#configure terminal	//进入全局配置模式
switchB(config)#VLAN 10	//创建 VLAN 10
switchB(config-VLAN)#name wangluo	//将 VLAN 10 命名
switchB(config-VLAN)#exit	
switchB(config)#interface f 0/2	//进入接口配置模式
switchB(config-if)#switchport access VLAN 10	//将 f 0/2 端口划分到 VLAN 10 中

验证测试：验证已在交换机 B 上创建了 VLAN 10，并已将 f 0/2 端口划分到 VLAN 10 中。

switchB#show VLAN

（6）在交换机 B 上设置 Trunk 模式。

switchB(config)#interface f 0/1
switchB(config-if)#switchport mode trunk

验证测试：验证 f 0/24 端口已被设置为 Tag VLAN 模式。

switchB#show interface f0/24 switchport
Interface   Switchport Mode   Access Native Protected VLAN lists
------------------------ ----------- --------- ------ ------
FastEthernet 0/1   enabled   TRUNK   1   1   Disabled   ALL

（7）综合验证。

将计算机 PC1 的 IP 地址设为：172.16.36.1，子网掩码为：255.255.255.192，PC2 的 IP 地址为：172.16.36.65，子网掩码为：255.255.255.192，PC3 的 IP 地址为：172.16.36.128，子网掩码为：255.255.255.192，PC4 的 IP 地址设为：172.16.36.2，子网掩码为：255.255.255.192，然后相互 ping 对方的 IP 地址。结果显示 PC1 与 PC2 不能互相通信，PC1 与 PC3 不能互相通信，但 PC1 与 PC4 能互相通信，也就是说，网络团队之间可以通信，但不能和通信团队、信号团队之间互相通信。

4.2.5　总结与回顾

我们通过 VLAN 技术，创建一个办公室虚拟局域网，隔离了各个教学团队的广播域，增加了安全性，并使用 IEEE 802.1Q Trunk 协议，实现了分散在不同的交换机上的同一团队的计算机能够互相通信。

4.2.6　拓展知识

为了减小广播风暴的危害，常常把大型局域网按功能或地域等因素划成一个个小的局域网，这就使 VLAN 技术在网络中得以大量应用。VLAN 的目的是隔离广播，并非要不同 VLAN 内的主机彻底不能互相通信，但 VLAN 间的通信等同于不同广播域之间的通信，必须使用第三层的设备才能实现。VLAN 间的通信就是指 VLAN 间的路由，是 VLAN 之间在一台路由器或者其他三层设备（如三层交换机）上发生的路由。随着网间互访的不断增加，单纯使用路由器来实现网间访问，不但由于端口数量有限，而且路由速度较慢，从而限制了网络的规模和访问速度。基于这种情况，三层交换机便应运而生，三层交换机是为 IP 设计的，接口类型简单，拥有很强的二层包处理能力，非常适用于大型局域网内的数据路由与交换，它既可以工作在协议第三层替代或部分完成传统路由器的功能，同时又几乎具有第二层交换的速度，且价格相对便宜些。

在实际应用过程中，典型的做法是：处于同一个局域网中的各个子网的互联及局域网中 VLAN 间的路由，用三层交换机来代替路由器，而只有局域网与公网互联之间要实现跨地域的网络访问时，才采用专业路由器。

4.2.7　思考与训练

1. 简答题

（1）什么是 VLAN？它有什么优点？

（2）TEEE802.1Q 协议的作用是什么？

（3）基于端口的 VLAN 如何配置？

2. 实做题

创建一个小型虚拟办公网络。

4.3 配置计算机参数及连接测试

在安装网卡连接网线后，还需要对终端计算机进行配置，设置 IP 地址及子网掩码，然后利用 ping 命令对网络的连通性进行测试，确保网络畅通。

4.3.1 学习目标

通过本教学情境的学习，应该达到的知识目标和能力目标如下表。

知识目标	能力目标
• 了解计算机的网络参数； • 了解网络连通的测试方法； • 掌握 ping 命令	• 能够正确配置计算机的 IP 地址和子网掩码； • 能够使用 ping 命令测试网络的连通性； • 能够查看和搜索局域网内其他计算机

4.3.2 引导案例

1. 工作任务名称

配置计算机参数及连接测试。

2. 工作任务背景

办公室网络已经完成网卡安装和网线连接等基本操作，需要通过配置终端计算机的网络参数实现网络连接。然后对已经连接好的办公室网络进行网络连通性测试，保证网络上的计算机可以相互访问。

3. 工作任务分析

计算机网络参数的配置包括计算机 IP 地址的分配、子网掩码的设置及网关、DNS 服务器的配置。在实现物理连接后，正确配置网络参数才能实现网络连接。

网络连通的测试方法有好几种，可以使用 ping 命令，也可以通过网络进行查看，还可以通过搜索查看网络上的其他计算机用户。

4.3.3 相关知识

ping 命令

ping 命令是 Windows 附带的一个用于测试网络连通性的实用工具，使用该工具对网络日常的维护和管理具有非常重要的意义。ping 命令需要在 MS-DOS 方式下执行。

ping 命令主要用于测试网络连通性。ping 发送一个 ICMP 回显请求消息给目的地并报告是否收到所希望的 ICMP 回显应答。它是用来检查网络是否畅通或者网络连接速度的命令。它所利用的原理是这样的：网络上的机器都有唯一确定的 IP 地址，我们给目标 IP 地址发送一个数据包，对方就要返回一个同样大小的数据包，根据返回的数据包我们可以确定目标主机的存在，可以初步判断目标主机的操作系统等。ping 命令还能测出这台主机的往返时间。

ping 命令的参数及说明如下。

ping [-t] [-a] [-n count] [-l length] [-f] [-i ttl] [-v tos] [-r count] [-s count] [[-j computer-list] | [-k computer-list] [-w timeout] destination-list

【参数说明】

-t：一直 ping 指定的计算机，直到用户按下 Ctrl+C 键中断。

-a：将地址解析为计算机 NetBIOS 名。

-n：发送 count 指定的 ECHO 数据包数。通过这个命令可以自己定义发送的个数，对衡量网络速度很有帮助。能够测试发送数据包的返回平均时间，以及时间的快慢程度。默认值为 4。

-l：发送指定数据量的 ECHO 数据包。

-f：在数据包中发送"不要分段"标志，数据包就不会被路由上的网关分段。通常所发送的数据包都会通过路由分段再发送给对方，加上此参数以后路由就不会再分段处理。

-i：将"生存时间"字段设置为 TTL 指定的值。指定 TTL 值在对方的系统里停留的时间，同时检查网络运转情况。

-v：将"服务类型"字段设置为 tos 指定的值。

-r：在"记录路由"字段中记录传出和返回数据包的路由。通常情况下，发送的数据包是通过一系列路由才到达目标地址的，通过此参数可以设定，想探测经过路由的个数。限定能跟踪到 9 个路由。

-s：指定 count 指定的跃点数的时间戳。与参数-r 差不多，但此参数不记录数据包返回所经过的路由，最多只记录 4 个。

-j：利用 computer-list 指定的计算机列表路由数据包。连续计算机可以被中间网关分隔（路由稀疏源）。IP 允许的最大数量为 9。

-k：利用 computer-list 指定的计算机列表路由数据包。连续计算机不能被中间网关分隔（路由严格源）。IP 允许的最大数量为 9。

-w：指定超时间隔，单位为毫秒。

destination-list：指定要 ping 的远程计算机。

要 ping 本机 IP，本机 IP 地址为：198.168.0.5，则执行命令 ping 192.168.0.5。如果网卡安装配置没有问题，则应有类似下列显示：

Replay from 192.168.0.5: bytes=32 time<10ms

ping statistics for 192.168.0.5

Packets Sent=4 Received=4 Lost=0 <0% loss>

Approximate round trip times in milli-seconds:

Minimum=0ms Maxiumu=1ms Average=0ms

如果执行此命令显示内容为：Request timed out，则表明网卡安装或配置有问题，需要检查相关网络配置。

要 ping 网关 IP，假设网关 IP 为：192.168.0.10，则执行命令 ping 192.168.0.10。在 MS-DOS 方式下执行此命令，如果显示类似以下信息：

Reply from 192.168.0.10 bytes=32 time=9ms TTL=255

ping statistics for 192.168.0.10

Packets Sent=4 Received=4 Lost=0 <0% loss>

Approximate round trip times in milli-seconds:

Minimum=1ms Maximum=9ms Average=5ms

则表明局域网中的网关路由器正在正常运行。反之，则说明网关有问题。

4.3.4 任务实施

1. 配置一台计算机的网络参数

通常网卡安装完成后，其基本的网络组件，如网络客户端、TCP/IP 协议都已安装，只需进行一些必要的配置即可，配置步骤如下。

（1）在 Windows 10 桌面的左下角，右击开始菜单，在弹出的列表中选择"网络连接"，如图 4.9 所示。

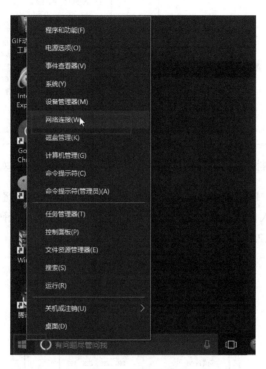

图 4.9　网络连接

（2）这时会打开一个"网络连接"对话框，里面显示这台电脑的网络适配器，就是以太网，如图 4.10 所示。

（3）双击"以太网"，就会打开"以太网状态"对话框，如图 4.11 所示。

图 4.10　"网络连接"对话框

（4）单击左下角"属性"，会打开"以太网属性"对话框，如图 4.12 所示。

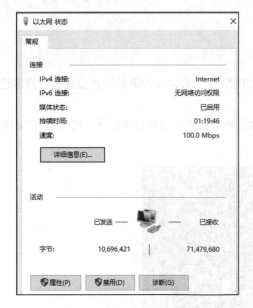

图 4.11 "以太网状态"对话框　　　　图 4.12 "以太网属性"对话框

（5）双击 IPv4 打开 IPv4 属性对话框。默认的 IP 和 DNS 是自动获取。单击选中"使用下面的 IP 地址"，然后输入自己设定的 IP，输入完 IP 后，单击"子网掩码"会自动填写，这里我们需要修改成：255.255.255.192，如图 4.13 所示。

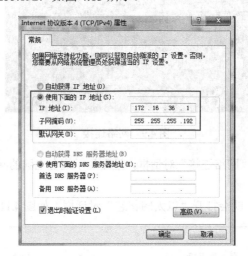

图 4.13　Internet 协议（TCP/IP）属性对话框

至此，一台计算机的参数设置完毕。在另外几台计算机上，按照上面的方法进行设置，把 IP 地址设置为 172.16.36.65、172.16.36.129、172.16.36.2，根据实际使用情况设置计算机名，并设置与第一台计算机相同的工作组名。

2. 通过 ping 命令进行网络连通测试

网络参数配置完成后，需要检测网络能否正常工作。单击"开始"→"所有程序"→"附件"→"命令提示符"，进入 MS-DOS 模式，输入 ping 127.0.0.1 进行自环测试，如果可以 ping 通，说明 TCP/IP 协议正常。如图 4.14 所示。

之后，利用 ping 命令在 IP 地址为 172.16.36.1 的计算机上成功 ping 通 172.16.36.2，如果能够

ping 通，说明网络参数设置正常，网络已经连接好了，如图 4.15 所示，否则检查网络参数设置。

图 4.14　自环测试窗口

图 4.15　测试窗口

3. 通过文件资源管理器查看网络连通情况

打开"文件资源管理器"窗口，如图 4.16 所示。再打开网络，可以看到共享的计算机，说明网络已经连接成功，如图 4.17 所示。

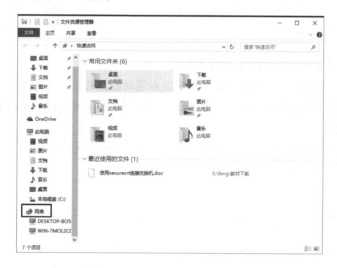

图 4.16　"文件资源管理器"窗口

图 4.17　查看网络资源窗口

4. 通过搜索网络上的计算机进行网络连通测试

打开"文件资源管理器"窗口,在搜索框中输入网络内其他计算机的计算机名或 IP 地址,按回车键,这时会出现输入对方用户名和密码的对话框,如图 4.18 所示。输入用户名和密码后,如果能够找到对方的计算机,说明对等网络已经连接成功,如图 4.19 所示。

图 4.18　输入用户名和密码　　　　　图 4.19　搜索窗口

5. 通过映射网络驱动器进行网络连通测试

使用 net use 命令可以建立到达特定共享的映射驱动器的连接。它的命令格式为:net use 本地盘符 \\目标计算机\共享名 /user:用户名 密码,如使用 net use f: \\jyh /user:administrator 123;结果如图 4.20 所示。

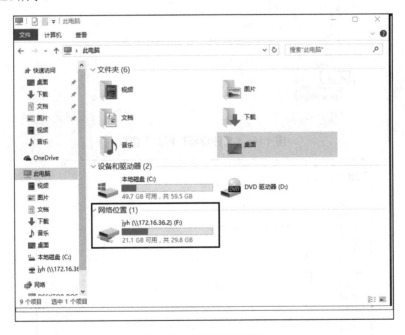

图 4.20　映射驱动器窗口

4.3.5　总结与回顾

IP 地址用于区分网络中的每台主机,子网掩码用于将一个大的网络划分成若干个小的网络,以提高网络地址的利用率。

组建办公室网络时需要正确设置每台计算机的 IP 地址及子网掩码，需要注意在设置 IP 地址时，要保证几台计算机处于同一个网段中；每台计算机的名称不能相同，而几台计算机应处于同一工作组中。

网络是否连通可以通过 ping 本机 IP 和对方 IP 的方法，也可通过网络搜索目标计算机或通过映射网络驱动器的方式。

4.3.6 拓展知识

1. 默认网关

所谓网关就是指从一个网络向另一个网络发送信息，所必须经过的一道"关口"。默认网关（Default Gateway）就是指当一台主机找不到可用的网关，就把数据包发送给默认指定的网关，由这个网关来处理数据包。现在主机使用的网关，一般指的就是默认网关。

只有设置好默认网关的 IP 地址，TCP/IP 协议才能实现不同网络之间的相互通信。那么，对于企业网络而言，这个 IP 地址是什么呢？如果采用合法的 IP 地址，该网关由 ISP 提供；如果采用私有 IP 地址，该网关就是代理服务器或路由器内部端口的 IP 地址。否则的话，计算机不知道该把数据包转到哪里。

需要特别注意的是，默认网关一定是计算机自己所在的网段中的 IP 地址，而不会是其他网段中的 IP 地址。

2. DNS 服务器

DNS（Domain Name Server，域名服务器）用来把域名转换成网络可以识别的 IP 地址。要知道 Internet 中的网站都是以一台台服务器的形式存在的，怎样才能访问网站服务器呢？这就需要给每台服务器分配 IP 地址，通过 IP 地址查找。但是 Internet 上的网站无穷多，不可能记住每个网站的 IP 地址，这就产生了方便记忆的域名管理系统 DNS，它可以把我们输入的好记的域名转换为要访问的服务器的 IP 地址，这种转换工作称为域名解析，域名解析需要由专门的域名解析服务器来完成，DNS 就是进行域名解析的服务器。

在一个企业网络中，如果企业网络本身没有提供 DNS 服务，DNS 服务器的 IP 地址应当是 ISP 的 DNS 服务器。如果企业网络自己提供 DNS 服务，那么 DNS 服务器的 IP 地址就是内部 DNS 服务器的 IP 地址，在配置计算机时必须要把这个项目配置正确。

3. IPconfig 命令

网络测试还可以使用 IPconfig 命令，该命令用于显示本机当前的 TCP/IP 网络配置值、刷新动态主机配置协议（DHCP）和域名系统（DNS）设置。使用不带参数的 IPconfig 可以显示所有适配器的 IP 地址、子网掩码、默认网关。下面介绍一下 IPconfig 常用的命令参数：

IPconfig /all：显示本机 TCP/IP 配置的详细信息；

IPconfig /release：DHCP 客户端手工释放 IP 地址；

IPconfig /renew：DHCP 客户端手工向服务器刷新请求；

IPconfig /flushdns：清除本地 DNS 缓存内容；

IPconfig /displaydns：显示本地 DNS 内容；

IPconfig /registerdns：DNS 客户端手工向服务器进行注册；

IPconfig /showclassid：显示网络适配器的 DHCP 类别信息；

IPconfig /setclassid：设置网络适配器的 DHCP 类别；

IPconfig /renew "Local Area Connection"：更新"本地连接"适配器的由 DHCP 分配 IP 地址

的配置；

IPconfig /showclassid Local*：显示名称以 Local 开头的所有适配器的 DHCP 类别 ID；

IPconfig/setclassid "Local Area Connection" TEST：将"本地连接"适配器的 DHCP 类别 ID 设置为 TEST。

4.3.7 思考与训练

1．简答题

（1）网络协议的内容是什么？

（2）IP 地址的定义及分类是什么？

（3）子网掩码的概念是什么？

（4）网络连通的测试方法有哪些？

2．实做题

连接办公室中的五台计算机，要求每台计算机都属于 192.168.3.0 网段，配置每台计算机的网络参数，并用 ping 命令测试网络是否连通。

4.4 连接 Internet

通过组建局域网我们可以在小范围内实现资源共享、信息交流，但局域网内的信息、资源是有限的，若想获取更多外部的信息和资源，就需要局域网接入 Internet。

接入 Internet 的方式目前正向数字化、宽带化、光纤到户（FTTH）等方向发展，目前由于光纤到户成本过高，在今后的几年内大多数用户网仍将继续使用现有的过渡性的宽带接入技术，包括 N-ISDN、Cable Modem、ADSL 等，其中 ADSL（非对称数字用户环路）是目前最具竞争力的一种，未来几年内也将占主导地位。

4.4.1 学习目标

通过本教学情境的学习，应该达到的知识目标和能力目标如下表。

知识目标	能力目标
• 了解常用的 Internet 接入方式； • 了解共享上网的类型； • 了解 IP 地址、子网掩码和网关如何设置	• 能够正确连接 ADSL Modem、路由器、交换机等设备，实现多台机器连接共同连接 Internet； • 能够正确配置路由器参数； • 能够正确配置计算机参数

4.4.2 引导案例

1．工作任务名称

连接 Internet。

2．工作任务背景

网络教研室的几台计算机已经实现了资源共享，为了获得更多的外部信息和资源，需要将局域网连接入 Internet。目前办公室内有一条电话线且开通了 ADSL 上网，合理选择 Internet 接入设备，正确配置设备和计算机参数，实现办公室内的几台计算机可以同时接入 Internet。

3. 工作任务分析

一般来说 ADSL Modem 只能连接一台计算机上网，为了将办公室的多台计算机共同接入 Internet，可以利用 ADSL Modem+路由器+交换机的方式。

ADSL Modem 接入电话线后连接路由器，在路由器中配置 ADSL 上网方式的相关参数，然后将路由器接入一台交换机，再由交换机将几台计算机连接起来形成局域网，这样在此局域网中的计算机便可以共同接入 Internet 了。

连接的重点是对路由器进行配置。

4. 条件准备

ADSL Modem 一台、D-Link DI-624+A 宽带路由器一台、D-Link DES-1016D 交换机一台、超五类非屏蔽双绞线（直通线）多根，如图 4.21 所示。

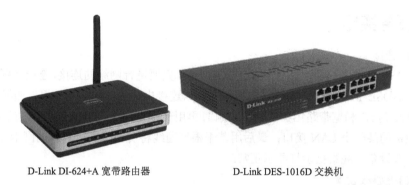

D-Link DI-624+A 宽带路由器　　　　D-Link DES-1016D 交换机

图 4.21　宽带路由器和交换机

4.4.3　相关知识

1. 常见的 Internet 接入方式

（1）ADSL。ADSL（Asymmetric Digital Subscriber Line，非对称数字用户线）是一种通过现有普通电话线为家庭、单位、部门提供宽带数据传输服务的技术。ADSL 能够在现有的铜双绞线，即普通电话线上提供高达 8Mbps 的高速下行速率，上行速率有 1Mbps，传输距离达 3～5km。

ADSL 技术的主要特点是可以充分利用现有的铜缆网络（电话线网络），在线路两端加装 ADSL 设备即可为用户提供高宽带服务。ADSL 的另外一个优点在于它可以与普通电话共存于一条电话线上，在一条普通电话线上接听、拨打电话的同时进行 ADSL 传输而又互不影响。ADSL 安装也极其方便快捷，只需在电话线上安装 ADSL 设备，不用对现有线路做任何改动。使用 ADSL 技术接入 Internet 比普通 Modem 要快一百倍。

（2）DDN 专线。这种方式适合对带宽要求比较高的应用，如企业网站。它的特点是速率比较高，范围从 64kbps～2Mbps。但是，由于整个链路被企业独占，所以费用很高，因此中小企业较少选择。

这种线路优点很多：有固定的 IP 地址，可靠的线路运行，永久的连接等。但是性能价格比太低，除非用户资金充足，否则不推荐使用这种方法。

（3）LAN 接入。LAN 方式接入是利用以太网技术，采用光缆+双绞线的方式进行综合布线。具体实施方案可以是从网管机房铺设光缆至楼宇，楼内布线采用五类双绞线铺设至室内，双绞线总长度一般不超过 100 米。网管机房的出口是通过光缆或其他介质接入 Internet。

2. 宽带路由器

宽带路由器是近几年来新兴的一种网络产品，它伴随着宽带的普及应运而生。宽带路由器集成了路由器、防火墙、带宽控制和管理等功能，具备快速转发能力、灵活的网络管理和丰富的网络状态等特点。多数宽带路由器针对实际应用进行优化设计，可满足不同的网络流量环境，具备良好的网络兼容性。多数宽带路由器采用高度集成设计，集成10/100Mbps宽带以太网WAN接口，并内置多口10/100Mbps自适应交换机，方便多台机器连接内部网络与Internet。

宽带路由器的背部面板一般分三个区域，分别连接电源线、WAN（广域网）和LAN（局域网），如图4.22所示。

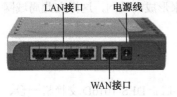

图4.22 宽带路由器背部面板

4.4.4 任务实施

1. 网络连接

采用 ADSL Modem+路由器+交换机方式的上网，先要进行网络的连接，连接如图4.23所示。

首先将 ADSL Modem 的 LINE（电话线）端口连接电话线；然后用一根直通线连接 ADSL Modem 的 LAN 接口和宽带路由器的 WAN 接口；再用一根直通线连接宽带路由器的某一个 LAN 接口和交换机的某一个 LAN 接口；最后用若干根直通线将交换机和计算机的网卡连接起来。

打开所有设备，观察指示灯显示正常。

2. 路由器参数设置

在硬件连接完成以后，需要用一台计算机与宽带路由器连接以便对宽带路由器的参数进行设置。

（1）用一根直通线连接这台计算机的网卡和宽带路由器的某一个 LAN 接口，启动计算机并打开宽带路由器。该计算机需安装 TCP/IP 网络协议。

（2）设置计算机 IP。

① 先观察路由器底部标签，查找路由器的默认 IP 和用户名、密码。以 D-Link DI-624+A 宽带路由器为例，路由器 IP 为 "192.168.0.1"，用户名默认为 "admin"，密码默认为空。

② 右击电脑上的 "网络" 图标，打开 "网络和共享中心" 窗口，如图4.24所示。

图4.23 ADSL Modem+路由器+交换机连网接线图

图4.24 "网络和共享中心" 窗口

③ 在弹出的窗口中右击"本地连接"后选择"属性"选项,在弹出的对话框中双击"Internet 协议版本 4(TCP/IPv4)选项"。

④ 在弹出的对话框中选择"使用下面的 IP 地址"选项,设置这台计算机的 IP 地址为 "192.168.0.26",该计算机的 IP 地址只需要和路由器的默认 IP 地址在一个网络段即可;设置该计算机的子网掩码为"255.255.255.0",默认网关为"192.168.0.1"(宽带路由器的默认 IP),DNS 服务器的 IP 地址可以设置为宽带路由器的默认 IP,也可以不用设置,如图 4.25 所示。

(3)登录路由器。

① 打开 IE 浏览器,在地址栏内输入"http://192.168.0.1",回车后弹出如图 4.26 所示的对话框,用户名输入"admin",密码默认为空,单击"确定"按钮,进入路由器配置主界面,如图 4.27 所示。

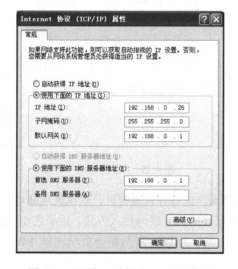

图 4.25 设置 IP 地址和 DNS 服务器

图 4.26 "连接到 192.168.0.1"对话框

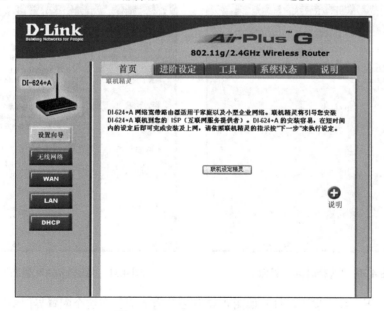

图 4.27 DI-624+A 配置主界面

② 宽带路由器中提供了两种设置方法，一种是利用"设置向导"设置；另一种就是通过菜单项进行设置。在此使用"设置向导"完成基本的共享配置。单击"设置向导"按钮，打开如图 4.28 所示界面。

③ 单击"下一步"按钮，打开如图 4.29 所示界面，在此界面中可以重新设置路由器管理员的密码，以防止其他人非法进入路由器更改配置。

图 4.28　DI-624+A 的设置向导界面　　　　　图 4.29　"设定密码"界面

④ 单击"下一步"按钮，打开如图 4.30 所示界面，选择并设置时区，默认选项即可。

⑤ 单击"下一步"按钮，程序会自动检测当前所使用的互联网接入方式，由于之前 ADSL Modem 和宽带路由器之间已经连接并且设备均已打开，所以检测结果会自动选择 PPP over Ethernet 选项，如图 4.31 所示。

图 4.30　"选择时区"界面　　　　　　　图 4.31　"选择 WAN 型态"界面

⑥ 单击"下一步"按钮，打开如图 4.32 所示配置界面。在这个配置界面中输入 ADSL 的账户信息，设置好后宽带路由器便可以进行自动拨号。

图 4.32 "设定 PPPoE" 配置界面

⑦ 单击"下一步"按钮,在"设定完成"对话框中单击"重新激活"按钮,宽带路由器会自动保存以上所做的设置,激活后回到配置主界面,以便进行其他配置。

⑧ 全部设置完成后,关闭 IE 浏览器即可。

(4) 设置局域网内计算机参数。完成宽带路由器的设置后,需要对连接交换机的其他计算机进行 IP 地址的设置后才能实现共同上网。

在设置宽带路由器的参数时可以开启宽带路由器的 DHCP 功能,此时,局域网内的计算机可以自动获得 IP 地址及默认网关、DNS 等信息。不过,由于 DHCP 开启以后对宽带路由器的性能会有很大的影响,所以建议使用静态分配 IP 地址的方法。

打开局域网内任意一台计算机的本地连接属性,选择 TCP/IP 选项,输入局域网内计算机的 IP 地址为"192.168.0.x",这里的 x 表示每台机器都应该是不同,而且不能是"1",否则会与宽带路由器的 IP 地址冲突。

子网掩码自动产生为"255.255.255.0",默认网关设置为宽带路由器的 IP 地址"192.168.0.1",这样局域网内的计算机在进行上网的时候就会向宽带路由器发送连接请求。DNS 服务器不用设置,可以选择自动获取。

完成上述设置以后,局域网中的计算机就可以通过宽带路由器进行共享上网了。

4.4.5 总结与回顾

利用 ADSL Modem+路由器+交换机的方式连接 Internet 的步骤如下。

(1) 网线连接。ADSL Modem 的 LINE 接口连接电话线;用直通网线将 ADSL Modem 的 LAN 接口和宽带路由器的 WAN 相连;用直通网线将宽带路由器的 LAN 接口和交换机接口相连;再将计算机接入到交换机。

(2) 宽带路由器参数设置。用一台计算机直接与宽带路由器的 LAN 接口相连,并设置好 IP 地址后登录路由器,对路由器的参数进行设置,使路由器可以自动拨号上网。

(3) 计算机参数设置。局域网内计算机 IP 地址设置时应与宽带路由器同一个网络地址,不同的主机地址,网关设置为宽带路由器的 IP 地址。

4.4.6 拓展知识

共享上网是指若干台计算机通过一台性能比较好并与 Internet 连接的设备上网,共享上网可以让局域网内所有的计算机一起共享上网账号和线路,这样既满足工作需要又大幅度节约经费。

从实现方式上共享上网可分为软件共享上网和硬件共享上网。其工作原理都是把局域网内部的网络请求转换处理后从连接互联网的线路发送到 Internet,同时把从 Internet 接收到的数据在处理以后发送到发出该请求的内部计算机上。

1. 软件共享上网

软件共享上网就是利用共享上网软件实现整个局域网的 Internet 共享,当然安装共享软件的计算机必须具有互联网连接线路。软件共享上网的优点是费用低,有些软件甚至是免费的,而且软件更新较快,可以较快地适应互联网新的接入技术和应用协议;缺点是需要专门使用一台计算机来作为共享上网服务器,为其他计算机提供上网服务,并且该计算机的性能不能太低,另外共享上网软件依赖于操作系统,是一个标准的应用程序,所以稳定性相对硬件方式略差。

(1)用 Windows 操作系统自带的 ICS 功能实现共享。目前,绝大部分的 Windows 系统中都集成了 Internet 连接共享的功能。其连接示意图如图 4.33 所示。将作为 ICS 主机的 Internet 连接设置 Internet 连接共享,当客户端想访问 Internet 时,先向 ICS 主机提出请求,通过 ICS 主机中转,将请求发送出去;而外部数据同样也需经 ICS 主机中转,才能得到所需信息。

ICS 方式充分利用操作系统自带的功能,不需要额外的资金投入,但必须依赖于操作系统。ICS 功能比较单一,对内部网络没有保护作用,对网络的安全会造成很大的威胁,只适用于网络规模较小且安全性要求不高的用户。

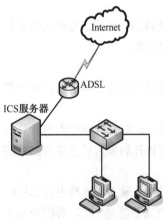

图 4.33 ICS 共享上网示意图

(2) Windows 的网络地址转换功能(Network Address Translation,NAT)。NAT 是一种把内部私有网络地址(IP 地址)翻译成合法网络 IP 地址的技术。Windows 2000 Server 及 Windows Server 2003 都具备网络地址转换功能,即软件路由功能,它可以在局域网和 Internet 之间实现数据包的转换,且可以对局域网内的计算机进行有效的安全保护。

在连接 Internet 的计算机上安装 Windows 2000 Server 或者 Windows Server 2003,并在系统中安装和设置路由和远程访问功能。需要注意的是 ICS 和 NAT 不能同时在一台计算机上使用。网络地址转换更适于配置相对较复杂的 C/S 模式的局域网使用。

(3)第三方软件接入。小型局域网内用户共享上网采用的第三方软件主要有两类:代理服务器类(Proxy Server)和网关类(GateWay)。

代理服务器类软件安装、设置简单,使用比较方便,用户上网的速度比较快,功能简单;网关类软件一般比较庞大,因为要起到网关(协议转换器)的作用,用户上网的速度会受影响,安装相对繁琐,但网关类软件能起到网络防火墙的作用,功能较强。

2. 硬件共享上网

软件共享上网方式需要对客户端及服务器端进行相应的设置,实现起来较麻烦;另外,用做网关的服务器只有在开启时局域网内其余的计算机才能上网。硬件共享上网,是指通过路由器、宽带路由器、内置路由功能的 ADSL-Modem 等实现共享上网。该类设备通常除具有共享上网的功能外，还具有 Hub 或交换机的功能；它们通过内置的硬件芯片来完成互联网和局域网之间数据包的交换管理。由于硬件工作不依赖于操作系统，所以稳定性较好，但更新性较差，且投资稍高。

4.4.7　思考与训练

1. 简答题

（1）Internet 的接入方式有哪些？是否还能想到其他接入方式？
（2）共享上网的实现方式有哪些？
（3）路由器的参数设置还有哪些选项？
（4）如果采用 ADSL Modem+交换机的方式能否实现共享上网？为什么？

2. 实做题

（1）实现 ADSL Modem+路由器+交换机上网的方式连接 Internet。
（2）尝试采用 ADSL Modem+交换机的方式实现共享上网，观察实验结果。

任务 5　办公室日常网络应用

办公室局域网搭建的目的是实现软件和硬件资源的共享，其中最主要的日常网络应用就是实现文件夹共享和打印机共享。资源共享是一个非常重要的概念，共享必要的软/硬件资源，可以有效地提高工作效率。

办公室局域网组建完成后，需要进行日常的网络应用，包括建立共享文件夹来实现软件共享，安装网络打印机实现硬件共享等。软/硬件资源的共享，可以提高办公效率，促进信息交流。

5.1.1　学习目标

通过本教学情境的学习，应该达到的知识目标和能力目标如下表。

知 识 目 标	能 力 目 标
• 了解软/硬件资源共享的必要性； • 掌握共享权限的设置； • 掌握家庭组的设置	• 能够安装网络打印机； • 能够共享使用文件夹； • 能够建立和加入家庭组

5.1.2　引导案例

1. 工作任务名称
文件夹共享和打印机共享设置。

2. 工作任务背景
网络教研室的网络连接完成，并且已经实现共享上网。由于办公室只有一台打印机，需要实现该打印机共享；一些公用文件实现计算机内的部分文件夹共享。

3. 工作任务分析
局域网组建的主要目的就是实现软/硬件资源的共享。将一台计算机内的文件夹设置为共享或将安装在一台计算机上的打印机共享使用，都必须首先在网上邻居中找到一个组内的计算机，然后启用需要共享资源的文件夹和打印机共享功能。

5.1.3　相关知识

1. 资源共享
资源共享是基于网络的资源分享。在网络中，资源共享主要包括以下几个方面：数据和应用程序的共享、文件共享服务、资源备份、设备共享等。

局域网中资源共享具有如下主要特点。

（1）局域网具有传输速率高（通常在 10～1000Mb/s 之间）、误码率低（通常低于 10^{-8}）的特点。因此，利用局域网进行的数据传输快速而可靠。

（2）局域网通常由一个单位或组织建设和拥有，易于维护和管理。

（3）局域网覆盖有限的地理范围，可以满足机关、公司、部队、学校、工厂等有限范围内的计算机、终端及各类信息处理设备的联网需求。

通过资源共享，可以做到设备共享，例如在局域网内建立一台打印服务器，为局域网所有用户提供打印服务，以节约打印机资源；可以做到数据共享，例如数据库服务器可以实现企业局域网内部数据共享、减少冗余度、集中存储和管理、可维护性和安全性等功能。文件共享服务可以采用 FTP 和 TFTP 服务，使用户能够在工作组计算机上方便而安全地访问共享服务器上的资源等。

2．组和组策略

为了更加快速地完成资源共享、传输等工作，很多用户都会将局域网内的多台计算机添加到相同的工作组中。

组策略是管理员为计算机和用户定义的，用来控制应用程序、系统设置和管理模板的一种机制。

进入组策略的方法：在"运行"对话框"打开"文本框中输入"gpedit.msc"，如图 5.1 所示。

图 5.1　通过运行程序进入组策略

本地组策略编辑器如图 5.2 所示。

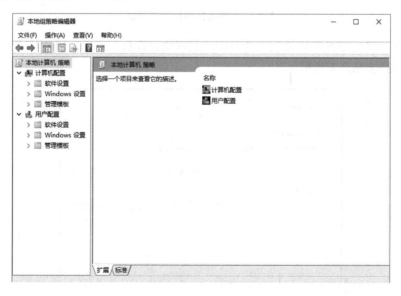

图 5.2　本地组策略编辑器

在本地组策略编辑器中对应用程序（如开始菜单等）进行编辑。

3. 网络访问权限

在共享文件夹中网络访问权限有"读取""读取/写入""删除",可以根据需要设置共享文件夹的权限。

5.1.4 任务实施

1. 安装打印机

安装打印机之前,首先要进行打印机的连接。应该在计算机和打印机均关机的情况下,把打印机的信号线与计算机的 LPT1 端口或 USB 端口相连,然后再开机,安装打印机驱动程序。不同品牌的打印机,安装打印机驱动程序的方法也不太一致,但总体来讲大同小异。

(1)单击"开始"菜单,打开"控制面板"选择"硬件和声音"中的"查看设备和打印机",单击"添加打印机"选项,如图 5.3 所示,没有查找到打印机。

图 5.3 "添加打印机"对话框

(2)选择"通过手动设置添加本地打印机或网络打印机"单选按钮,单击"下一步"按钮,打开如图 5.4 所示对话框。

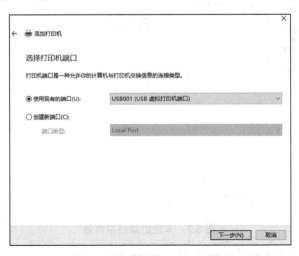

图 5.4 "选择打印端口"对话框

（3）选择"使用现有的端口"单选钮后单击"下一步"按钮，打开"安装打印机驱动程序"对话框，如图 5.5 所示。

图 5.5 "安装打印机驱动程序"对话框

（4）在"厂商"列表中选择厂商名；在"打印机"列表中选择需要安装打印机的名称和型号。单击"下一步"按钮，打开"命名打印机"对话框，在文本框中输入打印机名称。

（5）单击"下一步"按钮，打开"打印测试页"对话框，可以打印一张测试页查看打印机是否安装成功。

（6）如果在图 5.5 所示界面中没有找到该打印机的驱动程序，可以使用打印机附带的光盘软件进行安装。打开光盘，单击安装，按安装向导要求进行，步骤大致为：选择安装语言、本地打印机、安装方式、打印机型号、端口、驱动程序位置、配置信息、正在进行安装、安装结束。

如果没有驱动光盘，可到"驱动之家"网站下载合适的打印机驱动程序。

（7）打印机安装完成之后，在"打印机"窗口中会出现刚添加的打印机的图标。如果用户将其设置为默认打印机，在打印机图标左下角会有一个带"√"标志的黑色小圆，如图 5.6 所示。

图 5.6 打印机安装成功

2. 设置工作组

要实现局域网内的计算机共享文件夹，必须确保这几台计算机处在同一个工作组内。选择"此电脑"，右击后选择菜单中的"属性"命令，在弹出的"计算机名称、域和工作组设置"界面中单击"更改设置"按钮，打开"系统属性"对话框，如图 5.7 所示。在此可单击"更改"按钮以更改"计算机名称、域和工作组"。单击"网络 ID"按钮，打开如图 5.8 所示对话框，系统会自动检测目前接入工作组的计算机。打开"此电脑"，单击"网络"，显示本工作组中的计算机，如图 5.9 所示。

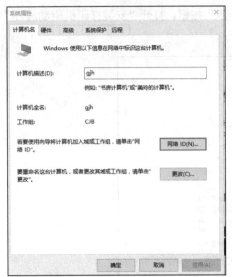
图 5.7 "系统属性"对话框

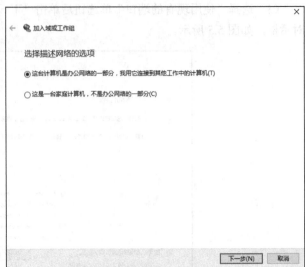
图 5.8 加入域或工作组

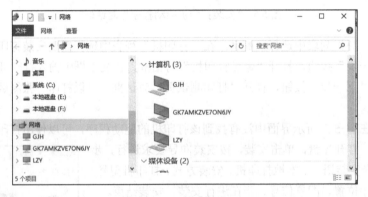
图 5.9 工作组中的计算机

3. 设置网络打印机

（1）先设置打印机共享。在安排有本地打印机的计算机中打开"控制面板"，选择"硬件和声音"中的"查看设备和打印机"，选中要共享的打印机，右击，在弹出的快捷菜单中选择如图 5.10 所示的"打印机属性"命令，打开如图 5.11 所示的界面，选择"共享"选项卡，此时本打印机共享完成。

（2）工作组中其他成员要使用这台进行打印，需在本机上安装网络打印机，本情境只介绍两种常用方法。

方法 1：如前所示进入"添加打印机"对话框（见图 5.3），选择"按名称选择共享打印机"单选钮，单击"浏览"按钮进入打印机选择界面，选择安装有共享打印机的计算机，自动搜索出安装的共享打印机，如图 5.12 所示。选择共享的打印机安装即可。

方法 2：直接从"此电脑"→"网络"中选择安装有共享打印机的计算机，选择其共享的打印机，进入的界面与图 5.12 相似，双击共享打印机安装即可（此时能看到此计算机上共享的其他设备及文件夹）。

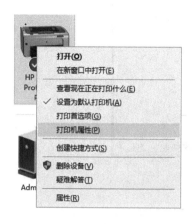
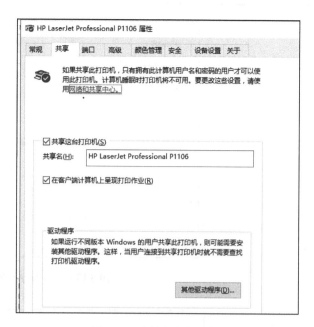

图 5.10　本地打印机　　　　　图 5.11　本地打印机属性

图 5.12　共享的本地打印机

4．共享文件夹

打开"此电脑",右击需要共享的磁盘或文件夹,单击"共享"→"特定用户组"命令,打开"文件共享"对话框,如图 5.13 所示。选择"Everyone"后单击"添加"按钮。设置"Everyone"的权限级别为"读取"(单击下三角按钮更改权限),如图 5.14 所示,单击"共享"按钮完成共享。

其他计算机可以按权限访问共享文件夹,只需在"此电脑"→"网络"中双击共享的计算机进入就可查看共享出来的文件夹了。

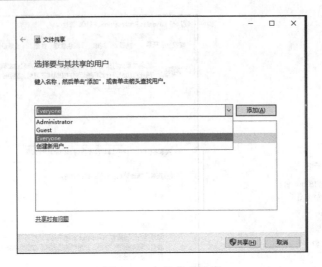

图 5.13　文件共享设置

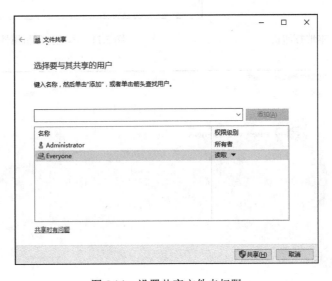

图 5.14　设置共享文件夹权限

5. 家庭组

（1）创建家庭组。工作组中的几台计算机要互相访问还有一个途径，就是创建家庭组。家庭组的创建过程如下。双击"此电脑"，打开如图 5.15 所示界面，单击"创建家庭组"按钮，弹出"创建家庭组"对话框，单击"下一步"按钮，进入如图 5.16 所示界面，设置共享文件、设备及权限。创建完成后如图 5.17 所示。

（2）加入家庭组。其他成员加入家庭组即可共享家庭组中的共享文件和设置。加入家庭组过程如下：局域网中已有家庭组，其他成员只能加入，与图 5.15 相似，单击"加入家庭组"，按步骤选择要共享的文件、设备及权限，输入家庭组密码，加入完成，结果如图 5.18 所示。

任务 5　办公室日常网络应用

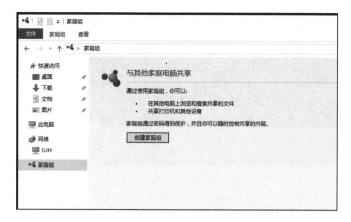

图 5.15　创建家庭组

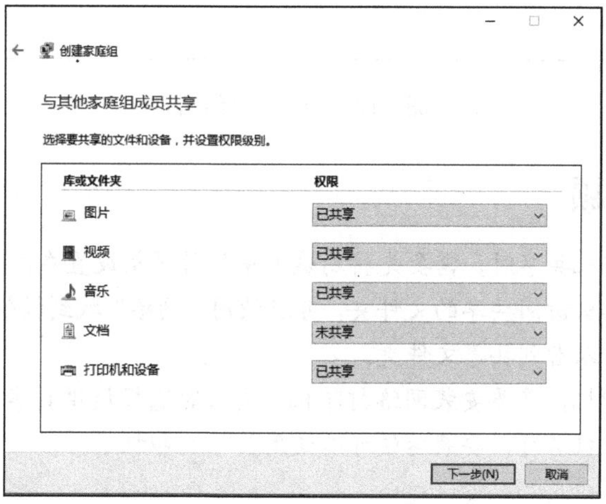

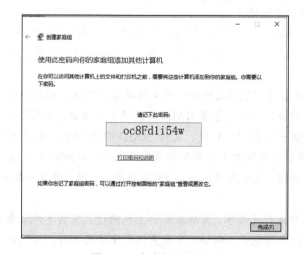

图 5.16　共享文件、设备及权限

图 5.17　家庭组创建完成

123

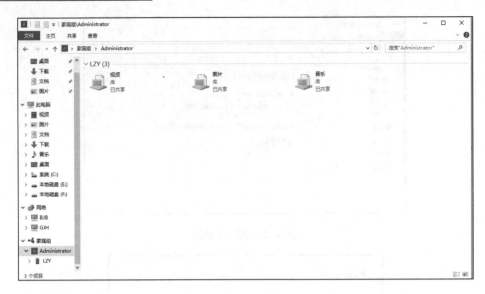

图 5.18 加入家庭组后

5.1.5 总结与回顾

设置文件夹和打印机共享时，需要先将局域网中的计算机设置在同一个工作组内。

工作组中其他计算机访问共享的文件夹，可以使用"网络"找到提供共享文件夹的计算机，双击进入该计算机中可以看到共享文件夹。

要访问共享的打印机，需要安装网络打印机。安装时选择提供共享打印机的计算机，双击后可以看到共享的打印机名称，安装后便可以使用共享打印机了。

5.1.6 拓展知识

1. 网络存储服务器（NAS）

网络存储服务器（NAS）是一种通过 RJ45 网络接口与网络交换机相连接的存储设备，主要用于局域网环境中多台计算机主机共享存储空间，为局域网中的计算机提供文件共享服务，因此又称为文件服务器。

一台 NAS 存储设备至少包括硬件和针对文件共享应用优化过的操作系统两个基本组成部分。硬件包括 CPU、内存、主板、包含 RAID 功能的多块硬盘。小型 NAS 的 CPU、内存一般都嵌入在主板中，硬盘一般在 2~5 块，支持 RAID 冗余功能；软件一般是由开源操作系统（FreeBSD、Linux）等针对文件共享应用优化裁剪而来的，FreeNAS 就是一款很流行的文件共享专用 FreeBSD 操作系统；也有用 Windows XP 裁剪而成，微软也有一款专用的 NAS 操作系统 WSS。

NAS 的最基本的特点就是共享，只有在多台主机的情况下共享才有意义。所以，NAS 一般用在有多台主机的局域网环境中。例如，多台主机需要协同工作，共同完成一个设计任务时；在局域网中有 Windows/Mac 系统需要共享文件时；需要给多台服务器或者主机进行备份时，NAS 都是最佳选择。

2. 网络打印机

网络打印机是指通过打印服务器（内置或者外置）将打印机作为独立的设备接入局域网或

者 Internet，从而使打印机摆脱一直以来作为计算机外设的附属地位，使之成为网络中的独立成员，成为一个可与其并驾齐驱的网络节点和信息管理与输出终端，其他成员可以直接访问并使用该打印机。

网络打印机要接入网络，一定要有网络接口，目前有两种接入的方式，一种是打印机自带打印服务器，打印服务器上有网络接口，只需插入网线分配 IP 地址就可以了；另一种是打印机使用外置的打印服务器，打印机通过并口或 USB 口与打印服务器连接，打印服务器再与网络连接。

网络打印机一般具有管理和监视软件，通过管理软件可以从远程查看和干预打印任务，对打印机的配置参数进行设定，绝大部分的网络打印管理软件都是基于 Web 方式的，简单快捷；通过监视软件，用户可以查看打印任务、打印机的工作状态等信息。一般管理软件是给网管或者高级用户使用的，普通用户都具有打印机监视功能。

5.1.7 思考与训练

1. 简答题

（1）如果只允许查看共享文件夹下的文件及文件夹列表，共享权限如何设置？
（2）如果共享到家庭组中？

2. 实做题

（1）设置共享文件夹，用户为"Everyone"，权限为"读取/写入"。
（2）设置加入家庭组中计算机的音频不共享。

项目 3 配置网络服务与应用

本项目主要讲述了网络服务的基础知识及应用。"网络服务"（Web Services），是指一些在网络上运行的、面向服务的、基于分布式程序的软件模块，网络服务采用 HTTP 和 XML 等互联网通用标准，使人们可以在不同的地方通过不同的终端设备访问 Web 上的数据，如网上订票、信息查询等。

本项目共分 2 个任务，主要包括配置 Web 服务器、配置 DNS 服务器、配置 DHCP 服务器、配置 FTP 服务器、配置 VPN 服务器，使用搜索引擎、使用电子邮件和老师联系以及日常网络应用内容。

通过本项目的学习，应达到以下的目标：
- 理解 FTP 协议的工作方式；
- 掌握 WWW、DNS、FTP、DHCP 和 VPN 的概念；
- 理解 DHCP 的优点和工作原理；
- 理解 IIS 的概念和 WWW 的服务过程；
- 了解 Web 的来历；
- 部署与安装 Web 服务器；
- 能够配置 Web 服务器和 Web 虚拟目录；
- 能够部署与安装 DNS 服务器；
- 能够配置 DNS 客户端进行域名解析；
- 能够部署与安装 DHCP 服务器；
- 能够新建 IP 作用域；
- 能够部署与安装 FTP 服务器；
- 能够新建 FTP 站点；
- 能够部署与安装 VPN 服务器；
- 能够使用"百度"搜索引擎进行信息的搜索；
- 能够使用 Outlook Express 管理电子邮件；
- 能够使用 Web 迅雷软件进行下载。

任务 6 实现资源共享

当今时代,计算机网络的应用非常广泛,深入到人们生产、生活的各个方面。网络应用的首要目的就是实现资源共享,基于网络技术的资源共享问题已经成为当前计算机领域研究的重要课题。网络服务在电子商务、电子政务、公司业务流程电子化等应用领域有广泛的应用,被业内人士奉为互联网的下一个重点。典型的网络服务有 DHCP、FTP、WWW 等。

6.1 配置 Web 服务器

Web 服务(World Wide Web,WWW)是 TimBerners-Lee 在 1989 年欧洲共同体的一个大型科研机构工作时发明的。通过 Web,互联网上的资源可以比较直观地在一个网页里表示出来,而且在网页上可以互相链接。

WWW(万维网)已逐步成为全球网络用户最基本的通信方式,利用万维网,用户通过浏览器可以获得大量图文并茂的信息。

6.1.1 学习目标

通过本教学情境的学习,应该达到的知识目标和能力目标如下表。

知 识 目 标	能 力 目 标
• 理解 WWW 的服务过程; • 理解 IIS 8.0 的概念; • 掌握 WWW 的概念; • 了解 Web 的来历	• 能够部署与安装 WWW 服务器; • 能够新建 Web 网站; • 能够配置 Web 网站的安全加固; • 能够配置不允许特定 IP 地址客户端访问 Web 网站

6.1.2 引导案例

1. 工作任务名称

配置 Web 服务器。

2. 工作任务背景

铁道学院经常需要通过内网将学院近期的工作重点、教学情况、文件制度等以网页形式发布出去。

3. 工作任务分析

作为网络管理员,需要选择一台服务器作为 Web 服务器,并在服务器上创建 Web 网站,通过站点发布学院信息。

4. 条件准备

本情境中需要若干台计算机来组建局域网,一台计算机作为 Web 服务器安装 Windows

Server 2012 操作系统，其他计算机可以安装 Windows 10 操作系统。

6.1.3 相关知识

1. WWW 来历

WWW 原先设计的实际上是 HTML 语言，其目的在于为分散在世界各地的粒子物理学研究成员组成的合作工作组提供信息服务，使组内成员可以方便地交换时刻变化的报告、绘制图和其他文献。

WWW 问世之初并未引起太多的重视，它的广泛应用始于 Mosaic 的问世，1993 年年初，美国计算机奇才 Marc Andreessen 成功地推出了 Mosaic 的最初版本。一年之后，Mosaic 广为流传，Marc Andreessen 自己也创建了 Netscape 公司。

1994 年，CERN 和麻省理工学院联合建立万维网联盟，致力于进一步发展信息网、标准化协议并鼓励站点之间的相互操作。

2. WWW 的概念

WWW 是 Internet 上集文本、声音、动画、视频等多种媒体信息于一身的信息服务系统，整个系统由 Web 服务器、浏览器及通信协议三部分组成。WWW 采用的通信协议是 HTTP，它可以传输任意类型的数据对象，是 Internet 发布多媒体信息的主要应用层协议。

WWW 中的信息资源主要由一篇篇网页构成，所有网页采用 HTML 来编写，HTML 对 Web 页的内容、格式及 Web 页中的超链接进行描述。Web 页间采用超级文本的格式互相链接。

Internet 中的网站数以万计，为了准确查找，采用 URL（统一资源定位器）为全世界唯一标识某个网络资源，其描述格式为"协议://主机名称/路径名/文件名：端口号"，如 http://www.sina.com（默认端口号为 80）。

3. WWW 的服务过程

WWW 的应用采用客户端/服务器模式，其服务过程如下：用户启动客户端程序（浏览器），输入 Web 页的地址，客户程序与此地址服务器连通，并告诉服务器需要哪一页，服务器将该页面发送给浏览器，浏览器显示该页面内容，这时客户就可以浏览该页面了。

4. HTTP 简介

超文本传输协议（HyperText Transfer Protocol，HTTP）是互联网上应用最为广泛的一种网络协议。所有的 WWW 文件都必须遵守这个标准。设计 HTTP 最初的目的是为了提供一种发布和接收 HTML 页面的方法。

1960 年美国人 Ted Nelson 构思了一种通过计算机处理文本信息的方法，并称之为超文本（hypertext），这成为了超文本传输协议标准架构的发展根基。Ted Nelson 组织协调万维网联盟（World Wide Web Consortium）和互联网工程工作小组（Internet Engineering Task Force）共同合作研究，最终发布了一系列的 RFC，其中著名的 RFC 2616 定义了 HTTP 1.1。

HTTP 通常承载于 TCP 之上，有时候也承载于 TLS 或 SSL 协议层上，这就是安全的 HTTP（HTTPS）。默认情况下，HTTP 的端口号是 80，HTTPS 的端口号是 443。

5. IIS 8.0 的概念

IIS 8.0 是 Windows Server 2012 的一个组件，可以使 Windows Server 2012 成为一个 Internet 信息的发布平台，为系统管理员创建和管理 Internet 信息服务器提供各种管理功能和操作方法。

IIS 的核心组件包括 Internet 服务管理器、FrontPage 服务器扩展、Internet 信息服务管理单元、Web 服务、文件传输协议服务、NNTP Service、SMTP Service 和公用文件等。

6.1.4 任务实施

首先将 Windows Server 2012 服务器的网络连接，改为静态的 IP 地址（如 192.168.50.1），然后进行如下设置。

1．Web 服务器的安装

（1）打开"服务器管理器"→"配置此本地服务器"，如图 6.1 所示。

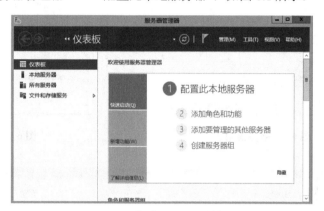

图 6.1　配置此本地服务器

（2）单击"添加角色和功能"按钮，进入"添加角色和功能向导"对话框，如图 6.2 所示。

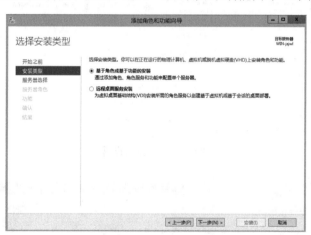

图 6.2　"添加角色和功能向导"对话框

（3）选择"基于角色或基于功能的安装"单选钮，单击"下一步"按钮，选择"从服务器池中选择服务器"，安装程序自动检测到该服务器的网络连接，单击"下一步"按钮，进入"服务器角色"设置界面，如图 6.3 所示。

（4）勾选"Web 服务器（IIS）"复选框，会自动弹出如图 6.4 所示的对话框。

（5）单击"添加功能"按钮，显示如图 6.5 所示的对话框，此处保持默认设置。

（6）单击"下一步"按钮，为 Web 服务器（IIS）选择要安装的角色服务，勾选"IP 和域限制"和"Windows 身份验证"复选框，单击"下一步"按钮后再单击"安装"按钮，如图 6.6 所示。

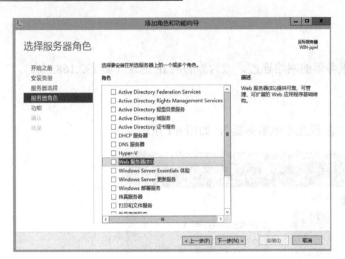
图 6.3 服务器角色

图 6.4 添加功能

图 6.5 保持默认设置

图 6.6 选择角色服务

（7）单击"关闭"按钮，完成安装，如图 6.7 所示。

图 6.7　完成安装

2. 新建 Web 网站

（1）在"服务器管理器"窗口中单击"工具"→"Internet Information Services（IIS）管理器"，打开"Internet Information Services（IIS）管理器"窗口，如图 6.8 所示。

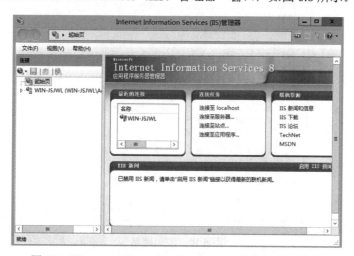

图 6.8　"Internet Information Services（IIS）管理器"窗口

（2）单击"连接至 localhost"，进入 IIS 的本地站点管理，展开左侧网站列表，单击默认网站（Default Web Site），选择右侧的"管理网站"，单击"停止"按钮，如图 6.9 所示。

（3）选择左侧"网站"，单击右侧"添加网站"，设置"网站名称"、"物理路径"、绑定"类型"、"IP 地址"、"端口"等，单击"确定"按钮，完成网站的添加，如图 6.10 所示。

注意： 网站名称是在 IIS 里用来和其他网站区分的名称，不是网站的域名；物理路径是网站的主页文件存放的位置（如 D:\mqj1 文件夹）；绑定类型是 http；IP 地址是该服务器的有效 IP（如：192.168.50.1）；端口默认为 80；主机名为空。

（4）打开"文件资源管理器"窗口，在 D 盘上新建文件夹 mqj1。打开文件夹 mqj1，单击"查看"菜单，勾选"文件扩展名"复选框，如图 6.11 所示。

图 6.9 默认网站停止

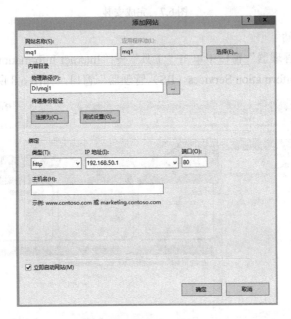

图 6.10 添加网站

图 6.11 "查看"菜单

（5）在文件夹 mqj1 下，新建文档（如 mqj1.html），文档的扩展名必须是 htm 或 html，使用记事本编辑文档内容，如图 6.12 所示。

图 6.12 mqj1.html 文档

（6）在 IIS 管理器窗口中选择网站"mq1"，双击"默认文档"，如图 6.13 所示。

图 6.13 设置网站默认文档

（7）单击右侧的"添加"按钮，打开"添加默认文档"对话框，如图 6.14 所示。在名称中输入新建的网站首页文件名（如 mqj1.html），当前配置的文件为打开 Web 站点的网站首页文件。

（8）在 IIS 管理器窗口中单击右侧"浏览网站"，或者打开浏览器，在地址栏中输入 http://192.168.50.1，即可在本机正常浏览该网站，如图 6.15 所示。

图 6.14 添加默认文档　　　　　　　　图 6.15 浏览网站

3. 客户端访问 Web 网站

（1）在安装 Windows 10 操作系统的客户端计算机上配置 IP 地址（如 192.168.50.3），如图 6.16 所示。

（2）测试客户端和 Web 服务器的连通性，如图 6.17 所示。

（3）客户端使用 IP 地址访问 Web 站点，由于服务器端绑定端口为 80 端口，客户端在访问时可以省略端口号，如图 6.18 所示。

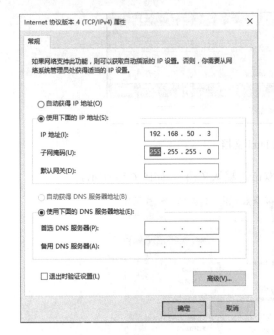

图 6.16 配置客户端 IP 地址

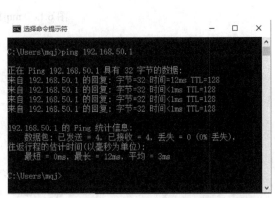

图 6.17 客户端和 Web 服务器的连通性

4. 配置端口号不是 80 的 Web 站点

（1）Web 网站的默认访问端口是 80，可以更改为 8080 或 8000 等。如果服务器绑定端口不是 80 端口，是 8080 或 8000 端口，则应在服务器端重新绑定站点为 8080 端口，如图 6.19 所示。

图 6.18 客户端成功浏览 Web 站点

图 6.19 Web 站点绑定 8080 端口

（2）客户端访问时必须加上对应的端口号，在客户端浏览器的地址栏中输入"http://Web 服务器的 IP 地址：端口号"，即可正确访问 Web 服务器提供的网页服务，如图 6.20 所示。

（3）如果在客户端浏览器地址栏中没有输入端口号，则不能打开网页，如图 6.21 所示。

5. 不允许特定 IP 地址客户端访问 Web 网站

有些网站需要对客户端进行限制，不允许特定 IP 地址的计算机访问 Web 网站，例如不允许 IP 地址为 192.168.50.3 的客户端访问 Web 网站。

（1）在 Web 服务器端打开 IIS 管理器窗口，选择 mq1 网站，双击"IP 地址和域限制"，进行"IP 地址和域限制"设置，如图 6.22 所示。

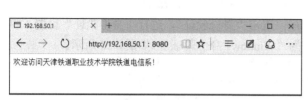

图 6.20　客户端带端口号访问 Web 网站　　图 6.21　客户端不带端口号不能访问 Web 网站

图 6.22　"IP 地址和域限制"设置

（2）在"IP 地址和域限制"选项中单击"添加拒绝条目"按钮，进入"添加拒绝限制规则"对话框，可以限制一台计算机或者一组计算机，如图 6.23 所示。

（3）在客户端浏览器的地址栏中输入"http://Web 服务器的 IP 地址"，服务器拒绝了该请求，并返回访问被拒绝的提示，如图 6.24 所示。

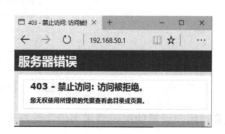

图 6.23　"添加拒绝限制规则"对话框　　图 6.24　访问 Web 服务器被拒绝

6. Web 站点安全加固

为了增强 Web 站点的安全性，可以通过身份验证的方式来实现。前面我们建立了 Web 站点客户端就能够进行访问，是因为 IIS 默认使用匿名身份验证，不提示输入密码。IIS 已经知道匿名账户的用户名和密码，匿名账户默认情况下是 IUSR_computername。

（1）在 IIS 管理器窗口中选择 mqj1 网站，双击"身份验证"，进行"身份验证"设置。将"匿名身份验证"禁用，设置身份验证方式为"Windows 身份验证"，如图 6.25 所示。

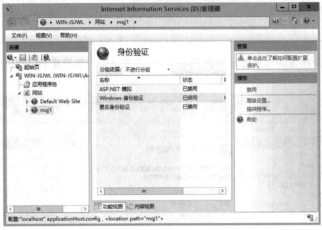

图 6.25　设置身份验证

（2）"Windows 身份验证"意味着 IIS 会自动使用当前系统登录的账户访问 Web 站点，为了安全起见，我们不使用管理员（Administrator）账户，这就需要我们新建账户。单击"开始"→"计算机管理"，打开"计算机管理"窗口，新建一用户，如图 6.26 所示。

图 6.26　"计算机管理"窗口

注意：用户设置的密码要求为带特殊符号、数字、字母的复杂性密码。

（3）在客户端打开浏览器访问站点时，就会出现身份验证窗口，只有输入正确的用户名和密码才能打开，如图 6.27 和图 6.28 所示。

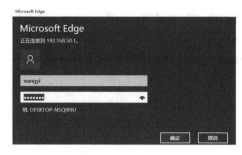

图 6.27 客户端输入用户名和密码

图 6.28 客户端成功浏览 Web 站点

6.1.5 总结与回顾

本情境介绍了 IIS 8.0 的概念、WWW 的概念及 WWW 的服务过程。通过本情境的学习，我们能够安装 Web 服务器，新建 Web 网站，从客户端访问 Web 网站，通过身份验证对 Web 站点进行安全加固，不允许特定 IP 地址客户端访问 Web 网站等。

6.1.6 拓展知识

虚拟目录

要从 Web 站点主目录以外的其他目录发布站点，可以使用虚拟目录实现。虚拟目录是一个位于 Web 服务器主目录之外的目录，它不包含在 Web 服务器的主目录中，但在访问 Web 站点的用户看来，它与位于主目录中的子目录是一样的。每一个虚拟目录都有一个别名，客户端可以通过此别名来访问虚拟目录。

由于每个虚拟目录都可以分别设置不同的访问权限，因此非常适合不同用户对不同目录拥有不同权限的情况。另外，只有知道虚拟目录名的用户才可以访问此虚拟目录，除此之外的其他用户将无法访问此虚拟目录。下面介绍虚拟目录的设置。

（1）在 IIS 管理器窗口中选择 mqj1 网站，单击右侧的"查看虚拟目录"，进行"虚拟目录"设置，如图 6.29 所示。

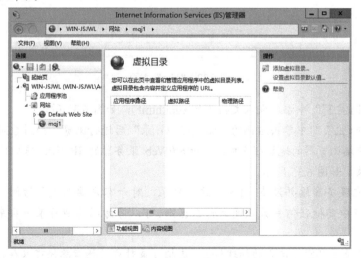

图 6.29 "虚拟目录"设置

（2）单击右侧的"添加虚拟目录"，打开"添加虚拟目录"对话框，如图 6.30 所示（"bbs"是虚拟目录的别名，它对应的物理目录是"C:\wangluo"）。

（3）在 wangluo 文件夹下，新建文档（如 xuni.html），文档的扩展名必须是 htm 或 html，使用记事本编辑文档内容，如图 6.31 所示。

图 6.30 "添加虚拟目录"对话框　　　　　图 6.31 编辑 xuni.html 文档

（4）在 IIS 管理器窗口中选择左侧的"bbs"，双击"默认文档"，如图 6.32 所示。

图 6.32 "bbs"主页

（5）在"bbs 主页"中添加默认文档（如 xuni.html），如图 6.33 所示。

（6）在"bbs 主页"中单击右侧的"浏览虚拟目录"后进行浏览，如图 6.34 所示。

（7）在客户端浏览器的地址栏中输入"http://Web 服务器的 IP 地址/虚拟目录的别名"，成功浏览虚拟目录，如图 6.35 所示。

我们知道在服务器端并没有"bbs"这个目录，对于客户端来说，访问时并不会察觉到虚拟目录与站点中其他任何目录之间有什么区别，可以像访问其他目录一样来访问这一虚拟目录。

设置虚拟目录时必须指定它的物理位置，虚拟目录对应的物理路径可以存在于本地 Web 服务器上，也可以存在于远程服务器上（多数情况下都存在于远程服务器上）。此时，用户访问这一虚拟目录时，IIS 管理器将充当代理的角色，它将通过与远程计算机联系并检索用户所请求的文件来实现信息服务。

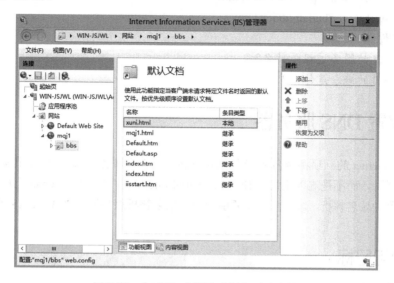

图 6.33 在 "bbs 主页" 中添加默认文档

图 6.34 成功浏览虚拟目录

图 6.35 在客户端成功浏览虚拟目录

6.1.7 思考与训练

1. 选择题

（1）Web 网站的默认端口为（　　）。
A．8080 B．8000 C．80 D．8008

（2）在地址栏中输入（　　）可以访问本地默认网站。
A．计算机 IP 地址 B．计算机 DNS 名 C．local D．127.0.0.1

（3）某 Web 站点的主目录为 C:\myweb，IP 地址为 192.168.1.3，主机名为 webserver，内网域名为 www.myweb.com，虚拟目录的路径为 C:\myweb\bumen，虚拟目录别名为 department，下面可以访问虚拟目录下 index.htm 的 URL 是（　　）。

A．http://192.168.1.3/department/index.htm
B．http://www.myweb.com/bumen/index.htm

C. http://webserver/department/index.htm

D. http://webserver/bumen/index.htm

2. 简答题

（1）WWW 的服务过程是什么？

（2）IIS 8.0 的概念是什么？

6.2 配置 DNS 服务器

DNS 是 Internet 的一项将域名和 IP 地址相互转换的核心服务，允许用户使用友好的名字（域名）访问互联网，而不是难以记忆的 IP 地址来访问 Internet 主机。在 Internet 上域名与 IP 地址的转换工作称为域名解析，域名解析需要由专门的域名解析服务器来完成，DNS 就是进行域名解析的服务器。

6.2.1 学习目标

通过本教学情境的学习，应该达到的知识目标和能力目标如下表。

知 识 目 标	能 力 目 标
• 理解域名服务器的概念； • 掌握 DNS 域名空间的树形结构； • 掌握 DNS 服务器的类型； • 掌握 DNS 服务器的区域类型	• 学会安装 DNS 服务器； • 学会创建 DNS 正向查找区域； • 学会配置 DNS 客户端

6.2.2 引导案例

1. 工作任务名称

配置 DNS 服务器。

2. 工作任务背景

铁道学院通过内网将学院近期的工作重点、教学情况、文件制度等以网页形式发布出去，而制作的网页采用 IP 地址模式访问，教师和学生使用很不方便，难以记忆。

3. 工作任务分析

作为网络管理员，需要选择一台服务器作为 DNS 服务器，在该服务器上维护一个域名与 IP 地址对应的数据库，实现域名与 IP 地址的解析。

4. 条件准备

本情境中需要若干台计算机来组建局域网，一台计算机作为 DNS 服务器安装 Windows Server 2012 操作系统，其他计算机可以安装 Windows 10 操作系统。

6.2.3 相关知识

1. 什么是 DNS

DNS（Domain Name System，域名管理系统）：域名是由圆点分开一串单词或缩写字母组成的，每一个域名都对应一个唯一的 IP 地址，这一命名的方法或这样管理域名的系统叫作域名管理系统。

DNS（Domain Name Server，域名服务器）：用户通过域名访问网络，而网络中的计算机之间靠 IP 地址互相认识，它们之间的转换工作称为域名解析，进行域名解析的服务器就是域名服务器。

2. DNS 域名空间

整个 DNS 的名字系统是一个有层次的逻辑树结构，称为域名空间，如图 6.36 所示。图中最上层为根域（root domain），一般用圆点（·）表示。下一层为顶级域（top-level domain），顶级域用来将组织分类。

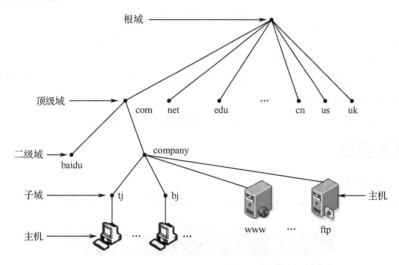

图 6.36 DNS 域名空间

顶级域之下是二级域，它供公司或组织申请与使用。例如，baidu.com 是百度公司申请的域名。域名如果要在 Internet 上使用，必须事先申请。

公司在其申请的二级域下，可以根据各自的情况划分下级子域或主机名等，如注册 baidu.com 之后，可以在该二级域下建立子域 tj.baidu.com。

主机名称就是完全合格域名（FQDN）中最左边的部分，代表某一个组织或公司内部某一台主机（如 www.tj.baidu.com）。

3. DNS 服务器的类型

（1）主 DNS 服务器。存放主要区域内所有主机数据的正本，其区域文件是采用标准 DNS 规范的一般文本文件。

（2）辅助服务器。存放区域所有主机数据的副本，这份数据从其"主要区域"利用区域传递的方式复制信息。

（3）只缓存服务器。只利用缓存中的信息进行查询、缓存答案和返回结果。

（4）转发器。收到查询时，直接转发到其他 DNS 服务器查询。

4. DNS 服务器的区域类型

（1）主要区域。该区域存放此区域内所有主机数据的正本，其区域文件是采用标准 DNS 规格的一般文本文件。

（2）辅助区域。该区域存放此区域内所有主机数据的副本，这份数据从其"主要区域"利用区域传送的方式复制过来。

（3）存根区域。存根区域是一个区域副本，只包含标识该区域的权威域名管理系统（DNS）服务器所需的资源记录。

5. 资源记录

资源记录是 DNS 数据库中的信息集，是域名与 IP 地址映射关系的信息，用于处理客户端的查询。主要的资源记录如下所示。

- SOA 资源记录（起始授权机构）：指定区域数据授权信息源服务器。
- NS 记录（名称服务器）：指定给该区域的授权 DNS 服务器。
- A 记录（主机）：将主机名称映射到 DNS 区域中的 IP 地址。
- PTR 记录（指针）：将 IP 地址映射到 DNS 反向区域中的 FQDN。
- CNAME 记录（别名）：是同一个主机的另一个名称。
- MX 记录（邮件交换）：提供 SMTP 服务的邮件服务器名称到 IP 地址的映射，为 DNS 域名指定邮件交换服务器。
- AAAA 记录（IPv6 的特殊资源）：主机名到 IPv6 地址的映射。

6.2.4 任务实施

1. DNS 服务器的安装

（1）打开"服务器管理器"→"配置此本地服务器"，如图 6.37 所示。

图 6.37 配置此本地服务器

（2）单击"添加角色和功能"按钮，进入"添加角色和功能向导"对话框，如图 6.38 所示。

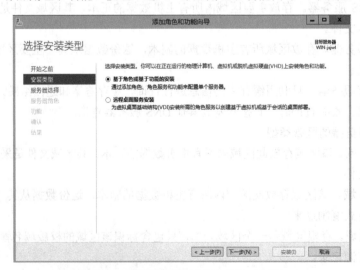

图 6.38 "添加角色和功能向导"对话框

(3)选择"基于角色或基于功能的安装"单选钮,单击"下一步"按钮,选择"从服务器池中选择服务器",安装程序自动检测到该服务器的网络连接,单击"下一步"按钮,进行"服务器角色"设置,勾选"DNS 服务器"复选钮,如图 6.39 所示。

图 6.39 "服务器角色"设置

(4)选择"DNS 服务器"后,自动弹出如图 6.40 所示的"添加角色和功能向导"对话框。

(5)单击"添加功能"按钮,再单击"下一步"按钮,显示如图 6.41 所示的对话框,此处保持默认设置。

图 6.40 添加功能窗口

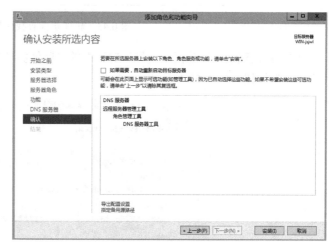

图 6.41 确认安装内容

(6)单击"安装"按钮,完成 DNS 服务器的安装,如图 6.42 所示。

2. 创建正向查找区域

创建 DNS 服务器后,接下来要做的就是创建区域,在正向查找区域完成域名到 IP 地址的解析。

(1)在"服务器管理器"窗口中单击"工具"→"DNS 管理器",打开"DNS 管理器"窗

143

口,右击"正向查找区域"选项,在弹出的快捷菜单中选择"新建区域"命令,如图 6.43 所示。

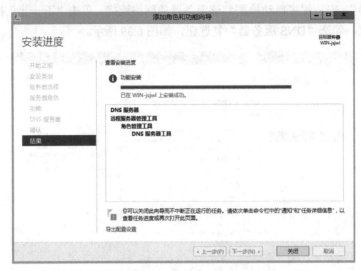

图 6.42 完成 DNS 服务器的安装

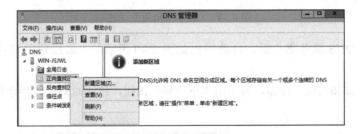

图 6.43 新建正向查找区域

(2)在出现的"新建区域向导"对话框的"区域类型"中选择"主要区域"单选钮,单击"下一步"按钮,如图 6.44 所示。

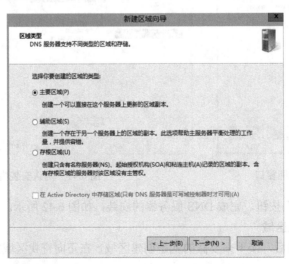

图 6.44 选择区域类型

（3）在"区域名称"中输入公司的域名"tdxydianxin.cn"，单击"下一步"按钮，如图6.45所示。

（4）单击"下一步"按钮，保留默认设置，直至完成区域创建向导，如图6.46所示。

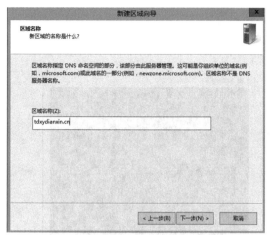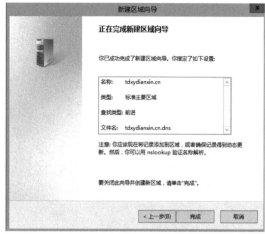

图 6.45　输入区域名称　　　　　　　　　图 6.46　DNS 正向查找区域创建成功

3. 创建主机记录

（1）右击 tdxydianxin.cn，在弹出的快捷菜单中选择"新建主机（A 或 AAAA）"命令，如图 6.47 所示。

（2）进入"新建主机"对话框，在名称中输入"www"，IP 地址是 Web 服务器的地址（如192.168.50.1），单击"添加主机"按钮，如图 6.48 所示。

使用同样的方法，可以创建另一条主机记录"ftp.tdxydianxin.cn"，映射的 IP 地址是"192.168.10.6"。

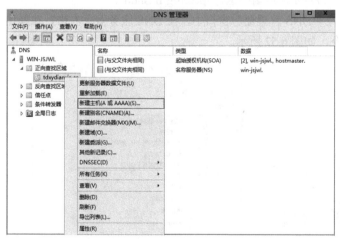

图 6.47　DNS 管理器中创建主机记录　　　　　图 6.48　创建主机记录

4. 配置 DNS 客户端

（1）在 Windows 10 客户端计算机上，单击"开始"→"网络连接"选项，设置客户端的IP 地址和 DNS 服务器 IP 地址，如图 6.49 所示。

145

（2）单击"开始"→"命令提示符"选项，输入命令"ping www.tdxydianxin.cn"，如图 6.50 所示。

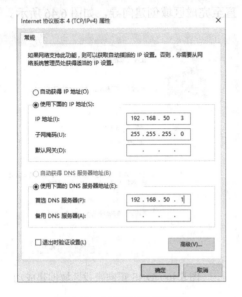
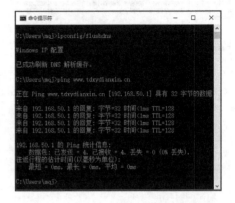

图 6.49 设置 DNS 客户端　　　　　　　图 6.50 ping www.tdxydianxin.cn 结果

（3）在客户端浏览器的地址栏中输入"http://tdxydianxin.cn"，就可以访问该服务器的主页，如图 6.51 所示。

注意：如果 DNS 服务器的设置与运作一切正常，但是 DNS 客户端还是无法通过 DNS 服务器解析到正确的 IP 地址，其原因可能是 DNS 客户端或 DNS 服务器缓存区中有不正确的资源记录，可以利用以下方法将缓存区中的数据清除。

（1）清除 DNS 客户端缓存区。在 DNS 客户端中运行 ipconfig/flushdns。

（2）清除 DNS 服务器缓存区。在"DNS 管理器"窗口中，在 DNS 服务器上右击，在弹出的快捷菜单中选择"清除缓存"命令，如图 6.52 所示。

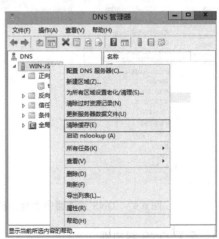

图 6.51 客户端使用域名访问服务器　　　　图 6.52 清除 DNS 服务器缓存

6.2.5 总结与回顾

本教学情境介绍了域名服务器的概念、DNS 域名空间的树形结构、DNS 服务器的类型、DNS 服务器的区域类型。通过本情境的学习，我们能够安装 DNS 服务器，创建 DNS 正向查找区域，并配置 DNS 客户端。

6.2.6 拓展知识

创建区域又分为创建正向查找区域和创建反向查找区域，反向查找区域可以完成 IP 地址到域名的解析。

1. 创建反向查找区域

（1）在"服务器管理器"窗口中单击"工具"→"DNS 管理器"，打开"DNS 管理器"窗口，右击"反向查找区域"选项，在弹出的快捷菜单中选择"新建区域"命令，如图 6.53 所示。

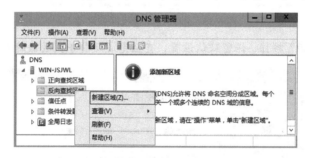

图 6.53　新建反向查找区域

（2）在出现的"新建区域向导"对话框的"区域类型"中选择"主要区域"单选钮，单击"下一步"按钮，如图 6.54 所示。

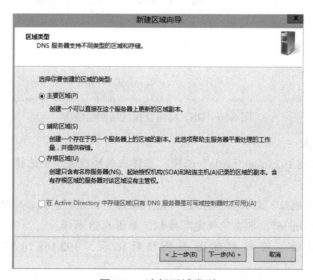

图 6.54　选择区域类型

（3）在反向查找区域名称下的"网络 ID"中输入网络地址"192.168.50"，单击"下一步"按钮，如图 6.55 所示。

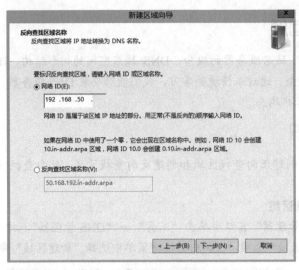

图 6.55　键入反向查找区域名称

（4）单击"下一步"按钮，保留默认设置，直至完成反向查找区域的创建，如图 6.56 所示。

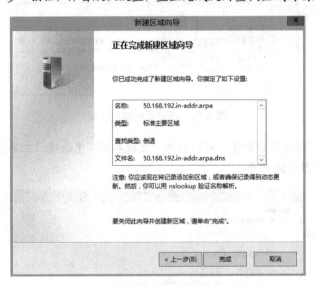

图 6.56　DNS 反向查找区域创建成功

2. 创建指针记录

（1）右击"50.168.192.in-addr.arpa"选项，在弹出的快捷菜单中选择"新建指针（PTR）"命令，如图 6.57 所示。

（2）在"主机 IP 地址"文本框中输入"192.168.50.1"，在"主机名"中单击"浏览"按钮，选择"www.tdxydianxin.cn"，单击"确定"按钮，如图 6.58 所示。

使用同样的方法，可以创建另一条指针记录"192.168.10.6"，映射的域名是"ftp.tdxydianxin.cn"。

3. DNS 客户端验证测试

单击"开始"→"命令提示符"选项，输入命令"nslookup"，在">"状态下输入 IP 地址，可以解析出域名，输入"exit"命令退出，如图 6.59 所示。

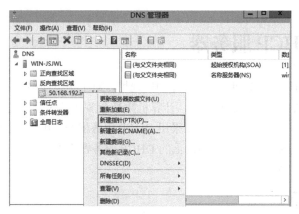

图 6.57 在 DNS 管理器中创建指针记录

图 6.58 创建指针记录

图 6.59 反向解析结果

6.2.7 思考与训练

1. 选择题

（1）www.jnrp.edu.cn 是 Internet 中主机的（　　）。

A. 用户名　　　　B. 别名　　　　C. IP 地址　　　　D. FQDN

（2）在 DNS 服务器中 A 记录是指（　　）。

A. 官方信息　　　　　　　　　　B. IP 地址到域名的映射

C. 域名到 IP 地址的映射　　　　D. 一个 name server 的规范

（3）DNS 中指针记录的标志是（　　）。

A. A　　　　　　B. PTR　　　　C. CNAME　　　　D. NS

2. 简答题

（1）DNS 服务器的概念是什么？

（2）DNS 服务器的类型是什么？

（3）DNS 服务器的域名空间是什么？

6.3 配置 DHCP 服务器

TCP/IP 网络上的每台计算机都必须拥有 IP 地址，对于小型网络，网络管理员可以采用手工分配 IP 地址的方法。对于大中型网络，计算机数量众多并且地理位置分散，手工分配 IP 地址的方法就不合适了，这种情况下，可以采用 DHCP 服务器来分配 IP 地址。

DHCP 允许网络管理员通过本地网络上的 DHCP 服务器为 DHCP 客户端动态指派 IP 地址，降低了网络管理员的工作量。

6.3.1 学习目标

通过本教学情境的学习，应该达到的知识目标和能力目标如下表。

知 识 目 标	能 力 目 标
• 理解 DHCP 协议的优点； • 理解 DHCP 的工作原理； • 掌握 DHCP 协议的概念	• 部署与安装 DHCP 服务器； • 能够新建 IP 作用域； • 配置 DHCP 选项； • 配置 DHCP 客户端

6.3.2 引导案例

1. 工作任务名称

配置 DHCP 服务器。

2. 工作任务背景

铁道学院网络实训室现有 48 台主机，组成一个局域网，要求主机开机自动获得 IP 地址，避免网络内 IP 地址冲突。

3. 工作任务分析

在网络实训室安装一台主机，配置成 DHCP 服务器，实现自动分配 IP 地址。

4. 条件准备

本任务中需要若干台计算机来组建局域网，一台计算机作为 DHCP 服务器，安装 Windows Server 2012 操作系统，其他计算机可以安装 Windows 10 操作系统。

6.3.3 相关知识

1. DHCP 协议的概念

DHCP 是动态主机配置协议的缩写，是一个简化主机 IP 地址配置管理的 TCP/IP 标准协议，它可以自动为网络客户端配置一个动态 IP 地址，并提供安全、可靠、简单的 TCP/IP 网络配置，确保不发生地址冲突。

2. DHCP 协议的优点

（1）动态分配 IP 地址可以解决 IP 地址不够用的问题，因为 IP 地址是动态分配的，而不是固定给某个客户端使用的。

（2）可以减少管理员的维护工作量，用户也不必关心网络地址的概念和配置。绑定 IP 地址和 MAC 地址，不存在盗用 IP 地址的问题。

（3）管理员可以集中为整个网络指定通用和特定子网的 TCP/IP 参数，并且可以定义使用保留地址的客户端的参数。

（4）提供安全可信的配置。DHCP 协议避免了在每台计算机上手工输入数值引起的配置错误，还能防止网络上计算机配置地址的冲突。

（5）客户端在子网间移动时，旧的 IP 地址自动释放以便再次使用。再次启动客户端时，DHCP 服务器会自动为客户端重新配置 TCP/IP 属性信息。

3．DHCP 协议的工作原理

DHCP 采用客户端/服务器工作模式。网络管理员设立一个或多个 DHCP 服务器，用于维护 TCP/IP 配置信息，并以租约形式向启用 DHCP 的客户端提供地址配置。

启用 DHCP 的客户端第一次启动并试图加入网络时，执行以下操作：

（1）DHCP 客户端在网络上广播一个 DHCP Discover 消息向 DHCP 服务器请求 IP 地址。

（2）每一台 DHCP 服务器都会收到该请求，并以一个 DHCP Offer 消息应答，该消息中包含租借给客户端的 IP 地址和配置信息。

（3）客户端收到所有 DHCP 服务器发送的 DHCP Offer 消息，只会挑选其中一个 DHCP Offer 消息，并且会向网络发送一个 DHCP Request 广播封包，它将指定接受哪一台服务器提供的 IP 地址。

（4）收到 DHCP Request 消息的 DHCP 服务器，会将 IP 地址分配给客户端，并发送一个 DHCP Ack 消息批准该租约，其他 DHCP 选项信息可能也包含在这个消息中。

（5）一旦客户端接收到应答信息，它就用应答信息中的 DHCP 选项信息配置它的 TCP/IP 属性，然后加入网络。

4．DHCP 服务器的 IP 作用域

DHCP 服务器中的 IP 作用域是可以为一个特定子网中的客户端分配或租借 IP 地址的范围，如 192.168.50.1～192.168.50.254。

DHCP 服务器使用作用域中定义的 IP 地址分配给客户端，因此，我们必须创建作用域才能让 DHCP 服务器分配 IP 地址给 DHCP 客户端。

5．DHCP 配置选项

DHCP 配置选项是指 DHCP 服务器可以分配给 DHCP 客户端除了 IP 地址和子网掩码以外的其他配置参数，如常用的选项包括默认网关（路由器）和 DNS 服务器的 IP 地址等。

DHCP 服务器支持 3 种配置选项，分别是服务器选项、作用域选项和保留选项。服务器选项的配置被分配给 DHCP 服务器的所有客户端；作用域选项的配置被分配给作用域中的所有客户端；保留选项的配置只分配给设置了 IP 地址保留的特定的 DHCP 客户端。服务器选项的作用范围最大，保留选项的作用范围最小。

6.3.4　任务实施

1．安装 DHCP 服务器

（1）同安装 Web 服务器类似，打开"服务器管理器"→"配置此本地服务器"，单击"添加角色和功能"按钮，进入"添加角色和功能向导"对话框，选择"基于角色或基于功能的安装"单选钮，单击"下一步"按钮，选择"从服务器池中选择服务器"，安装程序自动检测到该服务器的网络连接，单击"下一步"按钮，进行"服务器角色"设置，如图 6.60 所示。

（2）勾选"DHCP 服务器"，自动弹出如图 6.61 所示的"添加角色和功能向导"对话框。

（3）单击"添加功能"按钮，再单击"下一步"按钮，最后单击"安装"按钮，完成 DHCP 服务器的安装，如图 6.62 所示。

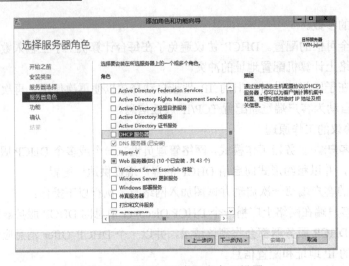

图 6.60 进行"服务器角色"设置

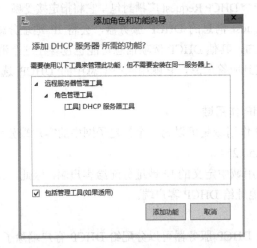

图 6.61 "添加角色和功能向导"对话框

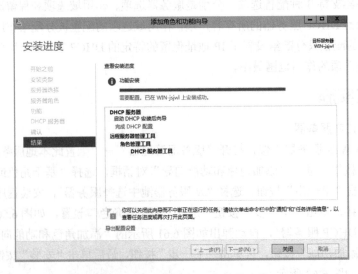

图 6.62 完成 DHCP 服务器的安装

2. 创建 IP 作用域

（1）在"服务器管理器"窗口中单击"工具"→"DHCP"，打开"DHCP"窗口，右击"IPv4"选项，在弹出的快捷菜单中选择"新建作用域"命令，如图 6.63 所示。

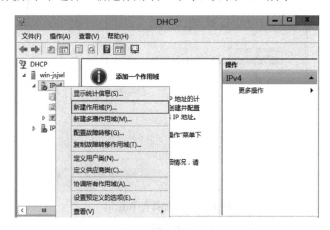

图 6.63　选择"新建作用域"命令

（2）打开"新建作用域向导"对话框，单击"下一步"按钮，为此作用域设定一个名称（如 zyy1）并输入说明文字。单击"下一步"按钮，输入相应配置信息，如图 6.64 所示。

图 6.64　设置 IP 地址范围

（3）单击"下一步"按钮，输入排除客户端使用的 IP 地址（我们将 IP 地址 192.168.50.1～192.168.50.20 排除出来留给网络中的其他服务器），并单击"添加"按钮，如图 6.65 所示。单击"下一步"按钮，设置 IP 地址的租用期限，默认为 8 天。

（4）单击"下一步"按钮，进行配置 DHCP 选项的设置，选择"否，我想稍后配置这些选项"单选按钮，如图 6.66 所示。单击"下一步"按钮，显示配置向导完成。

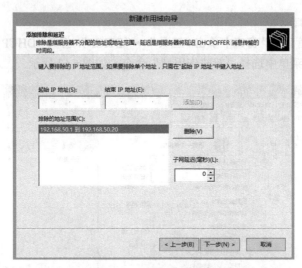

图 6.65 添加排除和延迟

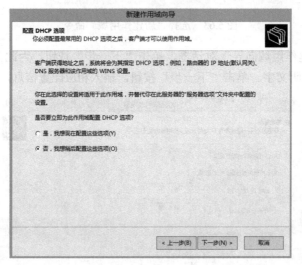

图 6.66 配置 DHCP 选项

（5）新建作用域成功。以鼠标右键单击该作用域，在其弹出的快捷菜单中选择"激活"命令，激活此作用域，如图 6.67 所示。

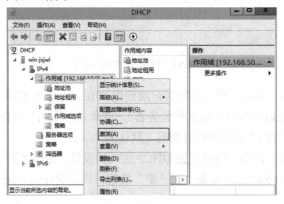

图 6.67 激活作用域

3. 配置 DHCP 作用域选项

(1) 打开"DHCP"窗口，右击"作用域选项"，在弹出的快捷菜单中选择"配置选项"命令，如图 6.68 所示。

(2) 弹出"作用域选项"对话框，勾选"006 DNS 服务器"复选框，如图 6.69 所示。在"IP 地址"栏中输入 DNS 服务器的 IP 地址，然后单击"添加"按钮，再单击"确定"按钮。

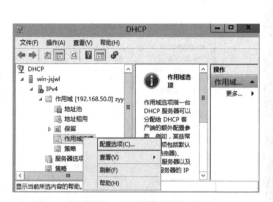

图 6.68 配置作用域选项

图 6.69 "作用域选项"对话框

(3) 在"作用域选项"对话框，勾选"003 路由器"复选框，在"IP 地址"栏输入路由器（默认网关）的 IP 地址，然后单击"添加"按钮，最后单击"确定"按钮，如图 6.70 所示。

4. 配置 DHCP 客户端

(1) 在客户端计算机上，单击"开始"→"网络连接"选项，并双击"属性"→"Internet 协议版本 4"→"属性"来设置客户端的 IP 地址，在"Internet 协议版本 4（TCP/IPv4）属性"对话框中选择"自动获得 IP 地址"单选钮，如图 6.71 所示。

图 6.70 配置路由器 IP 地址

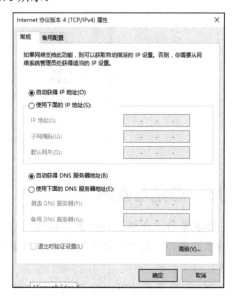

图 6.71 设置 IP 地址

（2）单击"开始"→"命令提示符"选项，在"命令提示符"窗口中输入"ipconfig /all"命令，可以查看客户端的 TCP/IP 信息，如图 6.72 所示。

（3）单击"开始"→"网络连接"选项，打开"以太网状态"窗口，单击"详细信息"按钮，可以查看客户端的 TCP/IP 详细信息，如图 6.73 所示。

图 6.72　客户端的 TCP/IP 信息　　　　图 6.73　客户端的 TCP/IP 详细信息

（4）客户端申请获得 IP 地址后，返回服务器端，在"DHCP"窗口中单击"地址租用"选项，可以看到客户端 IP 地址、名称、租用截止时间等信息，如图 6.74 所示。

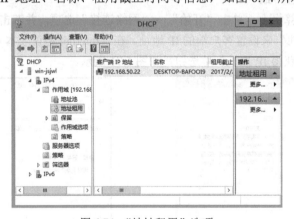

图 6.74　"地址租用"选项

6.3.5　总结与回顾

本教学情境介绍了 DHCP 协议的概念、DHCP 协议的优点及 DHCP 协议的工作原理。通过本情境的学习，我们能够安装 DHCP 服务器，创建 IP 作用域，配置 DHCP 选项和 DHCP 客户端等。

DHCP 服务器除可以为 DHCP 客户端提供 IP 地址外，还可设置客户端启动时的工作环境，如可以设置客户端登录的域名、DNS 服务器 IP 地址、默认网关等。

6.3.6 拓展知识

DHCP 保留

DHCP 保留能够确保 DHCP 客户端永远可以得到同一个 IP 地址，这个 IP 地址属于一个作用域。DHCP 地址保留的工作原理是将作用域中的某个 IP 地址与某台客户端的 MAC 地址进行绑定，使得拥有这个 MAC 地址的网络适配器每次都获得一个相同的指定的 IP 地址。

例如，为公司经理的计算机保留 IP 地址 192.168.50.188，使得经理的计算机每次都能获得 192.168.50.188 这个 IP 地址。

（1）在经理的计算机上，单击"开始"→"命令提示符"选项，在"命令提示符"窗口中输入"ipconfig /all"命令，可以看到 MAC 地址，如图 6.75 所示。

图 6.75　查看客户端 MAC 地址

（2）返回服务器端，在"DHCP"窗口中，右击"保留"选项，在弹出的快捷菜单中选择"新建保留"命令，如图 6.76 所示。

（3）打开"新建保留"对话框，输入"保留名称"、"IP 地址"和"MAC 地址"等信息，单击"添加"按钮，如图 6.77 所示。

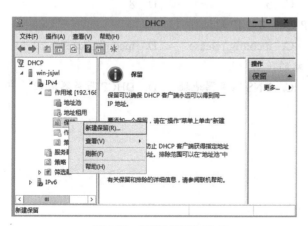

图 6.76　"新建保留"选项

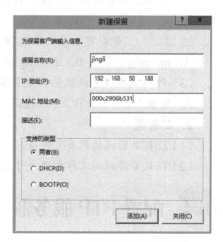

图 6.77　"新建保留"对话框

（4）完成"新建保留"操作，如图 6.78 所示。

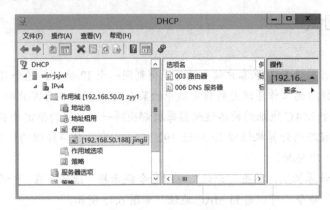

图 6.78 成功新建保留

（5）在客户端经理计算机上进行验证测试，使用"ipconfig/release"命令释放之前的 IP 地址，使用"ipconfig/renew"命令重新申请 IP 地址，如图 6.79 所示。

图 6.79 在客户端经理计算机上验证测试

6.3.7 思考与训练

1. 选择题

（1）DHCP 服务器分配给客户端 IP 地址，默认的租用时间是（　　）天。
A. 1　　　　　B. 4　　　　　C. 6　　　　　D. 8

（2）（　　）命令可以手工释放 DHCP 客户端的 IP 地址。
A. ipconfig　　B. ipconfig/all　　C. ipconfig/release　　D. ipconfig/renew

（3）作用域选项可以配置 DHCP 客户端的（　　）。
A. IP 地址　　B. 子网掩码　　C. DNS 服务器地址　　D. DHCP 服务器地址

2. 简答题

（1）DHCP 协议的优点有哪些？
（2）DHCP 协议的工作原理是什么？

6.4 配置 FTP 服务器

我们知道连接在网络上的计算机成千上万，而这些计算机上又各自运行着不同的操作系统，要实现文件在网络上传输,并不是一件容易的事。为了让各种操作系统之间的文件可以交流,就需要建立一个统一的文件传输协议,于是就有了FTP。

FTP(File Transfer Protocol,文件传输协议)是TCP/IP中用于文件传送的标准。FTP提供的文件传送是将一个完整的文件从一个主机复制到另一个主机中。FTP支持ASCII码的文件类型、二进制方式的文件类型和面向字节流或记录的文件结构。FTP协议的传输效率比WWW协议高,操作灵活,有WWW不可替代的作用。

6.4.1 学习目标

通过本教学情境的学习,应该达到的知识目标和能力目标如下表。

知 识 目 标	能 力 目 标
• 理解 FTP 协议的工作方式; • 掌握 FTP 的概念	• 部署与安装 FTP 服务器; • 能够新建 FTP 站点; • 配置 FTP 站点的属性; • 客户端能访问 FTP 站点

6.4.2 引导案例

1. 工作任务名称

配置 FTP 服务器。

2. 工作任务背景

铁道职业技术学院电信系为了方便文件传输,在网络中部署了一台 FTP 服务器,要求全系教师每个学期把教学资料上传到系办公室的 FTP 服务器上。

3. 工作任务分析

铁道职业技术学院电信系需要配置一台服务器来存储所有教学资料,为了方便教师上传教学资料,将服务器配置成 FTP 服务器,使教师在自己的主机上直接上传教学资料。

4. 条件准备

本任务中需要若干台计算机来组建局域网,一台计算机作为 FTP 服务器,安装 Windows Server 2012 操作系统,其他计算机可以安装 Windows 10 操作系统。

6.4.3 相关知识

1. FTP 的概念

FTP 是文件传输协议的简称,主要完成与远程计算机的文件传输。FTP 是一个应用程序,采用客户端/服务器模式,FTP 的传输效率比 WWW 协议高,操作灵活,有 WWW 不可替代的作用。FTP 服务器有匿名的和授权的两种。

FTP 要用到两个 TCP 连接,一个是命令链路,用来在 FTP 客户端与服务器之间传递命令;另一个是数据链路,用来上传或下载数据。

2. FTP 的工作方式

FTP 有两种工作方式:PORT 模式和 PASV 模式。

(1)PORT(主动)模式的连接过程。客户端向服务器的 FTP 端口(默认是 21)发送连接请求,服务器接收连接请求后,建立一条命令链路。当需要传送数据时,客户端在命令链路上向服务器发送 PORT 命令,服务器端收到命令后就会向客户端打开的端口发送连接请求,建立一条数据链路来传送数据。

（2）PASV（被动）模式的连接过程。客户端向服务器的 FTP 端口（默认是 21）发送连接请求，服务器接收连接请求后，建立一条命令链路。需要传送数据时，服务器在命令链路上向客户端发 PASV 命令。当客户端收到命令后，就可以向服务器端的端口发送连接请求，建立一条数据链路来传送数据。

6.4.4 任务实施

1. FTP 服务器的安装

（1）同安装 Web 服务器类似，打开"服务器管理器"→"配置此本地服务器"，单击"添加角色和功能"按钮，进入"添加角色和功能向导"对话框，选择"基于角色或基于功能的安装"单选钮，单击"下一步"按钮，选择"从服务器池中选择服务器"，安装程序自动检测到该服务器的网络连接，单击"下一步"按钮，进行"服务器角色"设置，展开"Web 服务器（IIS）"，勾选"FTP 服务器"复选框，如图 6.80 所示。

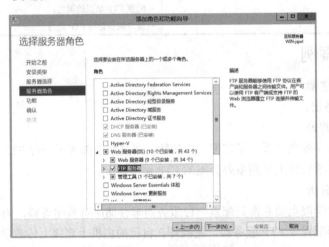

图 6.80　进行"服务器角色"设置

（2）选择"FTP 服务器"复选框后，连续单击"下一步"按钮，确认安装，如图 6.81 所示。

图 6.81　确认安装

（3）单击"安装"按钮，完成 FTP 服务器的安装，如图 6.82 所示。

图 6.82　完成 FTP 服务器的安装

2. 新建 FTP 站点

（1）在"Internet Information Services（IIS）管理器"窗口，选择左侧的"网站"选项，单击右侧的"添加 FTP 站点"，如图 6.83 所示。

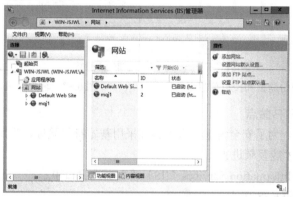

图 6.83　添加 FTP 站点

（2）在弹出的对话框中输入 FTP 站点名称和物理路径（也就是服务器端给远程客户端提供共享的文件夹），单击"下一步"按钮，如图 6.84 所示。

（3）在弹出的对话框中设置绑定的 IP 地址和端口（默认 21），SSL 选择"无 SSL"单选钮，单击"下一步"按钮，如图 6.85 所示。

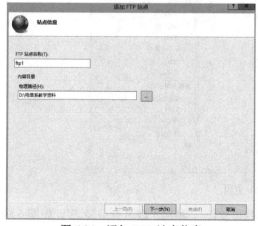

图 6.84　添加 FTP 站点信息

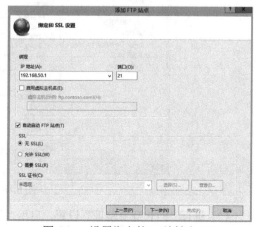

图 6.85　设置绑定的 IP 地址和 SSL

（4）在弹出的对话框中的身份验证选择"匿名"复选框，授权允许访问选择"匿名用户"选项，权限勾选"读取"，单击"完成"按钮，完成 FTP 站点的添加，如图 6.86 所示。

3. 客户端匿名访问 FTP 站点

在客户端打开文件资源管理器，在地址栏中输入"ftp://192.168.50.1"（FTP 服务器的 IP 地址），进入服务器端"D:\电信系教学资料"文件夹下，可以下载资料，但不能上传，如图 6.87 所示。

图 6.86　身份验证和授权信息　　　　图 6.87　客户端成功打开 FTP 站点

4. 设置安全的 FTP 站点

在 FTP 服务器上，为了安全考虑，身份验证采用基本身份验证，当用户登录时，需要使用合法的用户名和密码才能登录进去。

（1）在"Internet Information Services（IIS）管理器"窗口中选择"ftp1"站点，双击"FTP 身份验证"选项，如图 6.88 所示。

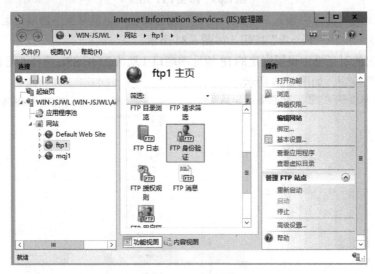

图 6.88　ftp1 主页

（2）进行"FTP 身份验证"设置，启用"基本身份验证"，禁用"匿名身份验证"，如图 6.89 所示。

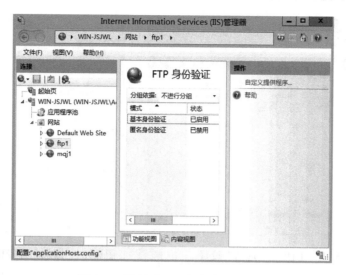

图 6.89　进行"FTP 身份验证"设置

（3）启用"基本身份验证"后，可以设置某些特定用户访问 FTP 站点，例如，设置只允许电信系教师访问服务器上的电信系教学资料。

在服务器端，单击"开始"→"计算机管理"选项，打开"计算机管理"窗口，创建组账户"dxx"，创建用户账户"chilaoshi""menglaoshi"等。在"dxx"组账户中添加成员"chilaoshi""menglaoshi"等，如图 6.90 所示。

图 6.90　"计算机管理"窗口

（4）在"Internet Information Services（IIS）管理器"窗口中选择"ftp1"站点，双击"FTP 授权规则"选项，进行"FTP 授权规则"设置，如图 6.91 所示。

（5）单击"添加允许规则"选项，打开"添加允许授权规则"对话框，在"指定的角色或用户组"中输入"dxx"，权限勾选"读取"和"写入"复选框，如图 6.92 所示。

163

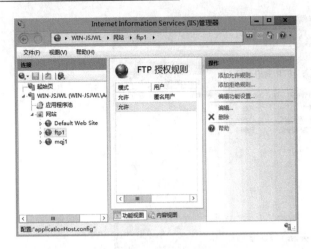

图 6.91 "FTP 授权规则"设置

图 6.92 "添加允许授权规则"对话框

5. 客户端特定用户访问 FTP 站点

在客户端打开文件资源管理器,在地址栏中输入"ftp://192.168.50.1"(FTP 服务器 IP 地址),会弹出如图 6.93 所示的对话框,输入正确的用户名和密码后可以进入服务器端"D:\电信系教学资料"文件夹下,既能下载资料,又能上传资料。

图 6.93 客户端 FTP 身份验证

注意:默认情况下,FTP 站点的匿名用户访问处于开启状态,建议手动关闭。

6. FTP 站点端口设置

(1) FTP 站点的默认访问端口是 21,可以设置为 2121 等。如果服务器绑定端口不是 21 端口,如 2121 端口,在服务器端重新绑定为 2121 端口,如图 6.94 所示。

(2) 客户端访问时必须加上对应的端口号,在客户端浏览器的地址栏中输入"ftp://FTP 服务器的 IP 地址:端口号",就可以正确访问 FTP 服务器提供的服务,如图 6.95 所示。

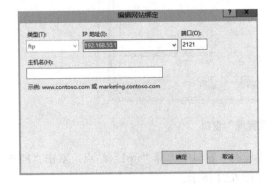

图 6.94 FTP 站点绑定 2121 端口

图 6.95 客户端访问 FTP 站点窗口

6.4.5 总结与回顾

通过本教学情境的学习，我们可使用 Windows Server 2012 操作系统安装盘安装 FTP 服务器，新建 FTP 站点，并对 FTP 站点进行设置。然后以匿名用户和特定用户的身份访问建好的 FTP 站点，并能够实现文件的上传和下载。使用 FTP 可以很方便地进行远程数据传输。

6.4.6 拓展知识

配置 FTP 站点用户隔离

FTP 服务器运行后，网络管理员收到一些教师的投诉，称自己上传的文件被其他用户误删、修改。那么如何让大家共同使用一台 FTP 服务器而又不会相互影响呢？解决方案就是使用用户隔离。

在 FTP 服务器上配置用户隔离后，不同的用户登录，会看到不同的文件目录，这些文件目录之间是相互隔离的，不会影响其他用户目录下的文件。

（1）创建账户。假如有 3 个用户"chilaoshi"、"jianglaoshi"和"menglaoshi"需要在 FTP 服务器上实现用户隔离，则要在"计算机管理"窗口中创建这 3 个账户，如图 6.96 所示。

图 6.96　创建账户

（2）规划 FTP 站点目录结构。在 FTP 站点的主目录下（如"D:\ftpgeli"），创建一个名为"localuser"的子文件夹，在"localuser"文件夹下创建 3 个跟用户账户对应的文件夹。如果允许匿名账户登录采用用户隔离模式的 FTP 站点，则必须在"localuser"文件夹下面创建一个名为"public"的文件夹。这样匿名用户登录后会进入"public"文件夹中进行读/写操作，如图 6.97 所示。

图 6.97　FTP 站点目录结构

注意：FTP 站点主目录下的子文件夹名必须是"localuser"，并且在该文件夹中创建的用户文件夹必须跟用户账户使用完全相同的名称，否则将无法使用该用户账户登录。

（3）创建用户隔离的 FTP 站点。参照前面创建 FTP 站点的方法，在"Internet Information Services（IIS）管理器"窗口中选择"网站"选项，单击右侧的"添加 FTP 站点"，在弹出的对话框中设置站点信息，如图 6.98 所示。

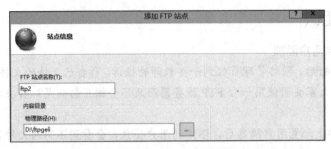

图 6.98　创建用户隔离的 FTP 站点

（4）设置用户隔离的 FTP 站点。打开"Internet Information Services（IIS）管理器"窗口，选中左侧的"ftp2"站点，双击"FTP 用户隔离"，选择"隔离用户。将用户局限于以下目录："中的"用户名物理目录（启用全局虚拟目录）"单选钮，单击右侧的"应用"链接，如图 6.99 所示。

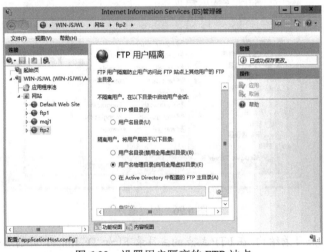

图 6.99　设置用户隔离的 FTP 站点

（5）客户端访问用户隔离的 FTP 站点。在客户端分别使用"jianglaoshi"、"menglaoshi"和"chilaoshi"3 个用户账户登录，查看到的目录不一样，实现了用户隔离，如图 6.100、图 6.101 和图 6.102 所示。

图 6.100　用户"jianglaoshi"登录后看到的目录

图 6.101 用户"menglaoshi"登录后看到的目录

图 6.102 用户"chilaoshi"登录后看到的目录

6.4.7 思考与训练

1. 选择题

（1）FTP 站点的默认 TCP 端口号是（　　）。
A．20　　　　B．21　　　　C．41　　　　D．2121
（2）（　　）是默认的 FTP 站点匿名用户。
A．administrator　　　　　　　B．IWAM_计算机名称
C．IUSR_计算机名称　　　　　　D．anonymous
（3）创建用户隔离的 FTP 站点时，其主目录下的子文件夹名必须是（　　）。
A．localuser　　B．anonymous　　C．跟用户账户名一致　　D．public

2. 简答题

（1）什么是 FTP？
（2）FTP 协议的工作方式是怎样的？

6.5 配置 VPN 服务器

VPN 是虚拟专用网络的缩写，属于远程访问技术，简单地说就是利用公网链路架设私有网络。例如，企业员工出差到外地，他想访问企业内网的服务器资源，这种访问就属于远程访问。怎么才能让外地员工访问到内网资源呢？搭建 VPN 服务器就是最好的解决方案。

6.5.1 学习目标

通过本教学情境的学习，应该达到的知识目标和能力目标如下表。

知 识 目 标	能 力 目 标
• 了解 VPN 概述； • 了解 VPN 服务器的解决方案	• 能够学会 VPN 服务器的安装； • 能够学会 VPN 服务器的配置； • 能够用 VPN 客户端进行访问

6.5.2 引导案例

1. 工作任务名称

配置 VPN 服务器。

2. 工作任务背景

铁道职业技术学院的教师去外地出差，在当地连上 Internet 后，通过 Internet 找到该学院部署的 VPN 服务器，然后利用 VPN 服务器作为跳板进入铁道职业技术学院内网，就能够安全地访问该学院内网的服务器资源。

3. 工作任务分析

作为网络管理员，需要部署一台服务器作为 VPN 服务器，使出差去外地的教职员工能够安全地访问铁道职业技术学院内网的服务器资源。

4. 条件准备

本任务中需要计算机若干台，组建局域网，一台计算机作为 VPN 服务器，安装 Windows Server 2012 操作系统，其他计算机可以安装 Windows 10 操作系统。

6.5.3 相关知识

1. VPN 概述

VPN（Virtual Private Network，虚拟专用网络），就是两个具有 VPN 发起连接能力的设备（计算机或防火墙），通过 Internet 形成的一条安全的隧道。在隧道的发起端（即服务器端），客户的私有数据通过封装和加密之后在 Internet 上传输，接收到的数据经过拆封和解密之后安全地到达客户端。这种方式能在非安全的互联网上安全地传送私有数据，其网络拓扑结构如图 6.103 所示。

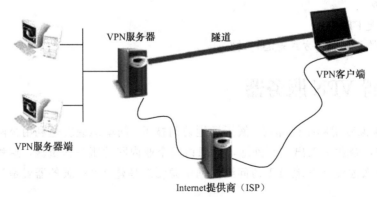

图 6.103　VPN 网络拓扑结构

2. VPN 服务器的解决方案

VPN 服务器的解决方案是在内网中架设一台 VPN 服务器，VPN 服务器有两块网卡，一块连接内网，一块连接公网。外地员工连上互联网后，通过互联网找到 VPN 服务器，然后利用 VPN 服务器作为跳板进入企业内网。为了保证数据安全，VPN 服务器和客户端之间的通信数据都进行了加密处理。有了数据加密，我们可以认为数据是在一条专用的数据链路上进行安全传输，就好像专门架设了一个专用网络一样。但是实际上 VPN 使用的是互联网上的公用链路，因此称为虚拟专用网络。VPN 实质上就是利用加密技术在公网上封装出一个数据通信隧道。VPN 的网络设置环境如图 6.104 所示。

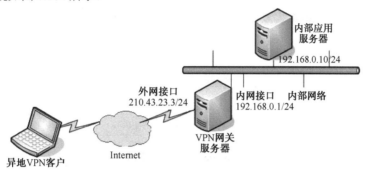

图 6.104　VPN 的网络设置环境

6.5.4　任务实施

1. VPN 服务器的安装

（1）在 VPN 服务器上添加一块网卡，网卡 Ethernet0 连接内网，设置 IP 地址为 192.168.0.1/24；网卡 Ethernet1 连接外网，设置 IP 地址为 210.43.23.3/24；内网中某台服务器的 IP 地址是 192.168.0.10/24，VPN 客户端计算机的 IP 地址设置自动获得。

（2）同安装 Web 服务器类似，打开"服务器管理器"→"配置此本地服务器"，单击"添加角色和功能"按钮，进入"添加角色和功能向导"对话框，选择"基于角色或基于功能的安装"单选钮，单击"下一步"按钮，选择"从服务器池中选择服务器"，安装程序自动检测到该服务器的网络连接，单击"下一步"按钮，进行"服务器角色"设置，勾选"远程访问"复选框，如图 6.105 所示。

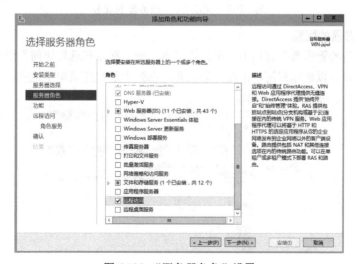

图 6.105　"服务器角色"设置

(3) 选择 "远程访问" 复选框后，连续单击 "下一步" 按钮，如图 6.106 所示。

图 6.106 选择角色服务

(4) 单击 "安装" 按钮，完成 VPN 服务器的安装，如图 6.107 所示。

图 6.107 完成 VPN 服务器的安装

2. VPN 服务器的配置

(1) 在 "服务器管理器" 窗口中，单击 "工具" → "路由和远程访问" 选项，打开 "路由和远程访问" 窗口，以鼠标右键单击服务器名称，在弹出的快捷菜单中选择 "配置并启用路由和远程访问" 命令，如图 6.108 所示。

图 6.108 配置并启用路由和远程访问

（2）在弹出的安装向导对话框中选择"远程访问（拨号或 VPN）"单选钮，单击"下一步"按钮，如图 6.109 所示。

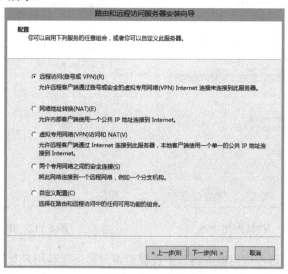

图 6.109　远程访问（拨号或 VPN）

（3）在"远程访问"中勾选"VPN"复选框，单击"下一步"按钮，如图 6.110 所示。

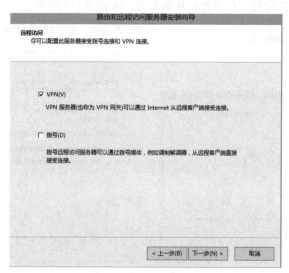

图 6.110　远程访问 VPN

（4）在"VPN 连接"中选择将此服务器连接到 Internet 的网络接口"Ethernet1"，单击"下一步"按钮，如图 6.111 所示。

（5）在弹出的对话框中选择"来自一个指定的地址范围"单选钮。如果企业内部网络中有 DHCP 服务器可以自动给 VPN 客户端分配 IP 地址，则可以选择"自动"单选钮。单击"下一步"按钮，如图 6.112 所示。

（6）在弹出的"地址范围分配"中单击"新建"按钮，输入给 VPN 远程客户端 IP 地址分配的地址范围，然后单击"确定"按钮，如图 6.113 所示。

图 6.111　VPN 连接

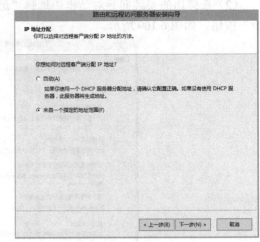

图 6.112　IP 地址分配

（7）在"管理多个远程访问服务器"中设置由谁来验证远程用户身份。如果由本地服务器验证，则选择"否，使用路由和远程访问来对连接请求进行身份验证"单选钮；如果由 RADIUS 服务器验证，则选择"是，设置此服务器与 RADIUS 服务器一起工作"单选钮。单击"下一步"按钮，完成对 VPN 远程用户身份验证的设置，如图 6.114 所示。

图 6.113　IP 地址范围分配

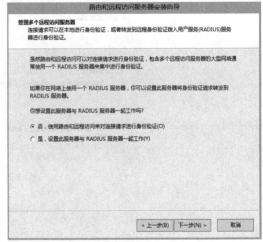

图 6.114　VPN 远程用户身份验证

3．创建具有远程访问权限的用户

VPN 客户端连接到远程访问 VPN 服务器时，必须验证用户的身份（用户名和密码）。身份验证成功后，用户就可以通过 VPN 服务器来访问有权访问的资源。

（1）在 VPN 服务器上打开"计算机管理"窗口，新建用户"vpn1"，如图 6.115 所示。

（2）以鼠标右键单击"vpn1"用户，在弹出的快捷菜单中选择"属性"命令，在其用户属性对话框中选择"拨入"选项卡，"网络访问权限"设置为"允许访问"，如图 6.116 所示。

图 6.115 新建用户"vpn1"

图 6.116 用户"vpn1"网络访问权限设置

4. 在客户端计算机上建立 VPN 连接

建立 VPN 连接的要求是，VPN 客户端与 VPN 服务器都必须已经连接到 Internet，然后在 VPN 客户端上新建与 VPN 服务器之间的 VPN 连接。

（1）在客户端（Windows 10）上打开"网络和共享中心"窗口，单击"设置新的连接或网络"，如图 6.117 所示。

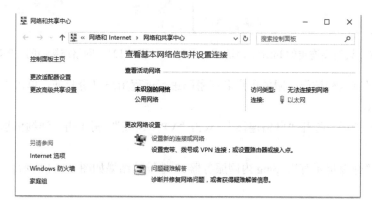

图 6.117 "网络和共享中心"窗口

173

（2）在"设置和连接网络"下，单击"连接到工作区"，单击"下一步"按钮，如图 6.118 所示。

（3）在弹出的对话框中选择"使用我的 Internet 连接（VPN）"，如图 6.119 所示。

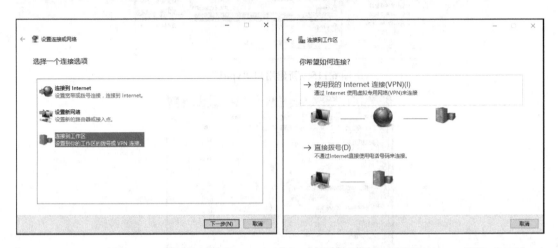

图 6.118　连接到工作区　　　　　图 6.119　使用我的 Internet 连接（VPN）

（4）在出现的对话框中输入要连接的 Internet 地址，该地址是 VPN 服务器外网网卡的地址 210.43.23.3，如图 6.120 所示，单击"创建"按钮。

（5）打开"网络连接"窗口，双击"VPN 连接"，如图 6.121 所示。

图 6.120　设置要连接的 Interne 地址　　　图 6.121　网络连接中的 VPN 连接

（6）输入具有远程访问权限的用户名和密码进行远程用户身份验证，单击"确定"按钮，如图 6.122 所示。

（7）成功连接后，打开"网络连接"，双击"VPN 连接"，再单击"详细信息"，如图 6.123 所示。

（8）打开"命令提示符"，ping 内网服务器 IP 地址的结果如图 6.124 所示。

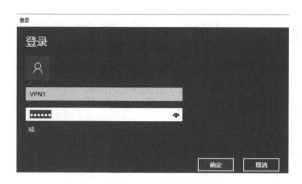

图 6.122 远程用户身份验证

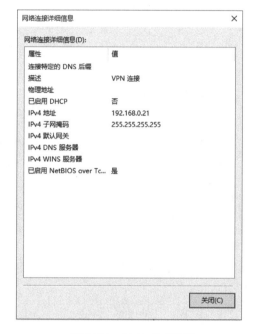

图 6.123 VPN 成功连接

图 6.124 ping 内网服务器 IP 地址的结果

6.5.5 总结与回顾

通过本教学情境的学习，我们能够安装 VPN 服务器，配置 VPN 服务器，创建具有远程访问权限的用户，在客户端计算机上建立 VPN 连接；然后以远程用户的身份访问内网的服务器资源。VPN 服务器必须使用两块网卡。

6.5.6 拓展知识

站点到站点 VPN 连接

站点到站点 VPN 连接是一种请求拨号连接，它使用 VPN 隧道协议（PPTP 或 L2TP/IPSec）来连接不同的专用网络，连接两端的每个 VPN 服务器都提供一个到达自己所属本地专用网络的路由连接。和远程访问 VPN 将一台单独的计算机连接到网络中不同，站点到站点 VPN 连接是连接整个网络。当两台 VPN 服务器创建站点到站点 VPN 连接后，连接两端的 VPN 所属的专用网络均可以访问另一端的远程网络，就像访问本地网络一样。

6.5.7 思考与训练

1. 简答题

（1）VPN 概述。

（2）VPN 服务器的应用环境怎样？

2. 实做题

部署 VPN 服务器并且在远程客户端能够访问。

任务 7　使用 Internet 资源

Internet 是一个将全球的很多计算机网络连接而形成的计算机网络系统，它使得各网络之间可以交换信息或共享资源。

Internet 最早来源于美国国防部高级研究计划局建立的 ARPANET，该网于 1969 年投入使用，是美国国防部用来连接国防军事项目研究机构与大专院校的工具，以达到信息交换的目的。从 1994 年开始至今，中国实现了和互联网的连接，从而逐步开通了互联网的全功能服务，互联网在我国进入飞速发展时期。

7.1　使用搜索引擎

搜索引擎，即 Search Engine，是一个可以将互联网上的信息进行搜集、分类组织和存放，从而可以根据自己的需要进入各个类别，迅速找到自己想要的信息的一种工具。在我国也被称为站点导航。第一个搜索引擎是美国的 Archie，之后为 Lycos。1994 年出现的 Yahoo 为世界上首个真正意义上的搜索引擎。目前网上的搜索引擎已达数百家之多，其检索的数据量也是空前的。如当前风头正劲的"百度"和"360 搜索"。

7.1.1　学习目标

通过本教学情境的学习，应该达到的知识目标和能力目标如下表。

知识目标	能力目标
• 了解搜索引擎的基本概念； • 了解搜索引擎的功能和作用	• 学会"百度"搜索引擎的基本使用方法； • 学会如何使用"百度"搜索引擎进行信息的搜索

7.1.2　引导案例

1. 工作任务名称

学习搜索引擎的使用。

2. 工作任务背景

同学们经常要基于互联网搜集一些相关的学习资料，如何进行网络搜索和资料提取，是大家非常关心的。

3. 工作任务分析

宿舍网络已经和 Internet 连接，每台终端计算机都可以访问外网。安装自己喜欢的浏览器，比如 360 浏览器。接下来选择百度作为搜索引擎进行搜索，并介绍搜索引擎的使用方法，百度主页面如图 7.1 所示。

4. 条件准备

本任务的学习需要准备安装 Windows 10 的主机若干台，并且要求局域网中所有主机都可以连接到 Internet。

图 7.1　百度主页面

7.1.3　相关知识

1. 搜索引擎的概念

搜索引擎是指根据一定的策略、运用特定的计算机程序从互联网上搜集信息，在对信息进行组织和处理后，为用户提供检索服务，将用户检索到的相关信息展示给用户的系统。

2. 搜索引擎的分类

（1）全文索引。全文索引引擎是名副其实的搜索引擎，如百度搜索。它们从互联网提取各个网站的信息（以网页文字为主），建立起数据库，并能检索与用户查询条件相匹配的记录，按一定的排列顺序返回结果。

根据搜索结果来源的不同，全文索引引擎可分为两类：一类拥有自己的网页抓取、索引、检索系统（Indexer），有独立的蜘蛛（Spider）程序、爬虫（Crawler）程序、机器人（Robot）程序（这三种称法意义相同），能自建网页数据库，搜索结果直接从自身的数据库中调用，上面提到的百度就属于此类；另一类则是租用其他搜索引擎的数据库，并按自定的格式排列搜索结果，如 Lycos 搜索引擎。

（2）目录索引。目录索引虽然有搜索功能，但严格意义上不能称为真正的搜索引擎，只是按目录分类的网站链接列表而已。用户完全可以按照分类目录找到所需要的信息，不依靠关键词（Keywords）进行查询。目录索引中最具代表性的莫过于大名鼎鼎的 Yahoo、新浪分类目录搜索。

（3）元搜索引擎。元搜索引擎（META Search Engine）接受用户查询请求后，同时在多个搜索引擎上搜索，并将结果返回给用户。著名的元搜索引擎有 InfoSpace、Dogpile、Vivisimo 等，中文元搜索引擎中具代表性的是搜星搜索引擎。在搜索结果排列方面，有的直接按来源排列搜索结果，如 Dogpile；有的则按自定的规则将结果重新排列组合，如 Vivisimo。

（4）垂直搜索引擎。垂直搜索引擎为 2006 年后逐步兴起的一类搜索引擎。不同于通用的网页搜索引擎，垂直搜索引擎专注于特定的搜索领域和搜索需求（如机票搜索、旅游搜索、生活搜索、小说搜索、视频搜索等），在其特定的搜索领域有更好的用户体验。

3. 搜索引擎的工作原理

（1）抓取网页。每个独立的搜索引擎都有自己的网页抓取程序（Spider）。该程序顺着网页中的超链接，连续地抓取网页。被抓取的网页被称之为网页快照。由于互联网中超链接的应用很普遍，理论上，从一定范围的网页出发，就能搜集到绝大多数的网页。

（2）处理网页。搜索引擎抓到网页后，还要做大量的预处理工作，才能提供检索服务。其中，最重要的就是提取关键词，建立索引文件。其他还包括去除重复网页、分词（中文）、判断网页类型、分析超链接、计算网页的重要度/丰富度等。

（3）提供检索服务。用户输入关键词进行检索，搜索引擎从索引数据库中找到匹配该关键词的网页；为了用户便于判断，除了网页标题和 URL 外，还会提供一段来自网页的摘要以及其他信息。

7.1.4 任务实施

连接互联网，打开搜索引擎。

1. 连接互联网

双击桌面上的浏览器图标，打开浏览器，如图 7.2 所示。

图 7.2　360 浏览器主页面

2. 打开搜索引擎百度

在地址栏处输入 http://www.baidu.com，打开百度主页面，如图 7.1 所示。单击上侧的"设置"→"搜索设置"菜单，进入百度搜索设置界面，如图 7.3 所示。

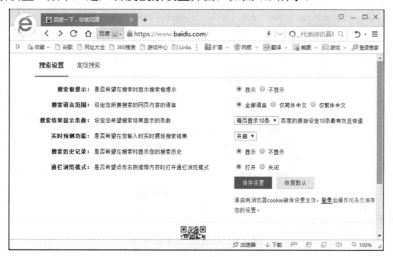

图 7.3　百度搜索设置页面

3. 百度的使用

可以在搜索栏中直接输入目的词（一个或几个词的简单组合）搜索目的信息，也可以根据百度搜索页面上的内容，先将目的信息分类再搜索。

（1）直接输入目的词搜索目的信息。

① 简单搜索。在图 7.1 所示的页面中，于搜索栏处输入"计算机网络基础"，单击"百度一下"按钮或直接按 Enter 键，就会弹出如图 7.4 所示的页面。

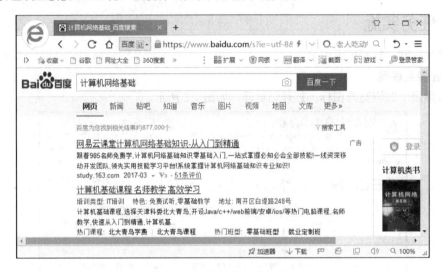

图 7.4　百度简单搜索结果

通过这个页面可以看到搜索到的结果。单击其中任意一条信息超链接就可以找到目的信息了。当搜索的关键词为两个或两个以上时，只需要将两个词中间用空格隔开即可，其他操作相同。

② 高级搜索。在图 7.1 所示页面单击上侧的"设置"→"高级搜索"菜单，进入百度高级搜索设置界面，如图 7.5 所示。

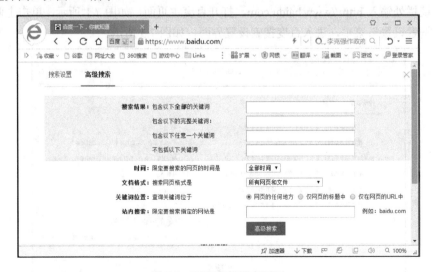

图 7.5　百度高级搜索页面

在此页面中相应的位置输入目的信息的详细资料,如"计算机网络基础"、"最近一年"、"中国"等,如图7.6所示。

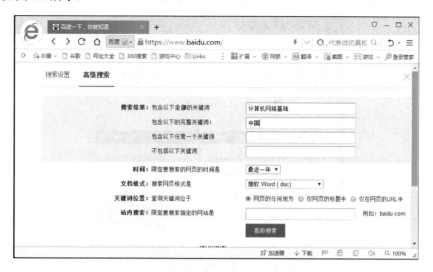

图7.6　在高级搜索页面键入详细信息

③ 使用逻辑运算符。大多数的搜索引擎都设置了逻辑查询功能,允许输入多个关键词,各关键词之间可以是"与"(and)、"或"(or)、"非"(not)的关系。逻辑"与"要求将同时含有目的信息词A和目的信息词B的信息资源查询出来;逻辑"或"要求将含有目的信息词A或者目的信息词B或者二者兼有的信息资源查询出来;逻辑"非"要求将含有目的信息词A而不含目的信息词B的信息资源查询出来。

使用"and"方式查询,输入"计算机 and 应用",单击"百度一下"按钮或直接按Enter键,即可查到所需全部信息的超链接,如图7.7所示。

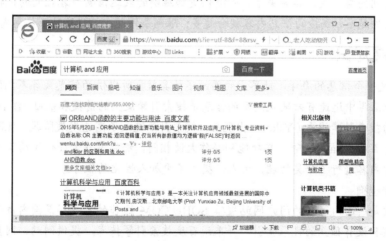

图7.7　运用逻辑运算符搜索的结果

(2) 根据百度搜索页面上的信息分类进行目的信息的搜索,此处仅介绍两个常用分类内容。

① 新闻搜索。新闻搜索可以列出所有新闻,供使用者浏览。单击百度主页上的"新闻"链接,就进入搜索新闻页面,如图7.8所示。再单击所需的分类,可寻找所需的目的信息。

181

② 地图搜索。地图搜索是百度特有的搜索引擎，它可以满足人们寻找某一目的地确切位置的需要。单击百度主页上"地图"链接，进入地图搜索页面。

图 7.8　百度新闻分类搜索主页面

按住鼠标左键不放，鼠标箭头变成小手状，此时可拖动地图寻找目的地，并且可在地图右侧的"+"/"−"处放大或缩小选定的地图，直至找到所需的详细信息。

7.1.5　总结与回顾

通过本教学情境的学习，大家学会了百度搜索引擎的一些相应的基本操作，如逻辑运算符的使用、高级搜索的使用方法、如何搜索新闻、如何搜索电子地图等常用的搜索方法。

进行信息搜索时，可以根据个人的使用习惯选择熟悉的搜索引擎，键入关键词时需要考虑各个关键词之间的与、或、非等关系，以提供更加准确的表达信息内容之间的逻辑关系。搜索内容的限制条件越多，漏检的信息内容就会越多；限制条件越少，非目的性信息内容就会越多。

7.1.6　拓展知识

Internet 是一个信息的海洋，世界上的网站不计其数，所提供的信息又各不相同，如何才能在浩瀚的知识海洋中迅速有效地找到目的信息是搜索引擎诞生的前提和基础。自 1994 年第一个真正意义上的搜索引擎雅虎（Yahoo）出现后，搜索引擎进入了高速发展阶段。现阶段最常使用的搜索引擎有百度（Baidu）等。其功能和操作大致相同，都为操作者提供了简便有效的搜索途径，并将搜索内容进行了分类处理，为人们提供了更加人性化的服务。

搜索引擎搜狗

搜狗搜索是由国内著名的门户网站搜狐 SOHU.COM 运作的，搜狐是国内最早提供搜索服务的站点。搜狗设有独立的目录索引，并采用百度搜索引擎技术，提供网站、网页、类目、新闻、黄页、中文网址、软件等多项搜索选择。搜狗搜索范围以中文网站为主，支持中文域名。

7.1.7　思考与训练

1. 简答题

（1）简要说明如何输入关键词进行简单搜索？

（2）简要说明如何运用逻辑运算符进行信息检索？

2. 实做题

通过搜索引擎，查询有关"盘山"的相关资料。

7.2 使用电子邮件和老师联系

电子邮件（E-mail）是 Internet 最古老也是应用最为广泛的一种服务。通过 Internet 的 E-mail 系统，可以用非常低廉的价格和非常迅速的方式与世界上任何一个角落的网络用户取得联系。E-mial 还可以传送声音、图片、图像、文档等多媒体信息，以及更加专业化的文件如数据库或账目报告等。现在 E-mail 已成为许多商家和组织机构的生命血脉。用户可以通过 E-mail 的讨论会进行项目管理、信息交换并进行重要的决策行动。

收发电子邮件需要相应的软件，常用的软件有 Foxmail、Outlook 2013 等，本情境主要介绍 Outlook 2013 收发电子邮件的方法。

7.2.1 学习目标

通过本教学情境的学习，应该达到的知识目标和能力目标如下表。

知识目标	能力目标
• 了解电子邮件的基本概念； • 了解电子邮件的功能和作用	• 掌握如何申请免费电子邮件； • 学会如何使用 Outlook 2013 管理电子邮件

7.2.2 引导案例

1. 工作任务名称

使用 Outlook 2013 进行邮件的收发和老师联系。

2. 工作任务背景

同学们为了方便与老师联系，可以申请免费电子邮箱，并使用 Outlook 2013 进行邮件的日常管理，使用 Outlook 2013 实现收发电子邮件。

3. 工作任务分析

本情境的任务流程如下：先通过互联网申请一个免费电子邮箱账号，再在计算机上配置 Outlook 2013，最后使用 Outlook 2013 收发电子邮件。

4. 条件准备

本任务需要申请一个免费的电子邮箱，并在每台机器上配置 Outlook 2013 软件。

7.2.3 相关知识

Outlook 简介

Outlook 是微软公司出品的一款电子邮件客户端，建立在开放的 Internet 标准基础之上，适用于任何 Internet 标准系统。例如，简单邮件传输协议（SMTP）、邮局协议 3（POP3）和 Internet 邮件访问协议（IMAP）。它提供对目前最重要的电子邮件、新闻和目录标准的完全支持，这些标准包括轻型目录访问协议（LDAP）、多用途网际邮件扩充协议超文本标记语言（MHTML）、超文本标记语言（HTML）、安全/多用途网际邮件扩充协议（S/MIME）和网络新闻传输协议

（NNTP）。这种完全支持可确保您能够充分利用新技术，同时能够无缝地发送和接收电子邮件。新的迁移工具可以从 Eudora、Netscape、Microsoft Exchange Server、Windows 收件箱和 Outlook 中自动导入现有邮件设置、通信簿条目和电子邮件，从而便于您快速利用 Outlook 2013 所提供的全部功能。它还能够从多个电子邮件账户接收邮件，并能够创建收件箱规则，从而帮助您管理和组织您的电子邮件。

撰写、查收、回复和发送电子邮件（E-MAIL）是当前身居两地的人们之间最为常用的联系方式之一，也是人们网络应用中不可或缺的操作之一，它充斥在人类生活的每一个角落。本情境主要介绍了这一常用操作中必不可少的 3 个环节：免费电子邮箱的申请、Outlook 2013 的功能和如何使用 Outlook 2013 撰写、查看和回复电子邮件。

Outlook 2013 电子邮箱有三个优点：使用同一个邮箱发送信件、使用不同的邮箱进行发送、自动添加 E-mail 地址。

7.2.4 任务实施

实施任务前应保证浏览器及 Outlook 2013 正常运行。

1. 免费电子邮箱的申请

（1）启动 360 安全浏览器，在地址栏中输入网址：http://www.163.com，打开"网易"主页，如图 7.9 所示。

图 7.9 "网易"网站主页

（2）在主页上单击"免费邮箱"，即打开"网易"免费电子邮箱注册窗口，如图 7.10 所示。

图 7.10 网易电子邮箱注册窗口

（3）在"163网易免费邮"注册窗口中，申请立即注册，进入注册资料填写窗口，如图7.11所示。

图7.11　163网易免费邮注册资料窗口

① 用户名。即邮件账户名，需6~18个字符，包括字母、数字和下划线，不区分大小写。必须按规则输入合法的用户名，系统才能接受。同时，系统会自动检查输入的用户名是否已被注册。如果已被注册，系统会给出错误信息，并要求重新输入一个用户名；反之就会给出"用户名有效"之类的提示信息。

② 密码和再次输入密码。密码一般要求6~16个字符，包括字母、数字和特殊符号，并区分大小写，为了防止输入错误，还要求再次输入密码。

③ 密码保护问题和密码保护问题答案。如果忘了密码，可以通过密码保护问题及其答案找回密码。

④ 注册验证字符。出于安全考虑，用户在进行注册时还需要输入看到的随机出现的图片中的验证字符。当准确无误地输入上述信息后，单击下方的"立即注册"按钮即可注册。至此，获得了一个的免费邮箱，用户名为"dyxabcd189"，E-mail地址为dyxabcd189@163.com。

2. Outlook 2013的设置

（1）在Windows 10下面的搜索栏中输入"Outlook"，单击"Outlook 2013桌面应用"启动Outlook 2013，启动时，直接转到"收件箱"，Outlook 2013会将所有来信送到"收件箱"，如图7.12所示。

（2）Outlook 2013启动后，选择"文件"菜单下的"添加账户"菜单项，弹出"添加账户"对话框，如图7.13所示。

（3）单击"下一步"按钮，验证通过会收到一封测试邮件。

（4）如果添加的账户是POP或IMAP电子邮件账户，在"添加账户"对话框中，选择"手动设置或其他服务器类型"，如图7.14所示。

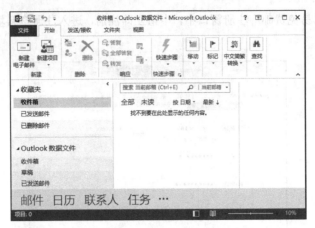

图 7.12 Outlook 主页

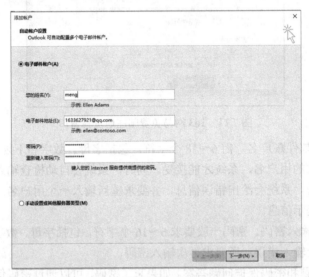

图 7.13 "添加账户"对话框

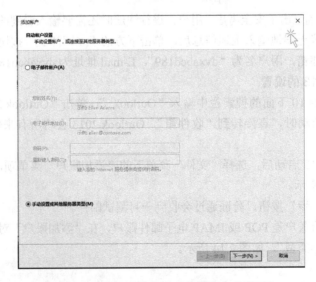

图 7.14 选择"手动设置或其他服务器类型"

（5）单击"下一步"，选择"POP 或 IMAP"，如图 7.15 所示。

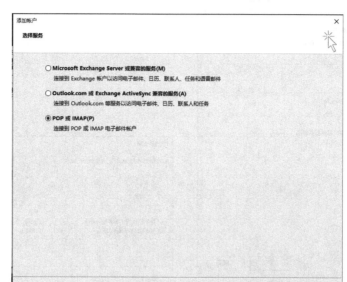

图 7.15 选择服务

（6）单击"下一步"按钮，弹出"POP 和 IMAP 账户设置"对话框，如图 7.16 所示。

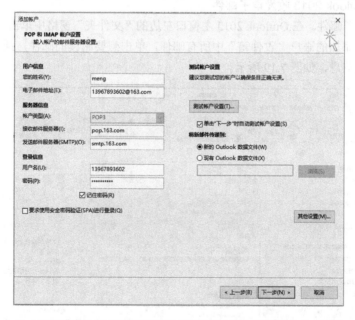

图 7.16 "POP 和 IMAP 账户设置"对话框

（7）在图 7.16 所示的对话框中，填写账户信息后，单击"其他设置"按钮，弹出"Internet 电子邮件设置"对话框，选择"发送服务器"选项卡，勾选"我的发送服务器（SMTP）要求验证"，如图 7.17 所示。

（8）单击"确定"按钮，返回"POP 和 IMAP 账户设置"对话框，单击"测试账户设置"按钮，会弹出"测试账户设置"对话框，如图 7.18 所示。

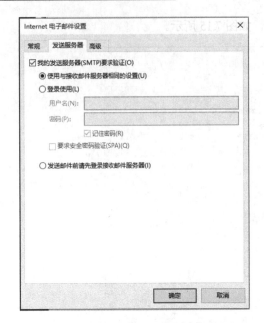

图 7.17 "Internet 电子邮件设置"对话框

图 7.18 "测试账户设置"对话框

(9)测试完成后，单击"关闭"按钮，返回"POP 和 IMAP 账户设置"对话框，单击"下一步"按钮，账户设置完成，单击"完成"按钮即可。

3. 使用 Outlook 2013 收发电子邮件

（1）阅读电子邮件。在 Outlook 2013 主窗口左边的"文件夹"窗格中单击"收件箱"按钮，就会显示出前面添加的账户"收件箱"中所有邮件，单击想要阅读的邮件，预览框中就会显示与该邮件有关的信息，如图 7.19 所示。

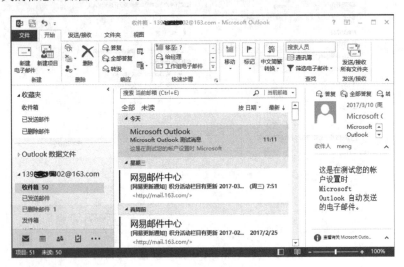

图 7.19 "收件箱"界面

（2）写信和发送电子邮件。在 Outlook 2013 主窗口中单击"新建电子邮件"按钮，系统就会弹出新邮件窗口，如图 7.20 所示。在新邮件窗口中的"收件人"文本框中，输入收件人的电子邮件地址。

图 7.20　新邮件窗口

如果收件人不止一个，可用分号或逗号隔开；在"抄送"文本框中输入要抄送给其他人的电子邮件地址。在"主题"文本框中可输入该邮件的简短主题，在窗口下方的邮件正文区域内输入邮件内容。此外，如果还想在此邮件中携带一些附件，可单击工具栏上的"附加文件"按钮，在弹出的"插入附件"对话框中浏览并选择要携带的附件文件。如果要携带的附件不止一个，只需要重复以上的步骤。单击"发送"按钮，即可完成新建邮件的发送。

（3）回复和转发电子邮件。收到别人的邮件后，经常要回复和转发邮件。使用 Outlook 2013 可以很方便地回复和转发邮件。

① 回复电子邮件。在 Outlook 2013 主窗口的"收件箱"中，选中需要回复的电子邮件，单击工具栏上的"答复"按钮，在弹出的答复电子邮件窗口中撰写回复邮件，如图 7.21 所示。完成后按发送电子邮件的方法进行发送操作即可。

图 7.21　发送"答复"窗口

② 转发电子邮件。在 Outlook 2013 主窗口的"收件箱"中，选中需要转发的电子邮件，单击工具栏上的"转发"按钮，会弹出与答复邮件类似的窗口，撰写转发邮件，完成后按"发送"电子邮件即可。

7.2.5　总结与回顾

通过本教学情境的学习，我们首先学会如何实现免费邮箱的申请，通过免费邮箱的申请可以使我们拥有自己的网络邮箱，极大地方便了我们的通信方式。其次，我们学习了 Outlook 2013

邮件收发工具的配置和使用，通过 Outlook 2013 邮件收发工具的使用，为我们对电子邮件的日常管理、维护带来极大的便捷。最后，我们需要进一步熟练掌握电子邮箱的申请，及邮件收发管理工具的使用。

7.2.6 拓展知识

1. Foxmail 简介

Foxmail 邮件客户端软件，是中国最著名的软件产品之一，中文版使用人数超过 400 万，英文版的用户遍布 20 多个国家，列名"十大国产软件"，被太平洋电脑网评为五星级软件。Foxmail 通过和 U 盘的授权捆绑形成了安全邮、随身邮等一系列产品。2005 年 3 月 16 日被腾讯收购，现在已经发展到 Foxmail 7.2。

Foxmail 是由华中科技大学（原华中理工大学）张小龙开发的一款优秀的国产电子邮件客户端软件。新的 Foxmail 具备强大的反垃圾邮件功能。它使用多种技术对邮件进行判别，能够准确识别垃圾邮件与非垃圾邮件。垃圾邮件会被自动分捡到垃圾邮件箱中，有效地降低垃圾邮件对用户的干扰，最大限度地减少用户因为处理垃圾邮件而浪费的时间。数字签名和加密功能在 Foxmail 5.0 中得到支持，可以确保电子邮件的真实性和保密性。通过安全套接层（SSL）协议收发邮件使得在邮件接收和发送过程中，传输的数据都经过严格的加密，有效防止黑客窃听，保证数据安全。其他改进包括：阅读和发送国际邮件（支持 Unicode）、地址簿同步、通过安全套接层（SSL）协议收发邮件、收取 yahoo 邮箱邮件；提高收发 Hotmail、MSN 电子邮件速度、支持名片（vCard）、以嵌入方式显示附件图片、增强本地邮箱邮件搜索功能等。

2. Windows Live Mail

Windows Live Mail 客户端可以将包括 Hotmail 在内的各种邮箱轻松同步到您的计算机上，而且巧妙地集成了其他 Windows Live 服务。

无需离开收件箱，既可预览邮件。通过拖放操作，实现邮件的管理工作。通过单击即可清除垃圾邮件和扫描病毒邮件。单击右键，轻松答复、删除和转发。

7.2.7 思考与训练

1. 简答题

（1）简要说明如何在互联网上创建自己的免费电子邮箱账户？

（2）简要说明如何在 Outlook 2013 查收电子邮件？

2. 实做题

配置并使用 Outlook 2013 软件，收发并管理自己的电子邮件。

7.3 日常网络应用

有些网络中的影视、图片和信息需要反复使用，我们可以把它下载到自己的电脑里。而且，在 Internet 上能找到很多有用的软件，也需要下载后才能安装运行。常用的下载软件有很多，比如 FTP 下载工具、网际快车、迅雷等。在此介绍如何使用迅雷快速有效地下载所需信息和软件。

7.3.1 学习目标

通过本教学情境的学习，应该达到的知识目标和能力目标如下表。

知识目标	能力目标
• 了解迅雷的基本使用方法； • 了解常用的下载软件	• 学会如何设置迅雷软件的各项参数； • 学会如何使用迅雷软件进行下载

7.3.2 引导案例

1．工作任务名称

使用迅雷下载目的信息和软件。

2．工作任务背景

同学们反应网络下载速度较慢，为了解决下载速度的问题，可以选择好的下载工具。

3．工作任务分析

本情境工作任务需要若干台计算机作为终端，并且安装有迅雷软件。然后利用该迅雷软件对所需的视频或软件等信息内容进行下载操作，并观察迅雷软件下载的速度。

4．条件准备

本任务中需要计算机若干台，组建局域网络，并将局域网连接入外网。使每台计算机都可接入外网，并在每台计算机上安装迅雷等常用下载软件。

7.3.3 相关知识

下载工具软件下载速度快是因为它们采用了多点连接即分段下载的技术，充分利用了网络上的多余带宽，并且采用断点续传的技术随时连接上次中止部位继续下载，这样有效地避免了重复劳动，大大地节省了下载者连续下载的时间。

1．多余带宽技术

多余带宽可以分为网站服务器的多余带宽和上网者的多余带宽。

2．多点连接技术

多点连接也叫分段下载,指的是充分利用网络多余带宽把一个文件分成多个部分同时下载，当网站的多余带宽和上网者的多余带宽同时存在时，上网者就可以利用下载工具向网站服务器提交多于 1 个的连接请求，其中每个连接被称做一个线程，每个线程负责要下载的文件的一部分。下载工具发出的线程数和下载总速度成正比。一般的下载工具都支持发出多达 10 个线程，这样下载速度提高到 10 倍之多。

7.3.4 任务实施

我们可以通过安装迅雷等下载工具，实现对下载的优化和管理。

1．迅雷页面的简介

打开迅雷软件，迅雷 9 的主界面分为左侧的"下载管理"区域和右侧的"浏览器"区域。迅雷 9 与迅雷 7 相比，核心下载功能并没有减少，只是操作按钮的平移，并且整体画面更简洁，操作更便捷；还增加了资源搜索、推荐等新功能，如图 7.22 所示。

图 7.22 迅雷 9 主界面

2. 如何使用迅雷

（1）单击迅雷 9 主界面左上方"新建任务"按钮，弹出"新建任务"对话框，如图 7.23 所示。

（2）在图 7.23 所示的地址栏中指定下载文件的存放位置，单击"立即下载"按钮，即可开始下载。

（3）目的任务下载后，会显示下载速度、下载文件名、存储目录等详细资料，如图 7.24 所示。

（4）单击迅雷 9 主界面左上方"更多"按钮，选择"设置中心"，如图 7.25 所示。

图 7.23 "新建任务"对话框

图 7.24 下载资源详细信息

图 7.25 选择"设置中心"

（5）在迅雷 9 主界面的右侧，弹出"设置中心"窗口，可以进行基本设置和高级设置，如

图 7.26 所示。

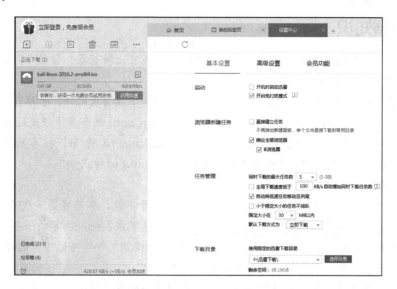

图 7.26 "设置中心"窗口

（6）选择某个任务，单击迅雷 9 主界面左上方的"删除任务"按钮 ⬛，可以将不需要的任务删除。

（7）在搜索文本框中输入要下载的资源，例如"kali Linux"，单击"全网搜"按钮，会显示所有和"kali Linux"相关的链接，我们就可以选择合适的链接，打开后进行资源的下载，如图 7.27 所示。

图 7.27 kali linux 迅雷下载

7.3.5 总结与回顾

通过本教学情境的学习，我们学会了常用下载工具迅雷的使用方法。通过迅雷成功下载了我们想要的资源，如一首歌曲或一部电影。这些操作在日常办公、生活、学习中是经常使用的。如果我们掌握好这些常用的下载工具的使用，便可以使生活变得更加丰富多彩，使身边的网络变得更加快捷、实用。

7.3.6 拓展知识

目前，网络下载软件很多，除了常用的迅雷以外，还有比特彗星、硕鼠（FLV 视频下载软件）、迷你迅雷、腾讯 QQ 旋风等。

比特彗星（BitComet）是一款免费的 BitTorrent（BT）下载管理软件，也称 BT 下载客户端，同时也是一个集 BT/HTTP/FTP 为一体的下载管理器。BitComet 拥有多项领先的 BT 下载技术，可边下载边播放，有友好的使用界面。最新版的 BitComet 又将 BT 技术应用到了普通的 HTTP/FTP 下载，可以通过 BT 技术加速普通下载。BitComet 的特点如下。

（1）BT 下载。
（2）高速而且功能强大：BT 任务可以从 P2SP 的种子下载，从而提高下载速度。
（3）种子市场：用户可以共享任务列表，也可以浏览下载其他人共享的任务。
（4）边下载边播放：在下载 MP3、rmvb、wmv 等音视频文件时可边下载边播放。
（5）智能连接优化：自动根据网络连接优化下载。
（6）智能磁盘缓存：使用内存做下载缓存，有效减小硬盘读写速度，延长其使用寿命。
（7）智能磁盘分配：有效减少磁盘碎片产生。
（8）断点续传：安全可靠的断点续传技术，保证下载文件的完整性。
（9）多线程下载：文件被分成多点同时从服务器下载，提高下载速度。
（10）多镜像下载：自动寻找文件镜像，同时从多个服务器下载，提高下载速度。

7.3.7 思考与训练

1. 简答题
（1）简要说明如何下载新的任务？
（2）简要说明如何搜索要下载的资源？

2. 实做题
使用迅雷软件下载 Flash 软件，并根据当时的下载速度，查看大约需多长时间可下载完毕。

项目 4 维护网络安全

本项目主要介绍了如何配置个人计算机安全和配置网络防火墙。计算机在使用过程中，尤其是在网络环境中将面临病毒、流氓软件、木马、网络钓鱼等各种各样的风险，时刻威胁计算机安全。由于用户安全意识薄弱，防范意识低，给用户带来的损失越来越大。如何规范合理地配置，降低安全风险是亟待解决的问题。

本项目共分两个情境，主要包括配个人计算机安全、安装部署网络防火墙两个方面，从配置个人计算机安全和网络安全来介绍提高计算机及网络的安全性。

通过本项目的学习，应达到以下的目标：

- 理解注册表的作用、特点、文件结构及权限；
- 理解防火墙的基本概念、运行机制、功能和作用；
- 理解 IE 自定义级别选项的含义；
- 学会配置简单的注册表；
- 学会安装、配置超级兔子；
- 学会利用一些工具配置、清理注册表；
- 安装配置个人防火墙；
- 配置网络防火墙。

任务 8 配置个人计算机安全

本任务共分 3 个情境，主要包括配置注册表、IE 选项及软件防火墙三个方面，从配置个人计算机安全角度来介绍提高个人计算机的安全性。

个人计算机在使用过程中面临着各种各样的安全风险，特别是在网络环境下，各种攻击、欺骗可以说是无孔不入。安全问题越来越突出，给用户带来的损失也越来越大。更为严重的是，很多人的计算机长期不设防，被他人控制而全然不知，这无异于让计算机在网络空间"裸奔"，危害损失可想而知。流氓软件、恶意程序、木马、网络钓鱼、病毒等威胁困扰着计算机安全，虽然各种风险有增无减，但只要用户合理规范地操作，提高防范安全风险的意识，就能把各种安全风险降低到最低。

本任务主要介绍从配置注册表安全、IE 安全选项及构建软件防火墙三个方面来加强数据安全、规范操作行为以抵制各种安全风险，构建安全的办公工作环境。

8.1 配置注册表安全

注册表（Registry）是 Windows 操作系统、硬件设备以及客户应用程序得以正常运行和保存设置的核心"数据库"，是一个巨大的树状分层的数据库，它的设置直接关系到计算机的稳定性。它既记录了用户安装在机器上的软件和每个程序的相互关联关系，也包含了计算机的硬件配置，包括自动配置的即插即用的设备和已有的各种设备说明、状态属性以及各种状态信息和数据等。因此，注册表中的各种参数，直接控制着 Windows 的启动、硬件驱动程序的装载以及一些 Windows 应用程序的运行，从而在整个系统中起着核心作用。

8.1.1 学习目标

通过本教学情境的学习，应该达到的知识目标和能力目标如下表。

知识目标	能力目标
• 理解注册表的作用； • 理解注册表的特点； • 理解注册表的文件结构； • 了解注册表的权限	• 学会配置简单的注册表； • 学会安装、配置超级兔子； • 学会利用一些工具配置、清理注册表

8.1.2 引导案例

1. 工作任务名称

配置注册表。

2. 工作任务背景

学生会计算机作为公共使用设备，经常有同学安装或卸载软件，导致运行减慢，还会引起莫名的错误。小张同学虽了解一些注册表的知识，便修改了注册表，结果造成机器不能启动，如何解决呢？

3. 工作任务分析

在 Windows 每次启动时，系统都会自动检测计算机外部设备，并与注册表中的数据进行对照，如有硬件改变，系统就会自动提醒用户进行驱动程序更新，并同时对注册表进行更新。注册表对软件环境的控制也是这样，Windows 系统重大修改只有在重新启动后才能发生作用，其原理就是间接地对注册表进行修改。在安装某些软件时，它们往往会对系统设置进行这样或那样的修改，这些修改很可能导致注册表发生错误。而一旦注册表的错误导致整个注册表的崩溃时，Windows 也就必然在劫难逃。即使注册表不发生错误，删除软件时留下的无用信息（键值）也会严重影响 Windows 的运行速度。

注册表是 Windows 的灵魂，如果注册表损坏了，轻则导致程序运行出错，严重的则会使整个系统崩溃，因此我们要经常做好注册表的检查和维护工作，甚至必要的时候进行监视，以保证注册表的安全。

4. 条件准备

注册表比较复杂，但又安排得非常有条理，能有效地提高工作效率，为系统的维护提供了必要条件。由于注册表是一个二进制的配置数据库文件，因而，用户无法直接存取注册表。为了让高级用户能够编辑注册表，Windows 提供了注册表编辑器"Regedit"。用户可以使用注册表编辑器对注册表进行编辑操作。

修改注册表最常用的工具是 Windows 自带的 Regedit，但 Regedit 使用不便且不安全。大多数用户都希望能自己修改注册表，但手动修改需要用户具备相当的专业知识，因此，推荐使用专用的注册表编辑工具对注册表进行编辑操作。

超级兔子是一个完整的系统维护工具，可以清理文件、注册表中的垃圾，具有强力的软件卸载功能，能清除软件在系统中的所有记录。同时具有优化设置系统大多数选项，IE 优复、保护，恶意程序检测清除，系统检测修复等功能，极大方便、安全地对注册表进行修复、检测。

8.1.3 相关知识

1. 注册表的特点

（1）注册表允许对硬件、系统参数、应用程序和设备驱动程序进行跟踪配置，修改某些设置后不用重新启动。

（2）注册表中登录的硬件部分数据可以支持高版本 Windows 的即插即用特性。当 Windows 检测到机器上的新设备时，就把有关数据保存到注册表中，另外，还可以避免新设备与原有设备之间的资源冲突。

（3）管理人员和用户通过注册表可以在网络上检查系统的配置和设置，使得远程管理得以实现。

2. 注册表.reg 文件结构

.reg 文件的标准格式如下：

[路径]（注意用大小写）
"键名"="键值"（针对字符串型键值）

"键名"=hex:键值（针对二进制型键值）
"键名"=dword:键值（针对 DWORD 键值）

（1）注册表的数据类型主要有四种，如表 8.1 所示。

表 8.1 注册表 Registry 的数据类型

显示类型（在编辑器中）	数据类型	说　　明
REG_SZ	字符串	文本字符串
REG_MULTI_SZ	多字符串	含有多个文本值的字符串
REG_BINARY	二进制数	二进制值，以十六进制显示
REG_DWORD	双字	32 位的二进制值

（2）注册表 Registry 的层次结构类似于硬盘中的目录树，如图 8.1 所示。

在图 8.1 中，定义了根键、子键、键值项等，注册表由键（或称"项"）、子键（子项）和值项构成。一个键就是分支中的一个文件夹，而子键就是这个文件夹中的子文件夹，子键同样是一个键。一个值项则是一个键的当前定义，由名称、数据类型以及分配的值组成。一个键可以有一个或多个值，每个值的名称各不相同，如果一个值的名称为空，则该值为该键的默认值，如表 8.2 所示。

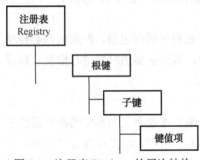

图 8.1 注册表 Registry 的层次结构

表 8.2 注册表 Registry 的层次结构解释

层　次	说　　明
根键	根键类似于硬盘上的根目录，Registry 有五个预定义的根键： 1. HKEY_LOCAL_MACHINE 2. HKEY_USERS 3. HKEY_CURRENT_USER 4. HKEY_CLASSES_ROOT 5. HKEY_CURRENT_CONFIG
键与子键	键和子键类似于文件管理器中看到的目录结构，在键下面是子键，类似于目录可以包含子目录一样
键值项	键值项类似硬盘上树型目录的末端文件，键和子键可以包括一个或多个键值项。键值项由键值名、数据类型和键值三部分组成，其格式为："键值名：数据类型：键值"
键值类型	Registry 中有如下三种键值类型。 1. DWORD 值：只允许一个键值，并且必须为 1～8 个 16 进制数据（即双字）； 2. 字符串值：只允许一个键值，并且作为要存储的字符串来解释； 3. 二进制值：只允许一个值，是 16 进制数字串，每对作为一个字节值解释

（3）注册表中五个根键值的作用。

• HKEY_CLASSES_ROOT 包含了所有应用程序运行时必需的信息：在文件和应用程序之间所有的扩展名和关联、所有的驱动程序名称、类的 ID 数字（所要存取项的名字用数字来代替）以及用于应用程序和文件的图标。

• HKEY_CURRENT_USER 包含在 HKEY_USERS 安全辨别里列出的同样信息。任何在 HKEY_CURRENT_USER 里的改动也都会立即引起 HKEY_USERS 改动。所有当前的操作改变只是针对当前用户而改变,并不影响其他用户。
- HKEY_LOCAL_MACHINE 是一个显示控制系统和软件的处理键。本键值保存着计算机的系统信息。它包括网络和硬件上所有的软件设置,比如文件的位置、注册和未注册的状态、版本号等,这些设置和用户无关,因为这些设置是针对使用这个系统的所有用户的。
- HKEY_USERS 仅包含了默认用户设置和登录用户的信息。虽然它包含了所有独立用户的设置,但在用户未登录网络时用户的设置是不可用的。这些设置告诉系统哪些图标会被使用,什么组可用,哪个开始菜单可用,哪些颜色和字体可用,以及控制面板上什么选项和设置可用。
- HKEY_CURRENT_CONFIG 是在 HKEY_LOCAL_MACHINE 中当前硬件配置信息的映射,包括了系统中现有的所有配置文件的细节。

3. 注册表的权限

在默认的情况下,注册表只能由 Administrator 或者 Power Users 组的成员进行编辑,同时这些组的所有用户都有相同的访问权。为添加更多的用户及组具有安全设置的修改能力,管理员可以通过权限设置来为计算机的其他用户分配对应的注册表使用权限。操作步骤如下。

(1)单击"开始"菜单的"运行"命令,在弹出的窗口中输入"Regedit",单击"确定"按钮,系统将打开"注册表编辑器"窗口。

(2)如果希望为某个用户和组分配单独主键或子键的使用权限,可在注册表编辑器中先选定该根键或子键分支,比如选定当前用户:HKEY_CURRENT_USER。

(3)打开注册表编辑器的"编辑"菜单,选择其中的"权限"命令,在该对话框中,系统列出了当前的权限设置情况。可设置权限为"读取"和"完全控制",其中"读取"权限允许用户查看注册表的内容,但不能对其进行修改,这是 Everyone 组的默认权限设置;而"完全控制"权限允许读取和修改注册表中的任何项目,其中包括编辑、添加或删除等操作。此权限也包括其他用户编辑注册表的权限,并可取得主键或子键分支的"所有权"。

(4)如果要更改组或者单个用户的当前权限,可在"组或用户名称"列表框中将其选定,然后在"XX 的访问权限"列表框中通过"允许"和"拒绝"复选框来添加或取消组或用户对某一权限的所有权。

(5)如果用户需要对某个组或用户进行特殊权限的高级设置,单击"高级"按钮,系统将打开"HKEY_CURRENT_USER 的高级安全设置"对话框。

(6)在"HKEY_CURRENT_USER 的高级安全设置"对话框的"权限"选项卡中,单击"添加"按钮打开"选择用户或组"对话框,在该对话框的"输入要选择的对象名称"中输入需要进行特殊权限设置的用户或组的名称,如果需要设置特殊权限的用户或组不在当前域中,可通过"位置"按钮重新指定其所在的域,单击"确定"按钮后,系统将打开"HKEY_CURRENT_USER 的权限项目"对话框,在"HKEY_CURRENT_USER 的权限项目"对话框中,需要首先在"应用到"下拉列表中选择权限的应用范围,其中可选项包括:只有该项、该项及其子项、子键。随后就可在"权限"列表框中对特殊权限进行设置,同样是通过"允许"和"拒绝"复选框的启用和禁用来完成的。

(7)完成了特殊权限的设置后,单击"确定"按钮以使设置生效。

> **提示** 以 Administrator 身份直接登录自己系统的用户(本地登录,并非域成员)可对自己的本地注册表进行任意修改,这会造成严重的安全和管理问题。为防止用户作为管理员以本地方式登录,请在每台机器上更改 Administrator 账号的密码。

8.1.4　任务实施

超级兔子设置

（1）超级兔子 2012 新版主界面采用天蓝色色调，左侧默认显示"系统体检"、"开机优化"、"魔法设置"、"注册表备份"以及"兔子浏览器"五个功能，中间提供了系统检测时间以及检测报告。启动超级兔子自动进行检测，如发现问题，单击"立即修复"即可，如图 8.2 所示。

图 8.2　超级兔子主界面

（2）对注册表备份还原操作简单方便快捷。单击"注册表备份"打开注册表备份窗口，如图 8.3 所示。在注册表备份窗口，选择需要备份的数据和路径，单击"开始备份"按钮即可。如还原注册表文件，选择注册表文件所在的位置，单击"开始还原"按钮即可。

图 8.3　注册表备份及还原窗口

利用 Windows 自带的 Regedit 备份及还原的方法：打开注册表编辑器，如果要备份整个注册表，则选择注册表根目录（即"计算机"节点）并右击，在弹出的快捷菜单中选择"导出"，打开"导出注册表文件"对话框，选择注册表保存的路径和文件的名称，单击"保存"按钮即可。注册表备份文件扩展名为 REG，双击备份的 REG 文件即可将注册表还原至备份时的状态。

（3）在"系统清理"模块中可选择"清理 IE 使用痕迹"、"清理系统使用痕迹"、"清理软件使用痕迹"功能，单击"开始扫描"按钮进行扫描。扫描完毕后，单击"立即清理"按钮即可完成清理工作，如图 8.4 所示。

图 8.4 "系统清理"窗口

由于种种原因直接在硬盘中删除了某个文件夹或者是在"添加"→"删除程序"里面对一些软件进行卸载后，有些程序的注册信息还留在注册表内，当再次从"添加"→"删除程序"中卸载该程序时，常提示"试图删除××××××时出错，放弃卸载"，从而导致了卸载程序错误。当机器中安装大量的软件后随着时间的推移，在系统的注册表中就形成了垃圾，影响了机器的运行速度。下面利用 Regedit 注册表编辑器来清除注册表中关于卸载应用程序的相关键值数据。

打开注册表编辑器，展开 HKEY_LOCAL_MACHINE\ Software\Microsoft\Windows\Current Version\Uninstall 位置，一般的软件在注册表内的卸载子键里有 DisplayName 和 UninstallString 这两个键值，第一个显示的是软件的名称，第二个显示的是卸载的一些信息。双击第二个键值后，便会明白卸载是怎么回事。卸载实际上是所安装的软件自带有一个卸载程序，在安装该软件时，它会自己记录一些安装信息存放在 Install.log 文件中，卸载时用这个卸载程序再带上.log 文件的参数即可。另外，有些软件卸载时使用的是系统提供的卸载程序。再如，许多应用软件在卸载之后仍会在注册表文件内留下一些无用信息。比较集中的地方在 HKEY_LOCAL_MACHINE\ Software、HKEY_CURRENT_USER\Software 和 HKEY_USERS\.Default \Software。这几项里面的内容基本上一致，在其中一处进行查找删除就行了。比较常用的方法是进入 HKEY_LOCAL_MACHINE \Software 分支中，然后重点查找那些已经确信被安全卸载了的软件的残留信息，在确认无误后删除。

（4）在"系统清理"模块中选择"清理 IE 插件"，即可自动扫描已安装的 IE 插件。扫描完毕后，根据需要选中需清理的插件，单击"立即清理"即可，如图 8.5 所示。

图 8.5 "系统清理"窗口

（5）在"系统防护"模块中，左侧共分为兔子云查杀、IE 修复、恶意软件清理及文件安全助手四个类别，中间是可免费下载的瑞星杀毒软件，右侧是系统安全性检查：其中 Windows 远程协助、系统共享资源可以进行设置，系统防火墙为启用和已安装的杀毒软件，如图 8.6 所示。

图 8.6 "系统防护"窗口

由于 Windows 服务器在默认状态下，都会自动把本地服务器的磁盘分区设置为隐藏共享，这么一来非法用户就有可能通过专业攻击方法，来获得这些隐藏共享资源的完全控制权限。从而给服务器带来安全威胁。让服务器自动取消隐藏共享，这样非法用户就无法远程获得共享资源的完全控制权限。利用 Regedit 注册表编辑器备份及还原的方法是：展开 HKEY_LOCAL_MACHINE/SYSTEM/CurrentControlSet/Services/LanmanServer/Parameters，在对应 Parameters 注册表分支的右边子窗口中，找到字符串值"AutoShareServer"，并用鼠标双击该字符串值，在弹出的数值设置窗口中，输入"0"，最后单击"确定"按钮，并将计算机系统重新启动一下，如此一来非法用户就无法远程获得服务器的共享控制权限了。

(6）单击"IE 修复"，自动扫描 IE 各个选项，选中扫描被修改的选项，单击"立即修复"按钮即可进行 IE 修复，如图 8.7 所示。单击"恶意软件清理"按钮，自动扫描恶意网址、恶意程序及流氓快捷方式，单击"立即修复"即可进行清理。

图 8.7　IE 修复

（7）在"系统体检"窗口选择"魔法设置"，主要分为系统设置、个性化设置和 Win 8 个性设置。其中系统设置包括减少终止程序的等待时间和页面文件整理等待时间（设置终止程序等待时间、设置未响应程序等待时间、设置终止服务等待时间）、加快右键菜单弹出速度、提供更多链接，加快浏览速度、关闭硬盘、U 盘自运行、开启硬盘空间不足报警、开启主板硬盘工作模式 AHCI、禁用"FROMAT.COM"和"DELTREE.EXE"、添加多重搜索引擎及禁止使用 Windows 自动更新功能（需要重启）功能；系统优化项目包括自动释放不活动点 DLL、自动终止没有响应的程序（需要重启）、开启 DOS 提示符下按 Tab 键自动完成功能、禁止使用任务管理器、禁止记录用户使用习惯、禁止注册表编辑器、禁止显示[文件]菜单、禁止用户修改系统文件位置、禁止使用 DOS 程序、禁止在任务栏上使用右键功能（需要重启）、禁止在启动时弹出错误信息窗口等，用户可以根据需要进行选择。选择完毕后，单击"应用"即可，如图 8.8 所示。

图 8.8　魔法设置中系统设置窗口

利用 Windows 自带的 Regedit 编辑器实现图 8.8 部分方法。

① 禁止更改用户文件夹位置。

作用：在默认情况下，用户可以更改诸如"我的文档"、"我的图片"、"我的音乐"及"收藏夹"的位置，通过修改注册表，可以禁止这种更改，以方便在默认位置保存自己的文件。

操作：展开 HEY_CURRENT_USER\Software\Microsoft\Windows\Current Version\ Policies\ Explorer 分支。在该分支下把名为"DisableMyPicturesDirChange"的键值项的键值设置为"1"，即禁止更改"图片收藏"文件夹的位置。在该分支下把名为"DisablePersonalDirChange"的键值项的键值设置为"1"，即禁止更改"我的文档"文件夹的位置。在该分支下把名为"DisableFavoritesDirChange"的键值项的键值设置为"1"，即禁止更改"收藏夹"文件夹的位置。在该分支下把名为"DisableMyMusicDirChange"的键值项的键值设置为"1"，即禁止更改"我的音乐"文件夹的位置。

② 禁止用户运行任务管理器。

作用：通常当按下"Ctrl+Alt+Del"三键可打开任务管理器，执行系统锁定或更改用户口令等操作。通过修改注册表可以禁止运行任务管理器。

操作：展开 HKEY_CURRENT_USER\Software\Microsoft\Windows\CurrentVersion\ Policies\ System 分支，新建名为"DisabledTaskManager（REG_REG_DWORD 类型）"的键值项，将其键值设置为"1"。

③ 禁止使用注册表编辑器。

作用：修改注册表存在一定的危险性，所以系统管理员不希望一般用户去修改注册表。为此，可以通过修改注册表来禁止使用注册表编辑器。

操作：展开 HKEY_CURRENT_USER\Software\Microsoft\Windows\CurrentVersion\ Policies\ System 分支，新建名为"DisableRegistryTools（REG_DWORD 类型）"的键值项，将其键值设置为"1"。这样，用户就不能启动注册表编辑器了。设置完成后，刷新系统设置生效。

从上面可以看到，使用超级兔子可以快速地进行设置，无须记住繁琐的命令，快捷方便易用，便于初学用户掌握。

8.1.5 总结与回顾

对系统的安全管理和网络维护是注册表最重要的应用之一。可以利用注册表清除个人隐私、清除木马和病毒以及防范来自黑客的攻击。本情境主要介绍了注册表的基础知识，利用超级兔子对系统进行优化设置，在介绍超级兔子功能时简要介绍了利用 Windows 自带工具 Regedit 来编辑注册表以实现其功能，最后介绍了编辑、修改、检查、监视及修复注册表部分工具。

8.1.6 拓展知识

工欲善其事，必先利其器。要对付注册表这个 Windows 的灵魂，就需要一些利器。下面介绍一些编辑、修改、监视、修复注册表的工具。

1. 编辑、修改注册表的工具

使用简便安全的工具软件来操作注册表，可以更直观、方便地进行管理。

（1）Registry Toolkit。Registry Toolkit 是 Funduc Software 公司出品的一个注册表修改程序，它可以轻易地实现键值的查找、替换、复制、粘贴、导入、导出等操作，支持使用命令行的宏命令进行批量处理，而且还可以通过网络对注册表进行远程操作，是注册表修改爱好者们的必备工具。

（2）注册表编辑利器——Resplendent Registrar。Resplendent Registrar 是运行于 Windows 下的超强注册表编辑工具。它允许像使用资源管理器一样对注册表进行复制、剪切、粘贴、移动等操作。该软件的搜索及替换功能十分强大，其中书签编辑器可以对注册表书签进行彩色显示、添加注释等操作，灵活的注册表键值编辑器可以从文件中导入注册表数据，注册表监视器能记录对注册表做出的每一项操作，以后可以随时进行恢复。另外，该软件还允许查看、编辑、导入、导出注册表文件（*.REG）。

（3）注册表"爬行者"——Registry Crawler。Registry Crawler 是一个 Windows 注册表的增强工具，通过该工具可以在很大程度上增强系统的注册表编辑器的查找功能。该工具提供了一个非常强大的搜索引擎，并以关键字方式查找，这似乎并没有什么特殊之处。该工具的突出特点是可以一次将所有扫描到的符合扫描条件的全部注册表设置在界面窗口中给出，这就可以非常方便、直观地找到自己需要的设置项，这一点与 Windows 提供的注册表编辑器的逐个查找功能相比要强大许多倍。

2. 检查、修复注册表的工具

经常做好注册表的检查和维护工作，可以保证注册表的安全。在 Windows 中注册表检查程序有两个，一个是在 Windows 视窗界面中使用的 Scanregw.exe 程序，另一个是在命令方式下使用的 Scanreg.exe 程序。除了这两个系统提供的程序之外，还有很多更易操作、更安全、功能更强大完善的工具软件。

（1）注册表医生 Registry Medic。注册表医生能够检查注册表中文件/目录的完整性和一致性。如果这些文件没有从原来的位置移到另一个地方，但是和注册表中的信息不一致，注册表医生会帮助寻找这些文件，并匹配到相应的注册表信息上。如果注册表中保存着磁盘上已经被删除的文件记录，那么注册表医生会找到它们，并建议删除这些注册表信息。当然也可以保留这些信息。

（2）Windows 注册表恶意修改恢复器。这是一款以实用型为主的软件，可有效地对 Windows 系统进行注册表的修复。主要用于恢复被恶意网站、恶意代码或人为破坏的注册表项。

（3）注册表修复工具 Registry CheckUp。注册表对于 Windows 系统的重要性不言而喻。但是因为一些意外和不正确的使用，注册表中会产生错误信息，这些错误信息的存在，常常导致系统变慢。Registry CheckUp 会对注册表进行仔细的搜索和甄别，并帮助解决所有问题。

（4）注册表错误摧毁器 Error Nuker。Error Nuker 是一款强力工具，可以扫描 Windows 注册表以确认错误以及找到优化 Windows 注册表表现的方法。不像其他类似工具，Error Nuker 对注册表的操作非常仔细——它从不会删除可能危害系统的注册表值，具有自动扫描、用户化定义扫描、手动清除和恢复/Undo 等功能。不像其他类似工具，Error Nuker 从不会因为删除一个注册表记录而伤害系统。

3. 监视、比较类注册表的工具

Windows 的系统注册表保存了系统的核心数据，如果随意更改可能导致系统无法运行，而几乎所有的应用软件在安装和运行时都要修改注册表。然而遗憾的是这些修改对用户是不透明的，由于注册表数据可达几兆甚至更大，如果用户想手工查看比较软件对注册表所做的全部修改是不现实的。这就需要有合适的工具对注册表的变化进行比较、分析，从而使应用软件对注册表的修改曝光。另外，还可以通过监视注册表来查看注册表的访问情况，进行实时检测，防止恶意程序捣乱，保证系统的安全运行。

（1）超级注册表监视器——Regmon。Regmon（Registry Monitor）是一个出色的注册表数据库监视软件，它将与注册表数据库相关的一切操作全部记录下来以供用户参考，并允许用户对记录的信息进行保存、过滤、查找等处理，这就为用户对系统的维护提供了极大的便利。

（2）高级注册表跟踪器——Advanced Registry Tracer。Advanced Registry Tracer 简称 ART，是一个经由制作快照的方式将 Windows 登录文件（Registry）拍照记录的工具。利用这个原理能够备份和分析 Windows 登录文件（Registry），能够对比登录文件因安装、反安装软件和硬件被更改、新增加的地方，同时也能恢复到被更改前的登录文件功能，具有侦测出特洛伊木马病毒的功能。

（3）小巧的监视软件 RegSnap。RegSnap 是一个注册表分析工具，它是通过对系统注册表建立"快照"（也就是注册表的备份）来实现对注册表的比较。

4. 清理、压缩注册表的工具

Windows 注册表是一个庞杂的数据库，它记载了 Windows 所必需的硬件和软件信息，稍有闪失足以让 Windows 不能启动或出现这样那样的错误。在通常情况下，计算机会经常性安装或卸载一些程序，日积月累就会被无用的信息充满整个注册表。Windows 不但会运行减慢，还会引起莫名的错误。因此必须清除多余的注册表信息。注册表清理压缩工具可以轻松地完成注册表的清理压缩操作。

（1）weakNow RegCleaner。weakNow RegCleaner 可以消除来自 Windows 注册表的荒废条目，减少它的大小，改进总的系统表现。

（2）注册表吸尘器 RegVac。注册表吸尘器是个注册表清除管理工具，内含 8 种主要工具：Classes Vac、Stash Vac、Software Vac、File Lists Vac、Add/Remove Editor、System Configuration Utility、OpenWith Editor、Bad FileName Finder，可以说是多功能的垃圾文件清除工具。

（3）注册表压缩工具 Registry Compressor。Registry Compressor 是一个名副其实的注册表减肥工具，它优化注册表的基本步骤是：清除垃圾→重建→压缩。经过它的处理后，会发现系统运行速度明显提高。此外，该软件还具有备份和恢复注册表的基本功能。

8.1.7 思考与训练

1. 简答题

（1）注册表在系统安全中的作用。
（2）注册表中五个根键值的作用。
（3）注册表中有哪些数据类型？

2. 实做题

安装并配置超级兔子。

8.2 配置 IE 安全选项

IE 是网民使用最频繁的软件之一，也是常常受到网络攻击的软件。通常网络会安装不少第三方软件来避免各种攻击。其实，在 IE 中有不少容易忽视的安全设置，通过这些设置能够在很大程度上避免网络攻击。

为了给用户提供更好的操作体验，系统需要有足够的权限来进行交互操作。IE 为防止病毒及流氓软件入侵，默认将安全级别设置得较高。但保护系统安全的同时也限制了许多正规软件的操作权限。本情境简要介绍如何配置 IE 安全选项方便快捷，以满足用户上网需求。

8.2.1 学习目标

通过本教学情境的学习，应该达到的知识目标和能力目标如下表。

知识目标	能力目标
• 了解 ActiveX 控件和插件、Authenticode 签名、XSS 筛选器、SmartScreen 等相关知识； • 理解安全选项卡中自定义级别选项的含义； • 了解 Cookie 相关知识	• 掌握配置 IE 安全选项卡中自定义级别； • 掌握以 InPrivate 浏览方式打开 IE 的方法； • 掌握配置 IE 自动完成及 Cookie 的方法； • 掌握配置 IE 中内容审查程序的方法

8.2.2 引导案例

1. 工作任务名称

配置 IE 安全选项。

2. 工作任务背景

学生小张刚学会在网上购物，下单后银行卡中的钱已被扣走，可是付款多日不见货物邮寄过来，究竟是什么原因导致小张钱货两空呢？

3. 工作任务分析

其实小张遇到的事例不在少数，极有可能小张遇到了钓鱼网站。通常很多人在网上购买商品，直接单击购物网站上的支付链接，访问银行网站，到银行网站进行支付。如果这家购物网站是可信的大网站，自然不会遇到什么问题。但如果这是一家小网站，用户并不熟悉，那么怎么才能知道网站上的支付链接会将我们带到真正的银行网站，而不是伪装成银行网站的钓鱼网站呢？

对于个人用户，IE 使用虽然简单，但实际使用过程中因用户缺乏技术知识，再加上安全意识薄弱，很容易在上网时遇到恶意软件、网络钓鱼、隐私泄露等风险并受到损失。因此要充分利用 IE 浏览器提供的功能进行解决。

4. 条件准备

对于学生会的计算机，我们所使用的是 Windows 操作系统和 IE 浏览器。

8.2.3 相关知识

站点可根据作用和信任程度被分为不同类别。如对于陌生的、第一次访问的站点，或者不被信任且有一定危险性，但又必须访问的站点，需要采取一种更高强度的安全设置；对于企业内部的局域网站点，是可以信任的，可以采取另一种强度较低的安全设置。对于某些关键的站点，不仅要信任，而且还要确保一定的安全。

IE 提供了安全区域的概念，共有四个安全区域：Internet、本地 Intranet、可信站点、受限站点。Internet 区域安全级别分别为中、中高、高三级，本地 Intranet 安全区域分为低、中低、中、中高以及高这五个不同的安全级别。越是高级的安全级别，对安全的要求就越严格，同时限制也越多。

1. IE 安全选项卡基本操作

要想查看一个区域的安全级别或者选择使用不同的安全级别，可单击选中该区域，拖动下方的滑块来调整安全级别，也可以单击"自定义级别"按钮，在随后出现的对话框中针对当前选中的区域详细调整不同的安全设置。

图 8.9 安全设置

如果在详细调整了安全设置后希望将设置恢复为默认级别，单击"将所有区域重置为默认级别"按钮即可。通过"启用保护模式"选项可以保护计算机免受恶意软件的侵害。

默认情况下，每个安全区域都有对应的安全设置，通常可以满足一般性的要求。也可根据实际需要，将不同站点添加到不同的安全区域以便放心地浏览网页。

2. IE 安全选项卡自定义级别作用

由于各种原因，根据实际需要对某个安全区域使用自定义的安全级别，选中区域后单击"自定义级别"按钮，打开"安全设置"对话框，如图 8.9 所示。对于四个不同的安全区域，选项都是相同的，不同的只是每个选项的具体设置，大部分设置都有 3 个不同的选项，其含义分别如下。

- 禁用：禁止使用选项描述的功能；
- 启用：允许直接使用选项描述的功能；
- 提示：在需要使用选项描述的功能时提示用户，并提供允许和禁止使用的选项供用户选择。

下面就 Internet 区域对各选项进行说明，而同一个选项针对不同区域以及不同的安全级别，其设置有可能不同。另外，由于选项非常多，有些选项的用途不是很广泛，下面只选择性介绍需要引起大家注意或修改后可能产生重大结果的选项。

（1）.NET Framework 相关组件中运行未用 Authenticode 签名的组件和运行已用 Authenticode 签名的组件。Authenticode 是一种数字签名机制，主要用于向代码、脚本和 ActiveX 控件提供签名验证机制，而带有 Authenticode 签名的组件可以帮助我们了解组件的来源是否可信。

组件的数字签名只能证明该组件的来源，并不能证明对 Windows 绝对无害。如网上某些口碑很差的 IE 插件，虽然带有数字签名，但很多人并不喜欢，依然将其列为"流氓软件"。因此，对于"运行未用 Authenticode 签名的组件"设置，建议选择"禁用"或者"提示"；对于"运行已用 Authenticode 签名的组件"设置，建议选择"启用"或者"提示"。

（2）ActiveX 控件和插件中 ActiveX 控件自动提示。如果访问的网页需要安装 ActiveX 控件，并且禁用该选项（默认设置），那么当需要安装 ActiveX 控件的时候，IE 首先会用地址栏下方的信息栏，询问是否安装，如果单击并选择安装，随后 IE 会显示 UAC（用户账户控制）提示对话框，询问是否继续。

如果启用该选项，那么在需要安装 ActiveX 控件的时候，IE 将不再显示信息栏，而是自动显示 UAC 提示对话框。只需要通过 UAC 提示，随后不需要再次确认，IE 就会直接开始安装。

对于这个选项，建议使用默认的"禁用"设置，这样在需要安装 ActiveX 控件的时候，IE 需要进行两次提示。虽然麻烦了一些，不过相应地，恶意插件的安装也会变得麻烦，这样可以保护 IE 的安全。

（3）ActiveX 控件和插件中对标记为可安全执行脚本的 ActiveX 控件执行脚本。为了实现一些特殊的功能，很多 ActiveX 控件必须要能够作为脚本执行，然后这种操作可能会带来安全隐患。为了避免这些问题，提供控件的开发商可以给控件添加两种标记："可安全初始化的"和"可安全执行脚本的"。

该选项决定了对于标记为"可安全执行脚本的"控件和插件是否执行脚本。对于该选项，建议保持默认的"启用"设置，以免影响控件的正常使用。当然，如果不信任提供控件的开发商，也可以设置为"提示"，这样每当控件需要执行脚本时，IE 就会发出询问，由我们决定允许或者拒绝。当然，也可以直接选择"禁用"。

（4）ActiveX 控件和插件中对未标记为可安全执行脚本的 ActiveX 控件初始化并执行脚本。和上一条选项的用途类似，该选项可以决定对未标记为安全的脚本是否允许其运行或者初始化。设置请参考上一条选项。

（5）ActiveX 控件和插件中下载未签名的 ActiveX 控件和下载已签名的 ActiveX 控件。网页上提供的 ActiveX 控件可能带有数字签名，也可能不带。数字签名可以保证控件在发布后没有经过篡改（因为更改文件的内容会导致签名失效），同时也可以告诉我们控件是由谁开发的。

对控件添加数字签名需要不少费用和进行很多额外的工作，因此很多安全意识薄弱的软件开发商提供的控件并不包含数字签名。这个选项决定了对于带有或者不带数字签名的控件，是否允许下载。建议对不带签名的控件选择"提示"或"禁止"；对带有数字签名的控件选择"允许"。

不过再次提醒注意，带有数字签名并不能表示其对操作系统就是无害的。只要花钱购买商业数字证书，任何人都可以开发出带有数字签名并被 IE 认可的插件。此外，如果某些正当的且必须用到的控件不带数字签名，导致无法安装，也可以暂时将选项设置为"允许"，并在安装好控件后，重新恢复为默认的"禁止"选项。

（6）ActiveX 控件和插件中允许运行以前未使用的 ActiveX 控件而不提示。该选项决定了对于已经安装到系统中，但是还没有使用过的插件，在第一次使用的时候是否对用户进行提示，其默认值是"禁用"。建议将其设置为"启用"，这样当一个控件第一次运行的时候，至少会知道有一个新的控件要首次运行了。而一旦运行后系统出现了任何问题，我们可以首先从这个首次运行的控件上找原因。如果将该选项设置为"启用"，一个控件在运行一次后，再次运行将不会提示。

（7）脚本中 Java 小程序脚本。该选项决定了是否允许 IE 执行网页上的 JavaScript 脚本。需要注意，这里所说的"Java 小程序脚本"和 Sun 公司的"Java"语言是两回事。虽然很多恶意网页中使用 JavaScript 脚本（如锁定 IE 首页设置或者修改系统注册表），不过更多的网页在使用 JavaScript 实现一些必要的功能（如定时刷新页面或者弹出对话框），因此建议将该选项设置为"启用"。

如果确实很担心恶意网页上的 JavaScript 脚本对系统有影响，可以用杀毒软件进行恰当设置。现在主流的反病毒软件几乎都包含了对网页内容的监控，如果遇到网页上包含了恶意脚本，都会进行拦截。

（8）脚本中活动脚本。除了 JavaScript 脚本，网页中常见的脚本还包括 VBScript，要执行这些类型的脚本，系统中必须安装对应的执行引擎。而该选项决定了是否允许网页调用引擎执行这些脚本。对于该选项，建议保持默认设置，并将安全问题交给杀毒软件解决。

(9)脚本中启用 XSS 筛选器。XSS（跨站脚本）筛选器是 IE 8.0 中的一个新功能。什么是跨站脚本？做过网站的用户可能会熟悉这个概念。如在自己编写网页时，为了实现某些特殊的功能（如访问量计数器、广告发布等），可能需要为自己的网页添加来自其他网站的脚本。也就是说，在访问这样的网页时，浏览器不仅需要显示所访问网站的内容，还需要显示来自其他网站的内容（但这一点通常用户并不知道）。如果来自其他网站的脚本中包含恶意代码，则可能会造成非常严重的后果。

为了避免这种问题，IE 8.0 中提供了 XSS 筛选器功能。该功能可对网页中包含的 XSS 脚本进行检测，并在发现问题时首先发出通知并征求意见，随后才决定该如何处理这样的脚本。对于该功能，通常建议"启用"。

(10)脚本中允许对剪贴板进行编程访问。当选中一个文件或者在字处理软件中选中一段文字并按下 Ctrl+C 组合键，所选的内容就会被复制到剪贴板中。剪贴板实际上是内存中的一块区域，可以保存任何类型的数据，复制到剪贴板中的数据可以粘贴到对应的程序中。如在剪贴板中复制了某个文件，那么就可以在 Windows 资源管理器中进入到不同的文件夹，并粘贴文件到新的位置；如果剪贴板中保存的是一段文字内容，那么我们可以将其粘贴到其他支持文字输入的位置。

实际上网页也是可以对剪贴板进行访问的。其实这本来是一个体贴的功能，如很多人在网页上发帖子或者发邮件的时候可能都会遇到这样的问题：自己花了很长时间写的文字，在发送的时候，由于网络故障或者登录超时导致没有发送成功，而之前写好的内容全部都消失了。那么在本选项功能的对应帮助下，一些注重细节的网页设计师就会在自己设计的网页上增加对用户剪贴板编程访问，这样一旦因为各种原因没能发送成功，至少剪贴板中还保存有相关的信息。

然而任何东西在滥用后都可能导致问题。例如，如果有一些恶意网页，专门通过读取访客剪贴板中的内容来窥探用户隐私，那么可能做其他工作时保存在剪贴板中的数据（这个数据也许是重要客户的电话号码，或者自己的银行账号等）就会被恶意网页读取，造成泄密。因此对于该选项，建议选择"提示"，并且在浏览网页的时候密切注意提示信息。

(11)脚本中允许状态栏通过脚本更新。如果启用这个功能，那么网页将可以使用脚本在 IE 状态栏显示一些信息（可能是滚动新闻，或者其他提示信息）。这个功能会给我们带来两个问题。首先，有些网页设计得不够合理，会以很高的频率在状态栏滚动显示新闻或者其他来自网站的消息，这样很容易干扰我们的注意力，并让人变得烦躁。另外，通过该功能，网站可以仿造 IE 的提示信息。如果浏览的是一个手法低劣的钓鱼网页，网页上提示了到某银行的链接，并以银行的身份告诉我们，系统升级且需要在所谓的"官方网站"上输入自己的账号和密码以便确认升级成功。同时利用脚本，让鼠标指向到"官方网站"的链接时在状态栏显示真正的银行网站地址，但实际上链接的目标是伪造的网站，这种时候如果不够小心就容易受骗（其实很多人都习惯于通过 IE 状态栏中显示的内容了解一个超级链接的目标地址）。因此不管是为了安全，还是仅仅不想看到状态栏上的滚动消息，都建议"禁用"该选项。

(12)其他中基于内容打开文件，而不是基于文件扩展名。在启用该功能后，每当浏览器需要向网站请求一个文件（可能是用于下载的文件，或者用于显示网页的图片或脚本）时，浏览器会首先读取目标文件的前 200 个字节，然后判断要下载的文件的类型，接着才会提供各种选项（保存、打开、播放等）。建议使用默认设置，"启用"加载应用程序和不安全文件。

所谓的不安全文件，是指一些可以执行的文件。以扩展名来看，包含的文件类型有：.asp、.bas、.bat、.chm、.cmd、.com、.exe、.lnk、.inf、.reg、.isp、.pcd、.mst、.pif、.scr、

.hlp、.hta、.js、.jse、.url、.vbs、.vbe、.ws、.wsh 等。如果该选项设置为"启用"，那么这些类型的文件以及程序将直接运行，而不经询问。显然，这样不够安全，因此我们可以将其设置为"提示"或者"禁用"。

（13）其他中跨域浏览子框架。该选项决定了是否允许在浏览某个域的网页时在网页中打开来自其他域的子框架。为了提高安全性，建议使用默认的"禁用"设置或者设置为"提示"。

要理解这个选项的作用，必须明白什么是子框架，如图 8.10 所示为带有子框架的网页。

图 8.10　带有子框架的网页

当鼠标移动到中间位置时，鼠标指针变成了可拖动的样子，并且可以左右拖动调整两侧网页的宽度。这就是一个应用了嵌入框架的典型网页，并且至少有两个框架（分别位于鼠标指针所在位置的左右两侧）。浏览器地址栏中显示的网页地址既不是左侧框架的地址，也不是右侧框架的地址，而是主页面的地址。这种方式的网页设计主要是为了便于快速浏览大量页面，例如在左侧框架单击一个链接后，对应的内容就会在右侧框架中打开，而并不需要刷新整个页面。

这种网页的危险之处在于，用户无法直观看到每个框架对应页面的地址。假设单击左侧框架中的一个链接，在右侧框架中打开了一个和主网页以及左侧框架页面不在同一个服务器上的页面，这时候我们并不容易知道。用户也许以为自己还在左侧框架对应页面所在的服务器（这个服务器也许是被用户信任的）上，所以就想当然地认为右侧框架对应的页面也在同一个服务器（这个服务器可能并不是用户信任的）上。

在禁用该选项后，一旦某个框架中需要打开一个和主网页不在一个服务器上的页面，IE 将会拒绝。但为了保证正常浏览，建议也可以设置为"提示"，这样当 IE 试图打开其他服务器上的子框架时会向用户发出提示。

（14）其他中使用 SmartScreen 筛选器。SmartScreen 是 IE 8.0 中用于保护隐私的功能，该功能可以检查用户访问的网站是否属于已知的钓鱼网站。SmartScreen 通过两种方法来帮助保护我们的上网安全。

一是在我们打开网页的时候，SmartScreen 筛选器就已经默默地在后台运行了，它分析网页确定它们是否有可疑的行为，这类似于杀毒软件的实时监控功能。一旦发现可疑的网页，即如果网页可能产生一些有害的操作，比如非法获取我们的个人信息，自动下载不安全的文件等，这个时候 SmartScreen 筛选器就会提示我们是否继续访问该网页，这样我们有机会提供反馈并采取谨慎的操作。

二是 SmartScreen 筛选器还会根据已经报告的仿冒站点和恶意软件站点的最新动态列表（类似于杀毒软件中的黑名单等），检查我们正在访问的站点和下载的文件是否在列表中。如果发现匹配，SmartScreen 筛选器将显示红色警告，通知我们出于安全考虑已阻止该站点。

（15）其他中显示混合内容。假设用户在访问一个加密的网站 A，网站的页面上引用一个位于服务器 B 的图片，而服务器 B 是不需要加密访问的。这种加密和不加密内容同时出现在一个页面上的现象就是混合内容。

对于这个选项的设置，有不同的看法。如果比较在意安全性，最好能"禁用"该选项，或者至少设置为"提示"。这主要是为了防止诈骗，例如有人非法篡改了银行网站的页面，在银行的加密页面上插入一张来自其他位置的图片，而图片的内容则是建议用户打某个电话，告知自己的账户信息。如果是这种情况，在"禁用"该选项的情况下根本看不到这样的图片；而就算设置为"提示"，用户至少也会知道当前页面上有来自外部站点的内容。

（16）其他中允许网站打开没有地址或状态栏的窗口。有时候，一些网页经过特殊的设计，可以打开一些不包含 IE 地址栏以及状态栏的窗口。这样做主要是为了隐藏网页地址或者其他不需要的信息，例如在线视频或者在线培训的网站。

然而这种功能也容易被滥用，例如恶意网站弹出一个没有地址和状态栏的 IE 窗口，窗口中的内容模仿成 Windows 程序的正常窗口，诱骗用户点击其中的内容。因此建议对该选项使用默认的"禁用"设置。

（17）用户登录及身份验证。该选项决定了网页需要用户表明身份的时候使用哪种方法对待，该选项可供选择的设置如下。

- 匿名登录：优先考虑使用匿名账户当做自己的身份；
- 用户名和密码提示：提示用户输入自己的用户名和密码；
- 只在 Internet 区域自动登录：只有在访问 Internet 区域的站点时才会自动使用 Windows 账户表明用户的身份；
- 自动使用当前用户名和密码登录：自动使用当前用户的用户名和密码完成身份验证。

IE 的安生性问题曾广受争议，但其实默认设置下，IE 还是相当安全的。然而安全和易用性永远是矛盾的，如果提高安全性，就会降低易用性；如果提高易用性，就会降低安全性。IE 的默认设置虽然可以保证最高程序的安全，但却会在用户访问网页的时候制造不少困难。

如果希望了解具体有哪些选项被更改，则可以选择"打开安全设置"选项，随后系统会自动打开"Internet 选项"对话框的"安全"选项卡，并用一个红色的"叉"图标将不安全的设置标示出来。同时对于具体的选项，如果设置得不够安全，那么选项的背景将全使用红色显示，提醒我们注意。

3. 以 InPrivate 浏览方式打开 IE

简单地说，InPrivate 浏览可保护个人隐私，防止其他人看到所访问的信息。InPrivate 浏览可以防止 IE 存储有关浏览会话的数据泄露，这有助于防止任何其他使用你的计算机的人看到你访问了哪些网站，以及你在 Web 网页上查看了哪些内容。

当启动 InPrivate 浏览后，IE 会同时打开一个新的 IE 窗口。InPrivate 浏览提供的保护只能是在使用刚才打开的新窗口期间有效。当然也可以在新的 IE 窗口中根据需要打开更多的选项卡，而且这些选项卡也将受到 InPrivate 浏览的隐私保护。但是，如果是重新打开了另一个浏览器窗口浏览网页，则该窗口的浏览信息将不会受到 InPrivate 浏览的保护；如果要结束 InPrivate 浏览会话，请关闭该浏览器窗口。

当使用 InPrivate 浏览时，IE 存储一些信息（如 Cookie 和临时 Internet 文件）以便访问的网页能正常工作。但是，在结束 InPrivate 浏览会话时，该信息将被丢弃。表 8.3 描述了关闭浏览器时 InPrivate 浏览将丢弃哪些信息以及在浏览会话中它将产生什么影响。

表 8.3 InPrivate 浏览的影响方式

信 息	InPrivate 浏览的影响方式
Cookie	保存在内存中，因此页面可以正常工作，但在关闭浏览器时，它们将被清除
临时 Internet 文件	存储在磁盘上，因此页面可以正常工作，但在关闭浏览器时，它们将被删除
网页历史记录	不会存储此类信息
窗体数据和密码	不会存储此类信息
防仿冒网站缓存	加密和存储临时信息，因此页面可以正常工作
地址栏和搜索自动完成	不会存储此类信息
自动崩溃还原（ACR）	在会话中选项卡崩溃时，ACR 可还原，但是如果整个窗口崩溃，则数据将被删除，窗口也无法还原
文档对象模型（DOM）存储	DOM 存储是一种开发人员可用来保留信息的"超级 cookie" Web。与常规的 cookie 一样，它们在窗口关闭后也不会被保留

8.2.4 任务实施

（1）选择"工具"→"Internet 选项"，打开 Internet 选项窗口。

（2）选择 Internet 区域，单击"自定义级别"按钮，打开"安全设置"窗口。

（3）设置"使用 SmartScreen 筛选器"为启用，该功能会将我们要访问的站点链接和钓鱼网站数据库中的记录进行对比。如果发现访问的是一个已知的钓鱼网站，则会显示非常醒目的提示信息。在遇到这样的信息时，最好的办法就是停止支付，并通过其他途径了解这个购物网站的背景，据此做出合理的判断。启用此功能，每次访问一个网站，IE 都会自动将访问的地址与微软公司维护的数据库中的信息进行对比，这个数据库包含了大量已经确认的恶意网站地址信息。如果找到相同内容，那么毫无疑问，该网站是有问题的，IE 就会用醒目的方式进行通知；如果没有找到相同的内容，则证明所访问的网站可能是没问题的，或者有问题但尚未被发现。

（4）设置"显示混合内容"为提示，"允许网站打开没有地址或状态栏的窗口"为禁用，"脚本中文件状态栏通过脚本更新"为禁用，"启用 XSS 筛选器"为启用，"允许对剪贴板进行编程访问"为提示。

（5）为防范钓鱼网站，尤其是需要通过网页执行某些比较敏感的操作（例如使用网络银行业务或电子商务服务等）时，网页都需要进行 SSL 加密，以及加密所需的证书。

一般情况下，在 IE 中，我们可以通过下列方式判断这个网站是否是加密的。

- 在地址栏上，网页的地址以"https://"开头；
- 在地址栏右侧显示有一个黄色的锁图标。

如图 8.11 所示的就是用 IE 打开的中国建设银行个人网上银行加密网站。对网页进行加密有两个原因：一是在访问加密网页的时候，浏览器和网页服务器之间的通信数据是通过证书加密后传输的，即使有人窃取双方之间的通信数据，由于缺少证书，无法解密被加密的数据，也不会造成信息的泄露，同时也可以防止有人篡改浏览器和服务器之间的数据；另外一个原因是，通过加密（严格说这属于数字签名），可以判断网站是否可信，因为恶意网站就算可以伪造自己的网页，让网页和正规网站（例如银行网站）完全一样，却没有银行的数字证书，因此也可以从数字证书中获知网站的真实身份。

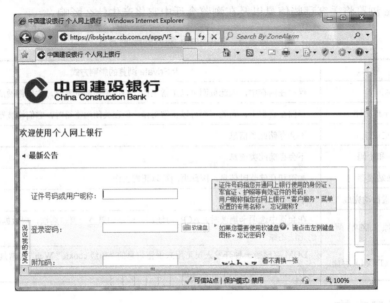

图 8.11　加密网站

一个通用的规则是，如果 IE 检测到加密网站所用的证书是正常的，那么地址栏就会显示为绿色或者白色，这种情况下可以放心浏览该网站，并提交自己的数据；如果检测到网站的证书有问题，那么地址就会显示为红色，提醒我们注意。同时，取决于具体情况，地址栏右侧会显示有"证书错误"按钮，而且网站内容不会显示，取而代之的是 IE 的警告信息。

（6）右击任务栏上的 IE 浏览器，选择"开启 InPrivate 浏览"或者按 Ctrl+ Shift+P 组合键，以 InPrivate 浏览方式打开一个新的选项卡页。

当然，如果觉得上面的方法还是很麻烦，想要 IE 浏览器直接以 InPrivate 方式启动，只要简单地修改一下 IE 浏览器启动的快捷方式即可，方法如下。

① 复制一个新的 IE 启动的快捷方式。
② 右击快捷方式，在弹出的菜单中选择"属性"。
③ 在"目标"一栏上是 IE 浏览器的打开路径，在路径最后添加一个–private 即可。
④ 重新命名快捷方式为"IE8-InPrivate"，以后每次想打开 IE 8.0 以 InPrivate 方式浏览，只要双击这个快捷方式就可以了。桌面还有一个正常模式下启动 IE 浏览器的快捷方法，这两个互不影响。

8.2.5　总结与回顾

本教学情境主要介绍了 IE 浏览器的安全配置情况。以网上购物时防范钓鱼网站为例介绍了其防范知识以及以 InPrivate 浏览方式打开 IE 保护自己的隐私。在相关知识中，主要介绍了自定义级别中需要引起大家注意或修改后可能产生重大结果的选项。IE 有许多实用而简单的功能，需要我们不断地总结体验。

8.2.6 拓展知识

1. 自动完成

IE 提供了自动完成表单和 Web 地址功能，为我们带来了便利的同时也存在泄密的危险。默认情况下自动完成功能是打开的，我们填写的表单信息，都会被 IE 记录下来，包括用户名和密码，当再次打开同一个网页时，只要输入用户名的第一个字母，完整的用户名和密码都会自动显示出来。当输入用户名和密码并提交时，会弹出自动完成对话框，除非是个人的计算机，否则千万不要点"是"按钮，否则下次其他人访问就不需要输入密码了！如果你不小心点了"是"按钮，可以通过下面步骤来清除。

（1）选择菜单"工具"→"Internet 选项"。

（2）单击"内容"选项卡，在"自动完成"项目中，单击"设置"按钮。

（3）在弹出的"自动完成设置"窗口中，取消"表单"和"表单上的用户名和密码"复选框即可。

（4）若需要删除历史记录，单击"删除自动完成历史记录"按钮即可。

2. Cookie 安全

Cookie 是 Web 服务器通过浏览器放在硬盘上的一个文件，用于自动记录用户的个人信息的文本文件。有不少网站的服务内容是基于用户打开 Cookie 的前提下提供的。为了保护个人隐私，有必要对 Cookies 的使用进行必要的限制，方法如下。

（1）选择菜单"工具"→"Internet 选项"。

（2）单击"隐私"选项卡，可以根据需要选择 Internet 区域设置，分为阻止所有 Cookie、高、中上、中、低、接受所有 Cookie 几个级别，右侧是各个级别的说明。

（3）单击"站点"按钮，可以对指定的网站进行阻止和允许。

（4）单击"导入"按钮，导入 Internet 隐私首选项。

（5）单击"高级"按钮，可以进行高级隐私设置，选择如何在 Internet 区域中处理 Cookie 替代自动 Cookie 处理，如图 8.12 所示。

（6）如果要彻底删除已有的 Cookie，可选择"常规"选项卡，在"浏览历史记录"区域，单击"删除"按钮，在弹出的"删除浏览的历史记录窗口"中，选中"Cookie"，单击"删除"按钮即可；也可进到 Windows 目录下的 cookies 子目录，按 Ctrl+A 组合键全选，再按 Delete 键删除。

3. 内容审查程序

IE 支持用于 Internet 内容分级的 PICS（Platform for Internet Content Selection）标准，通过设置分级审查功能，可帮助用户控制计算机可访问的 Internet 信息内容的类型。如只想让同学访问学院主页 www.tjtdxy.cn，可以按以下步骤进行设置。

（1）选择菜单"工具"→"Internet 选项"。

（2）选择"内容"选项卡，在内容审查程序中单击"启用"按钮。

（3）在弹出的"内容审查程序"窗口中，单击"分级"选项卡，将"分级级别"调到最低，也就是无。

（4）选择"许可站点"选项卡，添加 www.tjtdxy.cn，单击"始终"按钮，将保证该网站被许可。用同样的办法将 http://www.sina.com.cn 设为未许可。

（5）选择"常规"选项卡，可以创建监护人密码。重新启动 IE 后，分级审查生效。当浏览器在遇到 www.sina.com.cn 网站时，程序将提示，只有输入此前设定的密码后才可以浏览，如图 8.13 所示。

图 8.12　高级隐私设置

图 8.13　分级审查

4. IE 的安全区域设置

（1）添加站点到本地 Intranet。如网上银行需要 Activex 控件才能正常操作，而又不希望降低安全级别，最好的解决办法就是把该站点放入"本地 Intranet 区域"，操作步骤如下。

① 打开"Internet 选项"窗口，选择"安全"选项卡，再选择"本地 Intranet"。

② 单击"站点"按钮，打开本地 Intranet 区域对话框，如图 8.14 所示。默认情况下，这里选中的是"自动检测 Intranet 网络"选项，同时其他选项都是灰色不可选的，在这样的设置下，IE 会根据访问的站点地址自动判断是否将一个站点归类到本地 Intranet 区域，一般情况下建议使用该设置。如果希望自己决定将符合哪些条件的站点算做是本地 Intranet 站点，可以撤选"自动检测 Intranet 网络"选项，然后选择下列设置。

- 包括没有列在其他区域的所有本地（Intranet）站点：选中该选项后，任何一个位于本地局域网中的站点，只要没有被添加到其他区域，那么都将被认为是本地 Intranet 站点。
- 包括所有不使用代理服务器的站点：选中该选项后，任何站点，只要可以不用通过代理服务器访问，就都算做是本地 Intranet 站点。该选项主要适合代理服务器的企业网络，同时选择该选项的时候需要注意，如果有一个互联网上的站点被网络管理员设置为访问时不需要通过代理服务器，那么 IE 也会对这个互联网站点应用本地 Intranet 站点的安全设置。
- 包括所有网络路径（UNC）：选中该选项后，任何使用 UNC（Universal Naming Convention，通用命名约定）路径访问的站点都会被看做是本地 Intranet 站点。

③ 如果希望更进一步设定本地 Intranet 站点，如只希望某些明确指定的站点才被应用本地 Intranet 区域设置，而其他没有明确指定的，哪怕位于本地网络中的站点都被应用 Internet 区域设置，则可以在撤选"自动检测 Intranet 网络"选项后不要选择其他 3 个选项，而是单击"高级"按钮，打开如图 8.15 所示的对话框。

④ 在"将该网站添加到区域"文本框中输入要添加的站点地址，然后单击"添加"按钮即可。如果希望删除一个已经添加的站点，则可以在选中该站点后单击"删除"按钮。经过上述设置，只有在这里添加过的站点才会被应用本地 Intranet 区域的安全设置，而其他站点都将被应用 Internet 区域的安全设置。如在此输入网络银行网址，添加到列表中即可。

图 8.14　本地 Intranet 区域自动检测对话框　　图 8.15　本地 Intranet 区域高级对话框

（2）设置 IE 本地安全。其实 IE 中还包含有一个本地区域，而 IE 的安全设置都是对 Internet 和 Intranet 上 Web 服务器而言的，根本就没有针对这个本地区域的安全设置。也就是说 IE 对于这个区域是绝对信任的，这就埋下了隐患。很多网络攻击都是通过这个漏洞绕过 IE 的 ActiveX 安全设置的。

要解决这个问题，打开注册表编辑器，展开 HKEY_CURRENT_USER\Software\Microsoft\Windows\CurrentVersion\Internet Settings\Zones\0，在右边窗口中找到 DWORD 值"Flags"，默认键值为十六进制的 21（十进制 33），双击"Flags"，在弹出的对话框中将它的键值改为"1"即可。关闭注册表编辑器，重新打开 IE，再次单击"工具"→"Internet 选项"→"安全"选项卡，就会看到多了一个"我的电脑"图标，在这里可以对 IE 的本地安全进行配置，禁用 ActiveX，这样可以避免 IE 执行本地命令不受限制以及 IE 的 ActiveX 安全设置被绕过。

（3）在 DOS 下打开"Internet 属性"对话框。既然"Internet 属性"对话框这么重要，有些恶意网页就会想办法不让它打开，这时可以在 DOS 窗口下输入"RunDll32.exe shell32.dll, Control_RunDLL inetcpl.cpl"命令，就可打开 IE 的"Internet 属性"对话框。要注意"Control_RunDLL"的大小写以及它前面的逗号。

8.2.7　思考与训练

1. 简答题

（1）ActiveX 控件、Authenticode 签名、XSS 筛选器、SmartScreen 有什么作用？

（2）Cookie 有什么作用？

2. 实做题

（1）配置 IE 安全选项卡中自定义级别。

（2）以 InPrivate 浏览方式打开 IE。

（3）配置 IE 自动完成及 Cookie。

（4）配置 IE 中内容审查程序。

8.3　配置软件防火墙

随着网络技术的发展，网络安全成为当今网络社会的焦点，混合使用包过滤技术、代理服务技术和其他一些新技术的防火墙已开始应用。个人防火墙是防止 PC 中的信息被外部侵袭的一种常用技术。它可以在系统中监控、阻止任何未经授权允许的数据进入或发出到互联网及其他网络系统。个人防火墙产品如瑞星个人防火墙、天网防火墙等，都能对系统进行监控及管理，防止特洛伊木马、spy-ware 等病毒程序通过网络进入电脑或在用户未知情况下向外部扩散。本情境主要介绍软件防火墙技术的相关知识及在计算机网络安全防范中的运用。

天网防火墙是使用比较普遍的一款个人防火墙软件，它能为用户的计算机提供全面的保护，有效地监控任何网络连接。通过过滤不安全的服务，防火墙可以极大地提高网络安全，同时减小主机被攻击的风险，使系统具有抵抗外来非法入侵的能力，防止系统和数据遭到破坏。

8.3.1 学习目标

通过本教学情境的学习，应该达到的知识目标和能力目标如下表。

知识目标	能力目标
• 理解软件防火墙的基本概念； • 理解软件防火墙的运行机制； • 理解软件防火墙的功能和作用； • 了解软件防火墙的配置环境和原则； • 了解软件防火墙的特点； • 了解软件防火墙软件	• 能够安装天网防火墙； • 能够设置天网防火墙口令； • 能够配置应用程序访问规则； • 能够配置安全选项； • 能够配置 IP 策略； • 能够设置管理权限； • 能够管理日志

8.3.2 引导案例

1. 工作任务名称

配置软件防火墙。

2. 工作任务背景

学生会只有一台公用计算机，学校为学生会配备该计算机的目的是让学生会干部能够从校园网内获取校内外最新的一些消息，同时也为学生会日常管理提供方便。然而，学生会毕竟是一个学生聚集的场所，在此计算机也就变成了部分学生和学生干部上网、聊天、游戏的工具。甚至有的学生在学校办公期间下载电影，严重影响了正常网络访问的速度，危及到学校的正常网络应用程序的安全和性能。部分学生的不负责任的行为，也导致该计算机病毒、木马、恶意软件泛滥，为正常办公构成严重的安全隐患。

3. 工作任务分析

学生会计算机的日常工作包括两项，一个是日常办公软件的应用，即一些通知、活动、安排、消息等编辑排版和处理；二是从校内外网站获取一些新闻、消息、通知等。该计算机为公用办公计算机，不应该成为个别不负责任同学的娱乐工具。为了杜绝一些非正常的应用软件和网络访问，我们需要为该计算机安装带有口令保护的个人防火墙。

有了防火墙软件，就可以有目的地允许和禁止网络信息的进出，从而实现该计算机对网络访问的控制。防火墙有软件防火墙，也有硬件防火墙。对于个人计算机或网络工作站来说，软件防火墙就足够了。对于软件防火墙，目前有很多成熟的产品，如天网防火墙、江民黑客防火墙、McAfee Desktop Firewall、瑞星个人防火墙等。其中天网防火墙是应用比较广泛、功能比较强大、性能良好的一款软件防火墙。使用天网防火墙，可以对应用程序、IP 地址、端口进行筛选和过滤，有目的地控制网络信息的进出。

4. 条件准备

对于学生会的计算机，我们准备了最新版的天网防火墙个人版 V3.0。天网防火墙（SkyNet-FireWall）由广州众达天网技术有限公司制作，是国内首款个人防火墙。经过分析，选用天网防火墙个人版。它可以根据系统管理者设定的安全规则保护网络，提供强大的访问控制、应用选通、信息过滤等功能。可以抵挡网络入侵和攻击，防止信息泄露，并可与天网安全实验室的网站相配合，根据可疑的攻击信息，来找到攻击者。在新版本中采用了 3.0 的数据包过滤引擎，并增加了专门的安全规则管理模块，让用户可以随意导入导出安全规则。

8.3.3 相关知识

1. 个人防火墙定义

个人防火墙是安装并运行在计算机操作系统中，能够为个人计算机提供防火墙基础功能服务的软件。个人防火墙直接运行在个人计算机上，与网络防火墙不同，个人防火墙只能保证一台计算机免受网络黑客的攻击，可以监测和控制访问个人计算机的信息和数据，防止未授权的信息进入到个人计算机或者发送到外部网络。个人防火墙可以理解为为计算机建立了一个虚拟网络接口，操作系统通过这个网络接口检查和审计与外部网络进行通信的信息，审核通过的信息才能通过网卡和外部网络进行交互。

2. 个人防火墙的功能

个人防火墙的功能相对企业级防火墙来说比较简单，技术实现主要采用包过滤的方式。个人防火墙主要提高了用户访问权限控制、基本防御机制、安全特性及记录报表等功能。

（1）访问控制。若干条涵盖了对各种出入防火墙信息和数据的处理方法的过滤规则组成了包过滤防火墙的数据过滤规则。这种过滤规则采用默认处理的方式过滤没有完全定义的数据包。过滤规则具有良好的可读性和可扩展、编辑的特性，同时也具有能够防止和处理冲突的机制。对使用 ICMP、TCP 封装的数据包，根据 ICMP 头信息（类型和代码值）、TCP 头信息（源端口和目的端口）或 UDP 头信息（源端口和目的端口）执行过滤。

（2）内容过滤功能。个人防火墙必须支持对交互信息的过滤功能。信息内容的过滤是指防火墙在通信协议层，根据用户指定的数据过滤规则，对信息进行控制。个人防火墙过滤的结果是：符合条件的通过，不符合条件的禁止通过并记录日志和报警。

（3）防御 DOS 类型攻击功能。个人防火墙具备防止因为攻击者过多而占用操作系统的资源，导致系统崩溃的拒绝服务攻击方式。

（4）安全特性。个人防火墙的安全性是指能够对网络黑客的攻击和侵入对用户进行实时报警的功能。当个人防火墙发现有网络黑客的攻击和侵入时，能及时向用户发出警告，并能够及时调整安全策略，防御网络黑客的攻击。

（5）记录和报表功能。个人防火墙具备对网络黑客的攻击进行完善的日志记录的功能。提供日志信息存储和查看的方法，并能分析日志记录的攻击信息，及时更新安全策略，修正系统中存在的安全漏洞，并通过警告通知机制通知管理员及时采取必要的措施。

8.3.4 任务实施

1. 安装和配置天网防火墙个人版

天网防火墙个人版的安装过程如下。

（1）双击 Setup.exe 文件执行安装操作，弹出安装程序的欢迎界面浏览"天网防火墙个人版最终用户许可协议",然后选中"我接受此协议",单击"下一步"按钮,进入安装程序的选择安装的目标文件夹对话框。

（2）在选择安装的目标文件夹对话框中,查看目标文件夹是否为要安装的位置,如果需要更改目标文件安装位置,单击"浏览"按钮,选择合适的天网防火墙安装位置。在此使用默认的目标文件夹。单击"下一步"按钮,弹出安装程序的选择程序管理器程序组对话框。

（3）在选择程序管理器程序组对话框中,可以更改天网防火墙安装完成后在"开始"菜单中程序组的名称。在此不做更改而使用默认的程序组名称"天网防火墙个人版"。单击"下一步"按钮,进入开始安装对话框。直接单击"下一步"按钮,弹出正在安装对话框,如图8.16所示。安装完成后进入天网防火墙设置对话框。

图 8.16　正在安装对话框

（4）在天网防火墙设置向导的"安全级别设置"对话框中,我们可以选择由天网防火墙预先配置好的3个安全方案：低、中、高。一般情况下,使用方案"中"就可以满足需要了,如图8.17所示。

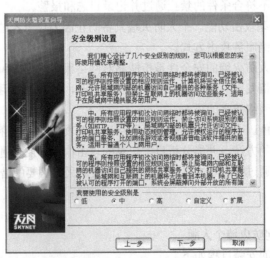

图 8.17　"安全级别设置"对话框

（5）选择完安全级别后，单击"下一步"按钮直到向导设置完成。重新启动计算机后，天网防火墙自动执行并开始保护计算机的安全。天网防个人防火墙启动后，在系统任务栏会显示图标。

2. 配置安全策略

对于天网防火墙的使用，可以不修改默认配置而直接使用。但是，学生会的计算机在校园网内部，需要做一些特定的配置来适应校园网的环境。

天网防火墙的管理界面如图 8.18 所示。在管理界面，可以设置应用程序规则、IP 规则、系统设置，也可以查看当前应用程序的网络使用情况、日志，还可以做在线升级。

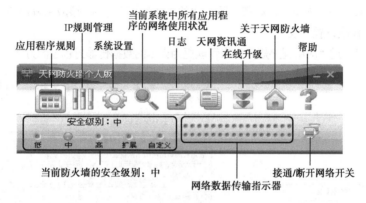

图 8.18 天网防火墙主界面

（1）系统设置。在防火墙的控制面板中单击 "系统设置"按钮即可展开防火墙系统设置界面，如图 8.19 所示。在系统设置界面中，包括基本设置、管理权限设置、在线升级设置、日志管理和入侵检测设置等。

① 在"基本设置"页面中，选中"开机后自动启动防火墙"，让防火墙开机自动运行，以保证系统始终处于监视状态。其次，"刷新"或输入局域网地址，以确保配置的局域网地址是本机地址。

② 在"管理权限设置"中，设置管理员密码，以保护天网防火墙本身，并且不选中 在允许某应用程序访问网络时,不需要输入密码，以防止除管理员外其他人随意添加应用程序访问网络权限。

③ 在"在线升级设置"中，选中"有新的升级包就提示"选项，以保证能够即时升级到最新的天网防火墙版本。

④ 在"入侵检测设置"中，选中"启动入侵检测功能"，用来检测和阻止非法入侵和破坏。

设置完成后，单击"确定"按钮，保存并退出系统设置，返回到管理主界面。

图 8.19 天网防火墙系统设置窗口

（2）应用程序规则。天网防火墙可以对应用程序数据传输封包进行底层分析拦截。通过天网防火墙可以控制应用程序发送和接收数据传输包的类型、通信端口，并且决定拦截还是通过。

基于应用程序规则，可以随意控制应用程序访问网络的权限，比如允许一般应用程序正常访问网络,而禁止网络游戏、BT 下载工具、QQ 即时聊天工具等访问网络。

① 在天网防火墙运行的情况下,任何应用程序只要有通信传输数据包发送和接收动作,都会被天网防火墙先截获分析,并弹出窗口,询问是"允许"还是"禁止",让用户可以根据需要来决定是否允许应用程序访问网络。如图 8.20 所示,Kingsoft PowerWord(金山词霸)在安装完天网防火墙后第一次启动时,被天网防火墙拦截并询问是否允许 PowerWord 访问网络。

如果执行"允许",Kingsoft PowerWord 将可以访问网络,但必须提供管理员密码,否则禁止该应用程序访问网络。在执行"允许"或"禁止"操作时,如果不选中"该程序以后都按照这次的操作运行",那么天网防火墙个人版在以后会继续截获该应用程序的数据传输数据包,并且弹出警告窗口;如果选中"该程序以后都按照这次的操作运行"选项,该应用程序将自动加入到"应用程序访问网络权限设置"表中。

管理员也可以通过"应用程序规则"来管理更为详尽的数据传输封包过滤方式,如图 8.21 所示。

图 8.20 天网防火墙警告信息

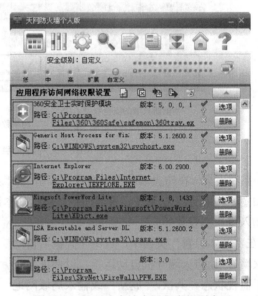

图 8.21 天网防火墙应用程序规则窗口

对于每一个请求访问网络的应用程序来说,都可以设置非常具体的网络访问细则。

图 8.22 应用程序权限设置

PowerWord 在被允许访问网络后,在该列表中显示"√",即为"允许访问网络",如图 8.22 所示。单击 PowerWord 应用程序的"选项"按钮,可以对 PowerWord 访问网络进行更为详细的设置。如图 8.23 所示。

在如图 8.23 应用程序管理界面中,管理员可以设置更为详细的包括协议、端口等访问网络访问参数。

② 对于一些即时通信工具、游戏软件、BT 下载工具等,管理员可以通过工具栏按钮进行增加规则,或者检查失效的路径、导入规则、导出规则、清空所有规则等操作。

下面,我们对 QQ、BT 等工具设置禁止访问网络。

在天网防火墙应用程序规则管理窗口,单击工具栏按钮,在如图 8.24 所示的窗口中,设置 QQ 禁止访问网络,方法是:通过"浏览"按钮选择 QQ 应用程序,并选中"禁止操作",

然后单击"确定"按钮即可。

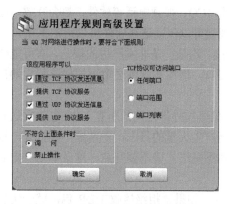

图 8.23　应用程序规则高级设置

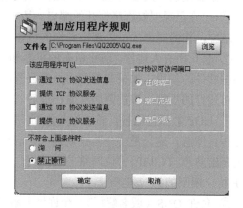

图 8.24　应用程序规则高级设置

其他应用程序和工具软件禁止网络访问的管理操作类似，在此不再赘述。

（3）IP 规则管理。IP 规则是针对整个系统的网络层数据包监控而设置的。利用自定义 IP 规则，管理员可针对具体的网络状态，设置自己的 IP 安全规则，使防御手段更周到、更实用。单击"IP 规则管理"工具栏按钮或者在"安全级别"中单击"自定义"安全级别进入 IP 规则设置界面，如图 8.25 所示。

天网防火墙在安装完成后已经默认设置了相当好的默认规则，一般不需要做 IP 规则修改，就可以直接使用。

对于默认的规则，这里只介绍其中比较重要的几项具体意义。

① 防御 ICMP 攻击。选择时，即别人无法用 ping 的方法来确定你主机的存在。但不影响你去 ping 别人。因为 ICMP 协议现在也被用来作为蓝屏攻击的一种方法，而且该协议对于普通用户来说，是很少使用到的。

② 防御 IGMP 攻击。IGMP 是用于组播的一种协议，对于 Windows 的用户是没有什么用途的，但现在也被用来作为蓝屏攻击的一种方法，建议选择此设置，不会对用户造成影响。

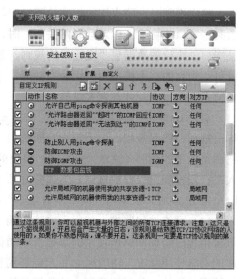

图 8.25　IP 规则管理

③ TCP 数据包监视。通过这条规则，可以监视机器与外部之间的所有 TCP 连接请求。注意，这只是一个监视规则，开启后会产生大量的日志，该规则是给熟悉 TCP/IP 协议网络的人使用的，如果不熟悉网络，请不要开启。这条规则一定要是 TCP 协议规则的第一条。

④ 禁止互联网上的机器使用我的共享资源。开启该规则后，别人就不能访问该计算机的共享资源，包括获取该计算机的机器名称。

⑤ 禁止所有人连接低端端口。防止所有的机器和自己的低端端口连接。由于低端端口是 TCP/IP 协议的各种标准端口，几乎所有的 Internet 服务都是在这些端口上工作的，所以这是一条非常严厉的规则，有可能会影响使用某些软件。如果需要向外面公开特定的端口，请在本规

则之前添加使该特定端口数据包可通行的规则。

⑥ 允许已经授权程序打开的端口。某些程序，如 ICQ、视频电话等软件，都会开放一些端口，这样，你的同伴才可以连接到你的机器上。本规则可以保证这些软件可以正常工作。

⑦ 禁止所有人连接。防止所有的机器和自己连接。这是一条非常严厉的规则，有可能会影响某些软件的使用。如果有需要向外面公开的特定端口，请在本规则之前添加使该特定端口数据包可通行的规则。该规则通常放在最后。

⑧ UDP 数据包监视。通过这条规则，可以监视机器与外部之间的所有 UDP 包的发送和接收过程。注意，这只是一个监视规则，开启后可能会产生大量的日志，平常请不要打开。这条规则是给熟悉 TCP/IP 协议网络的人使用，如果不熟悉网络，请不要开启。这条规则一定要是 UDP 协议规则的第一条。

⑨ 允许 DNS（域名解析）。允许域名解析。注意，如果要拒绝接收 UDP 包，就一定要开启该规则，否则会无法访问互联网上的资源。

此外，还设置了多条安全规则，主要针对一些用户对网络服务端口的开放和木马端口的拦截。其实安全规则的设置是系统最重要，也是最复杂的地方。如果用户不太熟悉 IP 规则，最好不要调整它，而是直接使用默认的规则。但是，如果用户非常熟悉 IP 规则，就可以非常灵活地设计适合自己使用的规则。

建立规则时，防火墙的规则检查顺序与列表顺序是一致的；在局域网中，只想对局域网开放某些端口或协议（但对互联网关闭）时，可对局域网的规则采用允许"局域网网络地址"的某端口、协议的数据包"通行"的规则，然后用"任何地址"的某端口、协议的规则"拦截"，就可达到目的；不要滥用"记录"功能，一个定义不好的规则加上记录功能，会产生大量没有任何意义的日志，并耗费大量的内存。

对于 IP 规则，可以单击工具栏上的 按钮，来增加规则、修改规则、删除规则。由于规则判断是由上而下执行的，还可以通过单击"上移"、"下移"按钮调整规则的顺序（注意：只有同一协议的规则才可以调整相互顺序），还可以"导出"和"导入"已预设和已保存的规则。当调整好顺序后，可按"保存"按钮保存所做的修改。如需要删除全部 IP 规则，可单击"清空所有规则"按钮删除全部 IP 规则。

（4）网络访问监控。使用天网防火墙，用户不但可以控制应用程序访问权限，还可以监视该应用程序访问网络所使用的数据传输通信协议、端口等。通过使用"当前系统中所有应用程序的网络使用状况"功能，用户能够监视到所有开放端口连接的应用程序及它们使用的数据传输通信协议，任何不明程序的数据传输通信协议端口，例如特洛依木马等，都可以在应用程序网络状态下一览无遗，如图 8.26 所示。

天网防火墙对访问网络的应用程序进程监控还实现了协议过滤功能，对于普通用户而言，由于通常的危险进程都是采用 TCP 传输层协议，所以基本上只要对使用 TCP 协议的应用程序进程监控就可以了。一旦发现有非法进程在访问网络，就可以用应用程序网络访问监控的"结束进程"功能 来禁止它们，阻止它们的执行。

（5）日志。天网防火墙会把所有不符合规则的数据传输封包拦截并且记录下来。一旦选择了监视 TCP 和 UDP 数据传输封包，发送和接收的每个数据传输封包就会被记录下来，如图 8.27 所示。

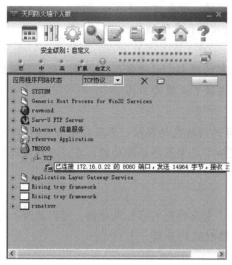

图 8.26　网络访问监控

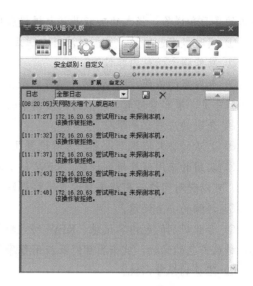

图 8.27　网络访问监控

有一点需要强调，即不是所有被拦截的数据传输封包都意味着有人在攻击，有些是正常的数据传输封包。但可能由于设置的防火墙的 IP 规则的问题，也会被天网防火墙拦截下来并且报警。如果设置了禁止别人 ping 你的主机，当有人向你的主机发送 ping 命令，天网防火墙也会把这些发来的 ICMP 数据拦截下来记录在日志上并且报警。

天网防火墙个人版把日志进行了详细的分类，包括：系统日志、内网日志、外网日志、全部日志，可以通过单击日志旁边的下拉菜单选择需要查看的日志信息。

到此为止，天网防火墙已经安装完成并能够发挥作用，保护学生会计算机的安全免受外来攻击和内部信息的泄漏。

8.3.5　总结与回顾

个人防火墙是防止电脑中的信息被外部侵袭的一项技术，它能在系统中监控、阻止任何未经授权允许的数据进入或发送到互联网及其他网络系统。个人防火墙能帮助用户对系统进行监控及管理，防止特洛伊木马、spy-ware 等病毒程序通过网络进入电脑或在未知情况下向外部扩散。

个人防火墙对流经它的网络通信进行扫描，这样能够过滤掉一些攻击，以免其在目标计算机上被执行。防火墙还可以关闭不使用的端口，而且还能禁止特定端口的流出通信，封锁特洛伊木马。最后，它可以禁止来自特殊站点的访问，从而防止来自不明入侵者的所有通信。

当然，并不要指望防火墙能够给予完美的安全。防火墙可以保护计算机或者网络免受大多数来自外部的威胁，却不能防止内部的攻击。正常情况下，可以拒绝除了必要和安全的服务以外的任何服务。但是新的漏洞每天都出现，关闭不安全的服务意味着一场持续的战争。

8.3.6　拓展知识

1．各种常见的软件防火墙

除了天网防火墙以外，还有很多适合普通个人用户使用的软件防火墙，例如傲盾防火墙、Agnitum Outpost Firewall、Sygate Personal Firewall Pro、ZoneAlarm、Kaspersky Anti-Hacker 等。

（1）傲盾防火墙。傲盾防火墙 KFW 是一款免费的、比较好用的 DDOS 防火墙，其严谨、丰富的界面和详尽、强大的功能是其大规模应用的前提。傲盾防火墙有以下特点。

① 实时数据包地址、类型过滤可以阻止木马的入侵和危险端口扫描。

② 功能强大的包内容过滤。

③ 包内容的截获。KFW 防火墙可以截获指定包的内容，以便保存、分析。为编写网络程序的程序员、黑客爱好者、想成为网络高手的网虫提供了方便的工具。

④ 先进的应用程序跟踪。

⑤ 灵活的防火墙规则设置，可以设置几乎所有的网络包的属性，来阻挡非法包的传输。

⑥ 实用的应用程序规则设置。KFW 防火墙提供了应用程序跟踪功能，在应用程序规则设置里，可以针对网络应用程序来设置网络规则。

⑦ 详细的安全记录。

⑧ 专业级别的包内容记录。KFW 防火墙提供了专业的包内容记录功能，可以更深入地了解各种攻击包的结构、攻击原理以及应用程序的网络功能的分析。

⑨ 完善的报警系统。

⑩ IP 地址翻译。

⑪ 方便漂亮的操作界面。

⑫ 强大的网络端口监视功能。

⑬ 强大的在线模块升级功能。

（2）Agnitum Outpost Firewall。Agnitum Outpost Firewall 是一款短小精悍的网络防火墙软件，它能够从系统和应用两个层面对网络连接、广告、内容、插件、邮件附件以及攻击检测多个方面进行保护，预防来自 Cookies、广告、电子邮件病毒、后门、窃密软件、解密高手、广告软件的危害。

（3）Sygate Personal Firewall。Sygate Personal Firewall 个人防火墙能对网络、信息内容、应用程序以及操作系统提供多层面全方位保护，可以有效而且具有前瞻性地防止黑客、木马和其他未知网络威胁的入侵。与其他防火墙不同的是，Sygate Personal Firewall 能够从系统内部进行保护，并且可以在后台不间断地运行。另外它还提供安全访问和访问监视功能，并可提供所有用户的活动报告，当检测到入侵和不当的使用后，能够立即发出警报。

（4）Kaspersky Anti-Hacker。Kaspersky Anti-Hacker 是卡巴斯基公司出品的一款非常优秀的网络安全防火墙。它能保证电脑不被黑客入侵和攻击，全方位保护数据安全。Kaspersky Anti-Hacker 防火墙还有非常强大的日志功能，一切网络活动都会记录在日志中。从中可查找出黑客留下的蛛丝马迹，对防范攻击是非常有帮助的。另外，Kaspersky Anti-Hacker 还能查看端口和已建立的网络连接情况。

2. Windows 防火墙

（1）网络位置类型的意义。Windows 10 防火墙是基于网络类型的配置文件。Windows 10 防火墙的网络类型分别是域、家庭或工作（专用和公用），也就是可以连接到不同的网络类型，应用不同的防火墙规则。如果计算机加入域，则会应用域网络位置的防火墙规则；如果计算机当前位于专用网络，则会应用专用网络位置的防火墙规则；如果计算机当前用于公共网络，则会应用公用网络类型的防火墙规则。

Windows 10 安装程序会在最后阶段要求输入当前计算机所处的网络位置（工作和家庭），就对应此处的专用配置文件；公共场所则对应于公用配置文件。而一旦客户端加入了 Windows 域，则会自动应用域配置文件，无需手动指定。

如果把 Windows 10 连接到一个陌生的网络，系统会自动询问网络的类型（专用或者公用），用户也可以在"网络和共享中心"窗口进行设置，以便手动指定网络位置的类型。

把 Windows 防火墙和网络位置类型对应起来非常方便，不同的网络配置文件可以有不同的防火墙配置，这样只需要更改当前计算机所处的网络类别，就可以快速应用不同的防火墙配置。

在"开始"菜单的搜索框中输入"防火墙"，然后在结果栏中单击"Windows 防火墙"，即可打开"Windows 防火墙"窗口，如图 8.28 所示。在此窗口可以看到当前计算机处于公用网络。

图 8.28 "Windows 防火墙"窗口

（2）高级安全 Windows 防火墙的概述。

① 在"开始"菜单的搜索框中输入"防火墙"，然后在结果栏中单击"高级安全 Windows 防火墙"，即可打开"高级安全 Windows 防火墙"窗口，如图 8.29 所示。

图 8.29 "高级安全 Windows 防火墙"窗口

"高级安全 Windows 防火墙"窗口是一个典型的 MMC 3.0 窗口,共分为 3 个窗格,左侧是控制台树,列出了防火墙配置的功能类别(每个功能可以展开);中间窗格是详细窗格,列出了每个功能类别及其分支的详细信息;右侧窗格是操作窗格,可以对每个功能类别及其分支进行具体的操作。

在"高级安全 Windows 防火墙"窗口中间的详细窗格,有 3 个配置文件,即域配置文件、专用配置文件和公用配置文件,分别对应不同位置类型。

在 Windows Vista 中,Windows 防火墙在指定的时间只有一个配置文件是活动状态。如果计算机同时连接到多个网络位置,则只有限制最严格的配置文件才能生效,并且应用到所有的网络连接。公用配置文件最严格,其次是专用配置文件,最后是域配置文件。

在 Windows 10 中,可以同时有多个配置文件处于活动状态。计算机上的每块网卡都可以连接到独立的网络位置,从而赋予独立的配置文件。每块网卡接受或者发送的数据包会受到相应的配置文件的影响。每个网络配置文件对应一套不同的防火墙规则,网络配置的防火墙规则的集合就叫做策略。可以把一台计算机的防火墙策略导出,然后导入到其他计算机上。

② 在"高级安全 Windows 防火墙"窗口左侧的控制台树上单击根节点,在右侧的操作窗格中单击"导出策略"链接,输入保存的文件名和路径即可。该导出文件的扩展名为.wfw。

③ 如果要导入事先导出的防火墙规则,则可以单击"导入策略"链接,然后定位到先前的策略文件即可。

(3)配置 Windows 防火墙的出站规则。可以借助"高级安全 Windows 防火墙"窗口配置出站和入站连接,二者的配置方法大致相同,所以这里以配置出站为例进行介绍。

对出站连接进行管理,这是 Windows 10 防火墙的一个新增功能。不过需要注意的是,Windows 10 防火墙默认阻止所有的入站连接。但为了易用性,默认允许所有的出站连接。要阻止某个应用程序的出站连接,需要专门为此建立规则。

例如,要阻止 QQ 登录到服务器,以便阻止用户的聊天行为,其操作步骤如下。

① 在"高级安全 Windows 防火墙"窗口左侧的控制台树里选择"出站规则"后,单击右侧任务窗格中的"新建规则"链接,打开"新建出站规则向导"对话框。

② 在该对话框中选择"程序"选项,然后单击"下一步"按钮。

③ 选择"此程序路径"选项,并在其下的路径文本框中指定 QQ 的可执行文件所在的路径,如图 8.30 所示。

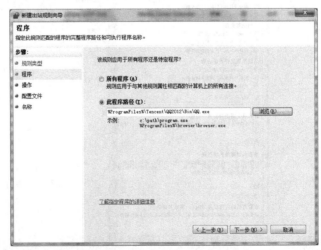

图 8.30 出站规则向导——规则类型

④ 当向导询问所需执行的操作时，需要选择"阻止连接"选项，如图8.31所示。

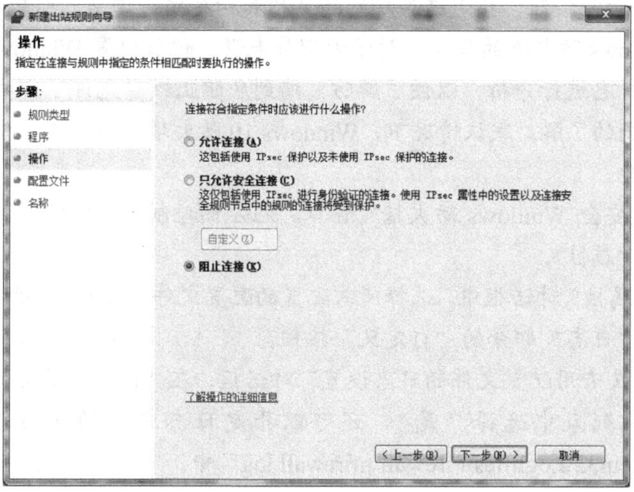

图8.31　出站规则向导——操作

⑤ 单击"下一步"按钮，指定这条防火墙规则作用于哪个配置文件，可以根据需要进行设置。例如可以只选中"域"复选框，这样每当计算机连接到公司的域环境（域、专用、公用），就无法使用QQ。

⑥ 单击"下一步"按钮，指定这条规则的名称和相关描述信息，然后单击"完成"按钮即可。

现在如果运行QQ，并且试图登录时，就会出现无法登录的错误消息提示。如果单击错误消息框上的"疑难解答"按钮，QQ就会执行错误诊断，诊断结果显示其原因可能和防火墙有关。

（4）配置Windows防火墙的入站规则。Windows防火墙控制面板组件也能配置入站规则，与"高级安全Windows防火墙"窗口出站规则类似。如在窗口中进行的"文件和打印机共享"设置，可以看到文件和打印机的共享实际上由多条策略组成，分别针对不同的配置文件（对应计算机所处的网络位置）。

前面介绍过，在Windows防火墙控制面板里只能对程序和Windows功能组件配置入站规则，而无法配置端口规则。一来使用Windows防火墙控制面板比较简明，无需懂得专门的网络安全知识；二来针对程序配置入站规则比较安全，因为Windows防火墙会根据程序的需要动态开启和关闭网络端口。如果直接创建端口规则，则该端口会一直开启。如果确定需要开启某个入站的端口规则，则可以借助高级安全Windows防火墙来完成。

① 在"高级安全Windows防火墙"窗口左侧的控制台树里定位到"入站规则"，然后单击右侧任务窗格中的"新建规则"链接，打开"新建入站规则向导"对话框。

② 该对话框中选择"端口"选项，然后单击"下一步"按钮。

③ 指定该规则应用于TCP还是UDP，然后指定开放的端口。这里选择"特定本地端口"选项，此处既可以指定某个特殊的端口，也可以指定端口范围。

④ 单击"下一步"按钮，当向导询问所需执行的操作时，可以根据需要选择"阻止连接"、"允许连接"，或者"只允许安全连接"选项。

⑤ 指定这条防火墙规则作用于哪个配置文件（域、专用、公用），可以根据需要进行设置，

也可以保持 3 个配置文件都处于选中状态。

⑥ 单击"下一步"按钮，指定这条规则的名称和相关描述信息，然后单击"完成"按钮。

（5）启用 Windows 防火墙的日志。对于管理员来说，仅仅配置 Windows 防火墙是不够的，还需要对防火墙的日志进行分析，以便了解防火墙到底阻止或者允许了哪些网络通信，从而对网络情况有一个全局的了解。默认情况下，Windows 10 防火墙禁用日志功能，用户可以按照以下方法启用日志功能。

① 打开"高级安全 Windows 防火墙"窗口，在左侧控制台树中定位到根节点并右击，在弹出的菜单中选择"属性"。

② 在打开的"属性"对话框中，选择所需配置的配置文件，如可以切换到"专用配置文件"选项卡，然后单击"日志"部分的"自定义"按钮。

③ 打开"自定义专用配置文件的日志设置"对话框，在"记录被丢弃的数据包"和"记录成功的连接"下拉列表中选择"是"，还可以指定日志文件的保存路径，默认保存在"%systemroot%\system32\LogFiles\Firewall\pfirewall.log"中。

④ 依次单击所有打开的对话框中的"确定"按钮，保存所做的设置。

（6）查看防火墙日志。

① 打开"高级安全 Windows 防火墙"窗口，在左侧控制台树中定位到"监视"节点。

② 在中间详细窗格中可以看到"日志设置"部分列出的文件名链接，单击该链接。

③ 随后即可看到以记事本形式打开的日志文件。

8.3.7 思考与训练

1. 简答题

（1）个人防火墙的功能有哪些？

（2）何时使用个人防火墙？

（3）如何选择合适的个人防火墙？

2. 实做题

（1）安装配置天网防火墙。

（2）配置 Windows 防火墙。

任务 9 配置网络防火墙

硬件防火墙是指把防火墙程序做到芯片里面,由硬件执行这些功能,能减少 CPU 的负担,使路由更稳定。硬件防火墙是保障内部网络安全的一道重要屏障。它的安全和稳定,直接关系到整个内部网络的安全。

神州数码 DCWAF-506 防火墙是一款功能完整、接入方式灵活、配置简单、性能稳定的企业级 Web 防火墙,是适用于中小型企业网络中心、大中型企业分支机构、单位办公网络的网络信息系统。神州数码 DCWAF-506 抗拒绝服务攻击能力突出的应用级高端防火墙,是面向中小型企业网络中心、电子商务网站、数据中心等骨干网络的 Web 防火墙产品,可普遍适用于网络环境的安全系统建设。

9.1.1 学习目标

通过本教学情境的学习,应该达到的知识目标和能力目标如下表。

知识目标	能力目标
• 理解防火墙的基本特性; • 理解防火墙的运行机制; • 掌握防火墙的功能和作用; • 掌握防火墙的管理特性; • 掌握防火墙的对象管理; • 掌握防火墙的策略配置; • 了解防火墙的局限性	• 能够安装神州数码 DCWAF-506 防火墙; • 能够使用 Web 方式登录防火墙; • 能够 DCWAF-506 管理用户; • 能够 DCWAF-506 系统管理; • 能够管理 DCWAF-506 防火墙服务; • 能够定义 DCWAF-506 防火墙规则

9.1.2 引导案例

1. 工作任务名称

安装配置硬件防火墙。

2. 工作任务背景

校园网对于当今学校的管理和运行已经成为最基本的条件,广泛应用于学校的日常办公,学生信息的管理,学生选课、成绩的管理等。如果没有校园网,学校的日常活动可能就难以开展下去。

但是,校园网的安全和性能问题越来越严重,特别是近来发现了对学校服务器的攻击行为,更是对校园网的安全构成了严重的威胁,对校园网的日常运行存在非常大的安全隐患。

3. 工作任务分析

从校园网当前存在的问题来看,这是典型的网络安全管理问题。一是对网络服务器的攻击和破坏是网络安全的最大威胁,服务器的安全是校园网正常运行的必要条件;二是病毒和木马的传播,给学校业务的正常运行造成了极大的隐患。

在当前校园网中，缺少一个对网络信息流动进行严格控制的机制。如果在校园网中加入一台硬件防火墙，对校园网中的网络活动进行筛选和控制，在保证日常网络活动正常进行的前提下，对非正常的网络活动（如木马的传播和病毒的网络攻击）进行限制，对网络安全构成威胁的行为严格禁止。对于这样的网络管理，防火墙是最合适的，如果能够进行合理的配置，现在所涉及的安全问题都可以很好的得到解决。

4. 条件准备

对于校园网的安全防护，我们准备了神州数码 DCWAF-506 防火墙。DCWAF-506 采用 X86 多核架构，可根据协议特征、行为特征及关联分析等，准确识别数千种网络应用，提供了精细而灵活的应用安全管控功能。用户可了解到应用背景、应用风险级别、潜在风险描述、所用技术等详尽信息，如该应用是否大量消耗带宽、是否能够传输文件、是否存在已知漏洞等。通过多维度的详尽应用分析，用户可制定针对性的安全策略以避免特定应用威胁网络安全。DCWAF-506 还内置精细化的应用筛选机制，用户可根据应用名称、应用类别、应用子类别、风险级别、所用技术、应用特征等条件，精确筛选出感兴趣的应用类型，如具备文件传输功能的通信软件，或存在已知漏洞、基于浏览器的 Web 视频应用等，从而实现精细化的应用管控。基于深度应用识别及精细化的应用筛选，支持灵活的安全控制功能，包括策略阻止、会话限制、流量管控、应用引流或时间限制等。神州数码防火墙提供了基于深度应用、协议检测和攻击原理分析的入侵防御技术，可有效过滤病毒、木马、蠕虫、间谍软件、漏洞攻击、逃逸攻击等安全威胁，为用户提供网络安全防护。超过 2000 万条分类库的 URL 过滤功能，可帮助网络管理员轻松实现网页浏览访问控制，避免恶意 URL 带来的威胁渗入。

DCWAF-506 防火墙前面板示意图如图 9.1 所示，DCWAF-506 从左到右依次排列有公司标识、状态指示灯、CONSOLE 接口、USB 接口、两路透明桥网口（其中两个 WAN 接口和两个 LAN 接口）、带外接口、管理接口。

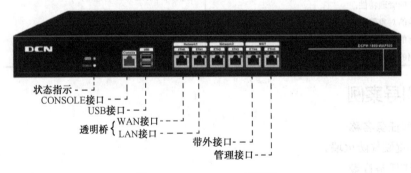

图 9.1 DCWAF-506 前面板

9.1.3 相关知识

防火墙的本义原是指古代人们房屋之间修建的那道墙，这道墙在火灾发生时可以阻止蔓延到别的房屋。而这里所说的防火墙当然不是指物理上的防火墙，而是指隔离在本地网络与外界网络之间的一道防御系统。

应该说，在互联网上防火墙是一种非常有效的网络安全模型，通过它可以隔离风险区域（即 Internet 中有一定风险的网站）与安全区域（局域网或 PC）的连接。同时可以监控进出网络的通信，让安全的信息进入。

防火墙是设置在不同网络（如可信任的企业内部网和不可信的公共网）或网络安全域之间的一系列部件的组合。它是不同网络或网络安全域之间信息的唯一出入口，能根据企业的安全政策控制（允许、拒绝、监测）出入网络的信息流，且本身具有较强的抗攻击能力。它是提供信息安全服务，实现网络和信息安全的基础设施。

在逻辑上，防火墙是一个分离器，一个限制器，也是一个分析器，有效地监控了内部网和Internet之间的任何活动，保证了内部网络的安全。防火墙可以是软件类型，软件在电脑上运行并监控，对于个人用户来说软件型更加方便实用；也可以是硬件类型的，所有数据都首先通过硬件芯片监测，其实硬件型也就是芯片里固化了的软件，它不占用计算机CPU处理时间，功能非常强大，处理速度很快。

1. 防火墙的功能

（1）防火墙是网络安全的屏障。一个防火墙（作为阻塞点、控制点）能极大地提高一个内部网络的安全性，并通过过滤不安全的服务而降低风险。由于只有经过精心选择的应用协议才能通过防火墙，所以网络环境变得更安全。如防火墙可以禁止诸如众所周知的不安全的NFS协议进出受保护网络，这样外部的攻击者就不可能利用这些脆弱的协议来攻击内部网络。防火墙同时可以保护网络免受基于路由的攻击，如IP选项中的源路由攻击和ICMP重定向中的重定向路径。防火墙应该可以拒绝所有以上类型攻击的报文并通知防火墙管理员。

（2）防火墙可以强化网络安全策略。通过以防火墙为中心的安全方案配置，能将所有安全软件（如口令、加密、身份认证、审计等）配置在防火墙上。与将网络安全问题分散到各个主机上相比，防火墙的集中安全管理更经济。例如在网络访问时，口令系统和其他身份认证系统完全可以不必分散在各个主机上，而集中在防火墙一身上。

（3）对网络存取和访问进行监控审计。如果所有的访问都经过防火墙，那么，防火墙就能记录下这些访问并作出日志记录，同时也能提供网络使用情况的统计数据。当发生可疑动作时，防火墙能进行适当的报警，并提供网络是否受到监测和攻击的详细信息。另外，收集一个网络的使用和误用情况也是非常重要的。首先是可以清楚防火墙是否能够抵挡攻击者的探测和攻击，并且清楚防火墙的控制是否充足。而网络使用统计对网络需求分析和威胁分析等而言也是非常重要的。

（4）防止内部信息的外泄。通过利用防火墙对内部网络的划分，可实现内部网重点网段的隔离，从而限制了局部重点或敏感网络安全问题对全局网络造成的影响。再者，隐私是内部网络非常关心的问题，一个内部网络中不引人注意的细节可能包含了有关安全的线索而引起外部攻击者的兴趣，甚至因此而暴露了内部网络的某些安全漏洞。使用防火墙就可以隐蔽那些透漏内部细节（如Finger、DNS等）的信息。Finger显示了主机的所有用户的注册名、真名、最后登录时间和使用shell类型等。但是Finger显示的信息非常容易被攻击者所获悉。攻击者可以知道一个系统使用的频繁程度，这个系统是否有用户正在连线上网，这个系统是否在被攻击时引起注意等等。防火墙可以同样阻塞有关内部网络中的DNS信息，这样一台主机的域名和IP地址就不会被外界所了解。

除了安全作用，防火墙还支持具有Internet服务特性的企业内部网络技术体系VPN。通过VPN，将企事业单位在地域上分布在全世界各地的LAN或专用子网，有机地联成一个整体。不仅省去了专用通信线路，而且为信息共享提供了技术保障。

2. 防火墙的种类

根据防火墙的分类标准不同，防火墙可以有多种不同的分类方法。根据网络体系结构来进行分类，可以将防火墙划分为以下几种类型。

（1）网络级防火墙。一般是基于源地址和目的地址、应用或协议以及每个 IP 包的端口来作出通过与否的判断。一个路由器便是一个"传统"的网络级防火墙，大多数的路由器都能通过检查这些信息来决定是否将所收到的包转发，但它不能判断出一个 IP 包来自何方，去向何处。

先进的网络级防火墙可以判断这一点，它可以提供内部信息以说明所通过的连接状态和一些数据流的内容，把判断的信息同规则表进行比较，在规则表中定义了各种规则来表明是否同意或拒绝包的通过。网络级防火墙检查每一条规则直至发现包中的信息与某规则相符。如果没有一条规则能符合，防火墙就会使用默认规则，一般情况下，默认规则就是要求防火墙丢弃该包。其次，通过定义基于 TCP 或 UDP 数据包的端口号，防火墙能够判断是否允许建立特定的连接，如 Telnet、FTP 连接。

网络级防火墙简洁、速度快、费用低，并且对用户透明，但是对网络的保护很有限，因为它只检查地址和端口，对网络更高协议层的信息无理解能力。

（2）应用级网关。应用级网关就是常常说的"代理服务器"，它能够检查进出的数据包，通过网关复制传递数据，防止在受信任服务器和客户端与不受信任的主机间直接建立联系。应用级网关能够理解应用层上的协议，能够做复杂一些的访问控制，并做精细的注册和审核。但每一种协议需要相应的代理软件，使用时工作量大，效率不如网络级防火墙。

常用的应用级防火墙已有了相应的代理服务器，例如：HTTP、NNTP、FTP、Telnet、rlogin、X-windows 等，但是，对于新开发的应用，尚没有相应的代理服务，它们将通过网络级防火墙和一般的代理服务。

应用级网关有较好的访问控制，是目前最安全的防火墙技术，但实现困难，而且有的应用级网关缺乏"透明度"。在实际使用中，用户在受信任的网络上通过防火墙访问 Internet 时，经常会发现存在延迟并且必须进行多次登录（Login）才能访问 Internet 或 Intranet。

（3）电路级网关。电路级网关用来监控受信任的客户或服务器与不受信任的主机间的 TCP 握手信息，这样来决定该会话（Session）是否合法。电路级网关是在 OSI 模型的会话层上来过滤数据包的，这样比网络级防火墙要高二层。

实际上电路级网关并非作为一个独立的产品存在，它与其他应用级网关结合在一起。另外，电路级网关还提供一个重要的安全功能：代理服务器（ProxyServer）。代理服务器是个防火墙，在其上运行一个叫做"地址转移"的进程，来将所有公司内部的 IP 地址映射到一个"安全"的 IP 地址，这个地址是由防火墙使用的。但是，作为电路级网关也存在着一些缺陷，因为该网关是在会话层工作的，它就无法检查应用层级的数据包。

（4）规则检查防火墙。该防火墙结合了包过滤防火墙、电路级网关和应用级网关的特点。它同网络级防火墙一样，规则检查防火墙能够在 OSI 网络层上通过 IP 地址和端口号，过滤进出的数据包。它也像电路级网关一样，能够检查 SYN 和 ACK 标记和序列数字是否逻辑有序。当然它也像应用级网关一样，可以在 OSI 应用层上检查数据包的内容，查看这些内容是否符合公司网络的安全规则。

规则检查防火墙虽然集成前三者的特点，但是不同于一个应用级网关的是，它并不打破客户端/服务机模式来分析应用层的数据，它允许受信任的客户端和不受信任的主机建立直接连接。规则检查防火墙不依靠与应用层有关的代理，而是依靠某种算法来识别进出的应用层数据，这些算法通过已知合法数据包的模式来比较进出数据包，这样从理论上就能比应用级代理在过滤数据包上更有效。

3. 防火墙的常见规则

（1）NAT 规则。NAT（Network Address Translation）是在 IPv4 地址日渐枯竭的情况下出现的一种技术，可将整个组织的内部 IP 都映射到一个合法 IP 上来进行 Internet 的访问。NAT 中转换前源 IP 地址和转换后源 IP 地址不同，数据进入防火墙后，防火墙将其源地址进行了转换后再将其发出，使外部看不到数据包原来的源地址。一般来说，NAT 多用于从内部网络到外部网络的访问，内部网络地址可以是保留 IP 地址。

用户可通过安全规则设定需要转换的源地址（支持网络地址范围）、源端口。此处的 NAT 指正向 NAT，正向 NAT 也是动态 NAT，通过系统提供的 NAT 地址池，支持多对多，多对一，一对多，一对一的转换关系。

（2）IP 映射规则。IP 映射规则是将访问的目的 IP 转换为内部服务器的 IP。一般用于外部网络到内部服务器的访问，内部服务器可使用保留 IP 地址。

当管理员配置多个服务器时，就可以通过 IP 映射规则，实现对服务器访问的负载均衡。一般的应用为：假设防火墙外网卡上有一个合法 IP，内部有多个服务器同时提供服务，当将访问防火墙外网卡 IP 的访问请求转换为这一组内部服务器的 IP 地址时，访问请求就可以在这一组服务器进行均衡。

（3）端口映射规则。端口映射规则是将访问的目的 IP 和目的端口转换为内部服务器的 IP 和服务端口。一般用于外部网络到内部服务器的访问，内部服务器可使用保留 IP 地址。

当管理员配置多个服务器时，都提供某一端口的服务，就可以通过配置端口映射规则，实现对服务器此端口访问的负载均衡。一般的应用为：假设防火墙外网卡上有一个合法 IP，内部有多个服务器同时提供服务，当将访问防火墙外网卡 IP 的访问请求转换为这一组内部服务器的 IP 地址时，访问请求就可以在这一组服务器进行均衡。

（4）地址绑定。地址绑定是防止 IP 欺骗和防止盗用 IP 地址的有效手段，如果防火墙某网口配置了"IP/MAC 地址绑定"启用功能、"IP/MAC 地址绑定的默认策略（允许或禁止）"，当该网口接收数据包时，将根据数据包中的源 IP 地址与源 MAC 地址，检查管理员设置好的 IP/MAC 地址绑定表。如果地址绑定表中查找成功，匹配则允许数据包通过，不匹配则禁止数据包通过。如果查找失败，则按默认策略（允许或禁止）执行。

9.1.4 任务实施

1. 硬件防火墙的安装

考虑到现有校园网的特点，防火墙接入采用"纯透明"的拓扑结构，如图 9.2 所示。这样的拓扑结构有如下特点：

- 接入防火墙后无须改变原来拓扑结构；
- 防火墙无需启用 NAT 功能；
- 可以禁止外网到内网的连接，限制内网到外网的连接，即只开放有限的服务，比如浏览网页、收发邮件、下载文件等；
- 使用 DMZ 区对内外网提供服务，比如 WWW 服务、邮件服务等。

接入防火墙后，在防火墙的管理界面中只需要将防火墙接口 LAN、WAN、DMZ 启用混合模式；通过安全策略禁止外网到内网的连接；通过安全策略限制内网到外网的连接；通过安全策略限制外网到 DMZ 区的连接。

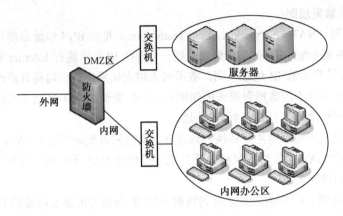

图 9.2　防火墙接入后拓扑结构示意图

2. 连接管理主机与防火墙

神州数码 DCWAF-506 提供 Web UI 界面,使用户能够更简便与直观地对设备进行管理与配置。DCWAF-506 的带外口配有默认 IP 地址 192.168.45.1/24,初次使用 DCWAF-506 时,用户可以通过该接口访问 DCWAF-506 的 Web UI 页面。

(1)将管理 PC 的 IP 地址设置为与 192.168.45.1/24 同网段的 IP 地址,并且用网线将管理 PC 与 DCWAF-506 的 ethernet0/2 接口进行连接。

(2)在管理 PC 的 Web 浏览器中访问地址 http://192.168.45.1:62809 并按回车键,出现登录界面,如图 9.3 所示。

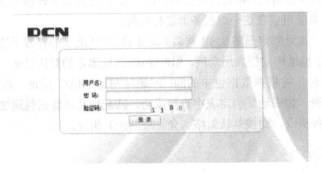

图 9.3　DCWAF-506 登录界面

(3)输入正确的用户名和密码(初始登录用户名是 admin,密码是 admin123)和验证码,然后单击"登录"按钮或按回车键,进入 DCWAF-506 的主页,如图 9.4 所示。

3. 首页功能介绍

首页是合法用户登录后首次看到的页面,其主要内容有系统信息、系统日志、许可状态、接口状态几个部分。系统每隔 15 秒自动刷新首页信息。用户可以手动隐藏、刷新或关闭某个部分。

(1)系统信息。系统信息显示 DCWAF-506 的基本信息,如设备型号、设备序列号、主机名称、软件版本号、系统时间(可以通过"编辑"快速进入到配置中的"时间配置页面")、运行时间、最近升级时间、CPU 利用率、内存利用率和部署模式(透明模式、反向代理模式)、bypass 状态等信息。

图 9.4　DCWAF-506 的主页面

（2）系统日志。系统日志记录了用户最近对 DCWAF-506 进行操作所生成的系统日志，记录了系统日志的用户、事件、摘要和状态。

（3）许可状态。许可状态显示 DCWAF-506 系统中 License 的授权情况，包含许可类型、硬件 ID、系统有效期限、规则库有效期限等。

（4）接口状态。接口状态显示了 DCWAF-506 上各个接口的状态，包括速率、模式、接受和发送的流量等信息。

4. 系统管理

（1）系统状态。系统状态下，可查看系统的接口流量统计、CPU 利用率、内存利用率等状态。查看系统状态有两种方式：自定义时间段查询和快捷查询。快捷查询系统预置了五种方式：最近 1 小时、昨天、今天、最近 7 天、最近 30 天。如果快捷查询的时间段不能满足用户需求，系统还提供了自定义显示时间的方法，用户可自定义起始时间和结束时间查看。

（2）授权信息。授权信息页面用于显示当前 license 信息以及升级 license 文件。license 文件包含授权用户、授权状态、保护服务数、系统版本、授权模块等信息，用户需要联系厂商的销售人员，获得 DCWAF-506 的授权文件，并确定与所购买产品硬件的型号匹配。如果用户购买的授权文件中，没有许可某个模块的使用，那么该模块将不可配置。为了避免许可证使用期限缩短，请在导入许可证之前，确保正确的系统时间。

（3）系统升级。系统升级用于系统版本更新和版本信息的显示。

① 版本信息。版本信息显示当前版本号和规则版本号。

② 手动升级。当用户的升级包保存在本地时，使用该方式。手动升级时，请联系厂商的技术支持人员获得升级包，并确定是否与产品硬件的型号匹配。

（4）系统诊断。提供用户对系统配置的诊断和查看功能，包含 ping 工具诊断、系统自检和网络信息查看。用户可以查看 ARP 表、路由表、策略路由、网卡等信息。

（5）系统维护。为用户提供直通切换、关机、重启和恢复出厂设置等功能。

（6）管理员管理。管理员管理用于超级管理员进行管理系统权限分配的角色和基于角色的用户，以达到对指定用户授予恰当的角色权限来执行系统操作。界面如图 9.5 所示。

管理员管理包括角色管理和用户管理两部分。角色管理是用户权限分配的基础，通过角色管理可以将系统指定模块的查看或执行权限进行分配。用户管理是管理可以登录系统的用户信息，其权限主要基于所属的角色，只有超级管理员才有管理员管理权限。

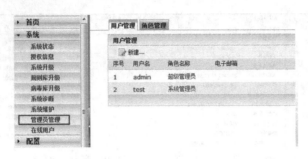

图 9.5 "管理员管理"界面

① 用户管理。选择"用户管理"标签进行系统用户的管理。admin 超级管理员是系统内置的用户，具有管理系统的一切权限，如图 9.6 所示。

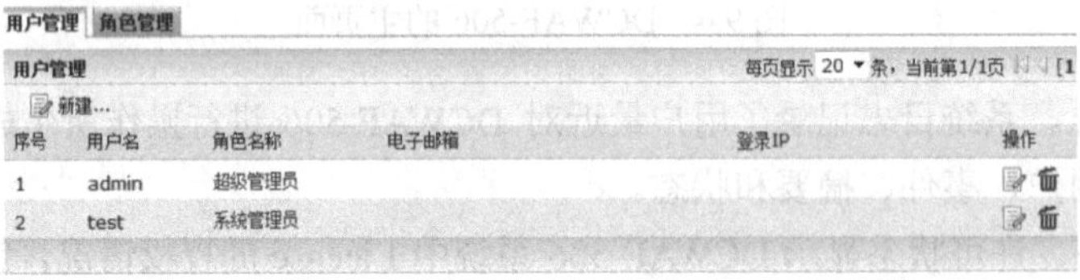

图 9.6 "用户管理"界面

新建一个用户，必须填写用户名、角色名称和密码，电子邮箱和授权登录 IP 为选填项。

"角色名称"项是下拉选项，可以为用户选择系统内置角色或自定义角色，选择后可通过右侧的"查看权限"按钮查看所选角色具有的权限。"授权登录 IP"是指允许使用该新建用户登录使用的 IP，多个 IP（最多 10 个 IP）之间用半角的逗号分隔，如果留空表示不受限制，如图 9.7 所示。

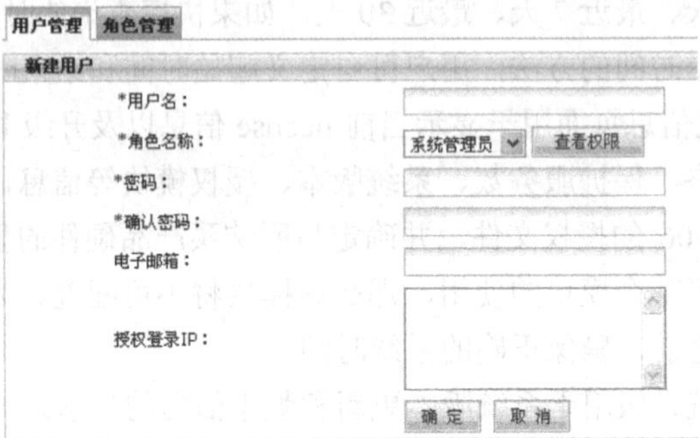

图 9.7 "新建用户"界面

单击用户列表中需要编辑用户条目的按钮，可以编辑该用户的信息。"用户名"不能更改，"密码"和"确认密码"在编辑时显示为空，如果不需要修改密码则不要编辑。该模块功能仅适用于 admin 用户进行管理员管理，每个用户若要编辑自己的信息需要单击右上角欢迎条中包含的用户名，且用户名和所属角色不可自己修改。

② 角色管理。选择"角色管理"标签进行角色的配置。DCWAF-506 内置的角色包括四类：系统管理员（除管理员管理外的所有系统权限），审计管理员（对系统状态、日志、报表进行审计和导出权限），配置管理员（对系统的配置权限），更新管理员（对网站防篡改的操作权限）。系统内置角色权限不能修改，通过"查看权限"或"操作"列下的按钮可以查看角色的权限，

通过“查看用户”可以查看属于该角色的用户列表，如图 9.8 所示。

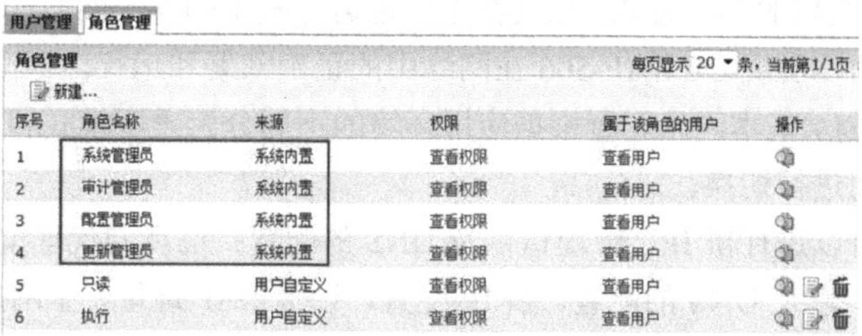

序号	角色名称	来源	权限	属于该角色的用户	操作
1	系统管理员	系统内置	查看权限	查看用户	
2	审计管理员	系统内置	查看权限	查看用户	
3	配置管理员	系统内置	查看权限	查看用户	
4	更新管理员	系统内置	查看权限	查看用户	
5	只读	用户自定义	查看权限	查看用户	
6	执行	用户自定义	查看权限	查看用户	

图 9.8　角色列表

管理员也可以通过建立自定义角色对特定的模块进行授权。通过“新建”创建自定义角色，如图 9.9 所示。

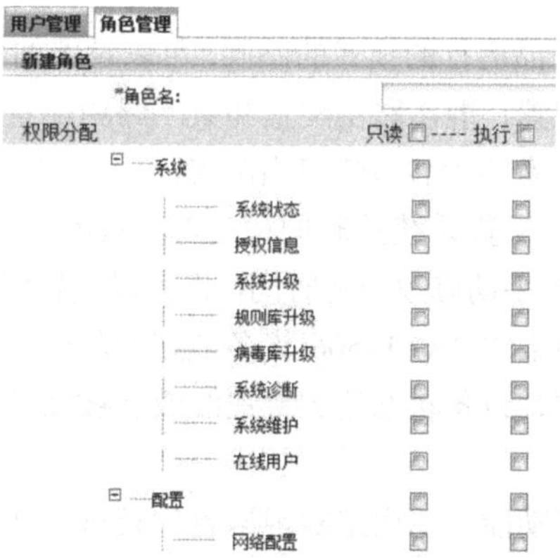

图 9.9　新建角色

选择相应的只读和执行权限给角色，确定后新建成功。若赋予某一模块执行权限，则自动选中该模块的只读权限，因为执行权限级别更高。单击需要修改的自定义角色条目中的按钮，可以编辑该角色的权限。“角色名”不能更改。单击要删除的自定义角色条目中的按钮，可以删除该角色，用户已经在使用的角色，不能直接删除，应当先删除相应用户再删除角色。

（7）在线用户。在线用户用于查看当前使用系统的用户信息，在线用户信息包括：用户名、角色名称（用户所属角色名称）、登录时间（用户登录进入系统的时间）、源 IP（用户登录系统所用的 IP）、查看日志（查看用户操作系统日志）。选择在线用户“查看日志”，以查看该用户执行了哪些系统操作，如图 9.10 所示。

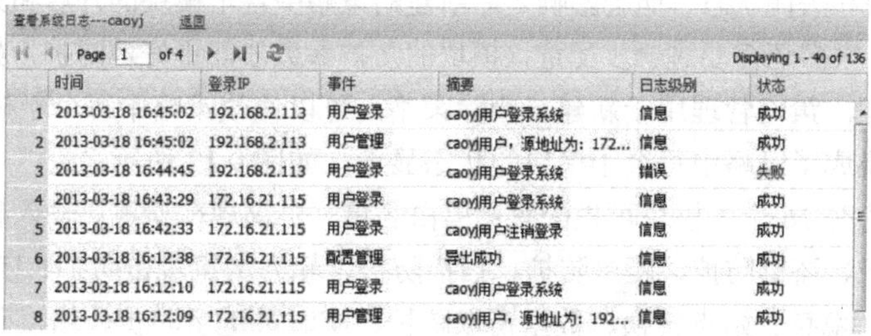

	时间	登录IP	事件	摘要	日志级别	状态
1	2013-03-18 16:45:02	192.168.2.113	用户登录	caoyj用户登录系统	信息	成功
2	2013-03-18 16:45:02	192.168.2.113	用户管理	caoyj用户，源地址为：172...	信息	成功
3	2013-03-18 16:44:45	192.168.2.113	用户登录	caoyj用户登录系统	错误	失败
4	2013-03-18 16:43:29	172.16.21.115	用户登录	caoyj用户登录系统	信息	成功
5	2013-03-18 16:42:33	172.16.21.115	用户登录	caoyj用户注销登录	信息	成功
6	2013-03-18 16:12:38	172.16.21.115	配置管理	导出成功	信息	成功
7	2013-03-18 16:12:10	172.16.21.115	用户登录	caoyj用户登录系统	信息	成功
8	2013-03-18 16:12:09	172.16.21.115	用户管理	caoyj用户，源地址为：192...	信息	成功

图 9.10　查看在线用户操作日志

5. 配置管理

（1）网络配置。配置的部署方式，以及在不同部署方式下的各个网口的 IP 地址、子网掩码、静态路由和策略路由，实现 DCWAF-506 在网络中的正确部署和运行。

① 基本网络配置。基本网络配置根据应用环境的不同分为透明模式和反向代理模式，通过单击不同的单选按钮进行切换。

在透明模式下可以进行桥 IP、管理口以及 DNS 的配置；在反向代理模式下可以进行 WAN 口、LAN 口、管理口以及 DNS 的配置。桥 IP 配置，设置桥 IP 地址、子网掩码和默认网关，然后"保存"，即可完成配置，在反向代理模式下可配置 WAN 口、LAN 口 IP 地址以及掩码。WAN 口、LAN 口配置需要设置 IP 地址、子网掩码和默认网关，在透明模式下，不可配置，管理口配置需要设置 IP 地址、子网掩码即可完成修改。DNS 设置系统使用的首选 DNS 服务器地址和备选 DNS 服务器地址，如果 DNS 为空，或 DNS 不能正常使用，请在新建保护服务时，正确填入保护服务所有的 IP 地址。

② 高级网络配置。根据产品运行的模式的不同，可以设置的内容不尽相同。在透明模式下，可以进行网桥配置、VLAN 配置、静态路由配置和策略路由配置；在反向代理模式下，可以进行 WAN 口虚拟 IP 配置以及静态路由和策略路由配置。

（2）系统配置。用户可以配置系统的时间或者与 NTP 服务进行时间同步，也可以修改 DCWAF-506 的名称。用户可以手动修改当前时间，也可以设置时间服务器，当时间服务器可用时，系统会自动同步时间。如果 DCWAF-506 设备能连通外网，用户可以进行短信和邮件发送配置，当受保护服务受到攻击、设备状态达到警戒线或者被保护的主机出现异常时，采取短信或邮件方式向管理人员报告。

（3）配置管理。配置管理功能主要用来实现配置的转移，便于用户维护和管理系统配置。用户可以单击"浏览"，从本地保存的配置文件中选择要导入的配置文件，然后单击"配置导入"按钮，在配置管理页面会显示该配置的概要信息，检查无误后，可以单击"确定"按钮，就会导入这个配置文件了。单击"取消"按钮，可以取消导入这个配置文件，导入配置的时候，系统会重启，重启之后新的配置才会生效。配置导出可以将 DCWAF-506 当前的配置导出到本地，以备以后用时方便直接导入。单击配置管理页面的"配置导出"按钮，就可以将 DCWAF-506 当前配置导出到本地保存。

6. 策略管理

策略管理是 DCWAF-506 的核心管理之一，主要完成 DCWAF-506 防护策略的配置。

（1）策略模板。策略模板用于预定义、新添加策略中各模块默认的"开启"和"关闭"状态，选择"开启"和"关闭"状态后，单击"确定"即可保存。修改这里并不能直接控制已有策略中各个子模块的开启和关闭状态，而会影响之后新建的策略中各子模块的开启和关闭状态。默认为关闭状态的模块，大多还需要进一步配置该模块的防护参数才能更好地防护，如图 9.11 所示。

（2）策略管理。策略管理用于新建、删除策略，可以修改策略中每个子模块的配置并支持批量修改，同时集成了策略中每个子模块的状态显示，如图 9.12 所示。

每个策略都含有 16 个子模块可供配置：黑白名单、协议规范检测、输入参数验证、访问控制、基本攻击防护、盗链防护、爬虫防护、扫描防护、暴力浏览攻击防护、HTTP CC 防护、会话跟踪防护、网站隐身、站点转换、数据窃取防护、实时关键字防护、错误码过滤。每个防护子模块有独立的开启和关闭配置，有 3~4 种防护动作可选，用户可灵活组合。一个策略需与服务绑定后生效，一个服务只能绑定一个策略。

任务 9　配置网络防火墙

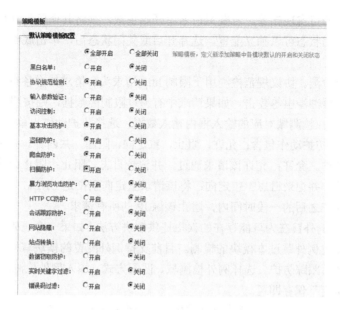

图 9.11　策略模板

图 9.12　策略管理

① 添加策略。在顶部策略名称栏中输入策略名称，单击"添加"按钮即可添加新策略，策略名称由字母开头，字母、数字和中划线组成，长度为 1~20。

② 删除策略。对于已添加的策略，可以单击策略右侧按钮进行删除，也可在左侧勾选多个策略后单击"删除"。已经与服务绑定的策略无法直接删除，须与服务解除绑定后再删除。

③ 编辑策略。单击策略名右侧对应的编辑按钮，进入该策略的批量编辑页面。批量编辑页面提供 16 个子模块的开启和关闭选择、防护动作选择等功能，用户可根据自己的需要批量设置策略中的各个子模块。一些模块仅仅选择开启状态并不能有效防护，需要进一步配置该模块的防护参数。

（3）黑白名单。黑白名单提供一套全局请求检测机制，目前支持的检测域有：IP，IP 段，URI，COOKIE 名称，COOKIE 值，COOKIE 名称和值，查询参数名称，查询参数值，查询参数名称和值，表单参数名称，表单参数值，表单参数名称和值，Referer 头域，共 13 种。支持的检测方法有字符串匹配和正则匹配。如果请求中对应检测域中数据与黑名单中规则匹配，则禁止该请求；如果请求中对应检测域中数据与白名单中规则匹配，则允许该请求通过，并跳过后续所有针对请求的防护模块。

黑名单优先级高于白名单，黑名单或白名单内部按照添加时的顺序进行匹配。添加黑白名单的方法是：依次选择类型、黑白名单种类、匹配模式，填入匹配表达式或值，单击"添加"，再单击底部的"确定"按钮。删除黑白名单的方法是：单击每条黑白名单右侧的按钮，再单击底部"确定"按钮即可实现删除。若要黑白名单开始生效，须将其调整为开启状态。每个策略的子模块开启与关闭状态可以独立配置，选择开启或关闭状态后，单击底部的"确定"按钮即可保存。

（4）协议规范检测。协议规范检测用于限制 http 请求头和请求体中各组成元素的长度或个数，实现有效阻断缓冲溢出等攻击。如果请求中有超过限制的数据，则按照防护动作生效。

① 配置阈值。在检测域对应的输入框内输入数据，选择防护动作，单击"确定"。

② 防护动作。防护动作包含：允许，阻止，重定向，阻断，共四种。如果某请求与规则匹配，则触发防护动作。允许：允许该请求通过，并记录日志。阻止：阻止该请求通过，返回对应的错误过滤页面，并记录日志。重定向：将该请求重定向至指定 URL。阻断：阻止第一个匹配规则的请求，并在之后的一段时间内，阻止该源 IP 的所有请求。

③ 配置例外。例外旨在为可能存在的误报提供解决方法，如果一个正确的请求被识别为攻击，则可以通过配置例外跳过本模块的检测。目前支持例外配置的模块有协议规范检测、暴力浏览攻击防护、会话跟踪防护。选择例外检测域、匹配方式，填入例外检测域值；单击"添加"按钮，再单击"确定"保存即可。

④ 开启和关闭。若要协议规范检测开始生效，须将其调整为开启状态。每个策略的子模块开启与关闭状态可以独立配置，选择开启或关闭状态后，单击底部"确定"按钮即可保存。

（5）输入参数验证。参数验证用于对 http 请求中携带的参数进行验证，如果请求中携带的参数与定义的规则匹配，防护动作生效。

① 输入参数验证。添加操作：选择参数类型、匹配方式，填入匹配表达式，单击"添加"，再单击"确定"，即可保存。类型：指定创建参数的类型，包含查询参数名称、查询参数值、查询参数名和参数值、表单参数名称、表单参数值、表单参数名和参数值。匹配方式：指定参数匹配的方式，支持正则匹配和字符串匹配。匹配表达式：指定需匹配的参数表达式，表达式支持中英文字符，大小写敏感，最长允许输入 32 字符。操作：添加或删除所创建的参数。删除操作：单击指定行后的"删除"按钮，再单击"确定"即可，如图 9.13 所示。

图 9.13　参数验证配置界面

② 防护动作。防护动作包含：允许，阻止，重定向，阻断，共四种。如果某请求与规则匹配，则触发防护动作。允许：允许该请求通过，并记录日志。阻止：阻止该请求通过，返回对应的错误过滤页面，并记录日志。重定向：将该请求重定向至指定 URL。阻断：阻止第一个匹配规则的请求，并在之后的一段时间内，阻止该源 IP 的所有请求。

③ 开启和关闭。若要输入参数验证开始生效，须将其调整为开启状态。每个策略的子模块

开启与关闭状态可以独立配置,选择开启或关闭状态后,单击底部的"确定"按钮即可保存。

(6)访问控制。访问控制用于控制网站中的特定路径或文件的访问。填入默认初始页面,选择访问资源类型,填入值,单击"添加"按钮,再单击"确定"按钮,即可保存,如图 9.14 所示。

图 9.14 访问控制配置界面

① 默认初始页面。网站的首页,任何人均可访问的页面。当一个 Web 用户首次访问网站时,会被重定向至默认初始页面。对于非首次访问的请求,则不会重定向。

② 访问资源类型。允许的入站页面:允许任何用户访问的页面。禁止访问的文件:禁止任何用户访问的页面,形如/path/page.html。如果请求访问该资源,则重定向至默认初始页面。禁止访问的路径:禁止任何用户访问的路径,形如/path1/path2。如果配置,则该路径下的所有文件均不可访问。如果请求访问该路径或该路径下的资源,则重定向至默认初始页面。

若要访问控制开始生效,须将其调整为开启状态。每个策略的子模块开启与关闭状态可以独立配置,选择开启或关闭状态后,单击底部的"确定"按钮即可保存。

(7)基本攻击防护。DCWAF-506 内置强大的默认防护规则,用于防护常见的 Web 攻击(例如 SQL 注入攻击、跨网站脚本攻击、操作系统命令注入、远程文件包含、目录遍历攻击等),同时支持用户自定义规则,可对 http 请求对灵活的限制。默认攻击防护类型可以通过规则库升级来更新,建议及时更新至最新版本,用户也可以新建自定义规则进行防护。

(8)暴力浏览攻击防护。暴力浏览攻击防护可有效防护某源 IP 在短时间内的大量恶意请求。填入单 IP 允许的最大请求数和请求计数周期,选择防护动作,单击"确定"即可保存。单 IP 允许的最大请求数:一个计数周期内,一个源 IP 可以访问被保护服务的最大请求数,如果超过该请求数则触发防护动作。请求计数周期:检测的计数时间,计数时间超过计数周期后,将重新计数。

防护动作包含:允许,阻止,重定向,阻断,共四种。如果某请求与规则匹配,则触发防护动作。允许:允许该请求通过,并记录日志。阻止:阻止该请求通过,返回对应的错误过滤页面,并记录日志。重定向:将该请求重定向至指定 URL。阻断:阻止第一个匹配规则的请求,并在之后的一段时间内,阻止该源 IP 的所有请求。

7. 服务管理

(1)透明模式服务管理。透明模式服务管理界面如图 9.15 所示,该界面显示出当前已有的被保护服务信息。

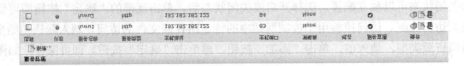

图 9.15　透明模式服务管理页面

① 新建服务。单击页面左上角的"新建"按钮,进入"新建服务"页面。要实现对服务的保护,首先需要将服务加入服务管理列表。在透明模式下,新建服务时需要输入或选择服务名称、服务类型、主机地址、主机端口、域名、策略集、字符集、MAC 绑定、是否记录访问日志、是否记录防护日志,如图 9.16 所示。

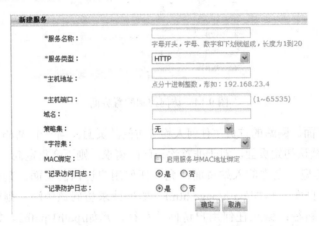

图 9.16　透明模式"新建服务"页面

② 查看服务。单击服务操作栏的"查看"按钮可以查看该服务的所有信息,如图 9.17 所示。

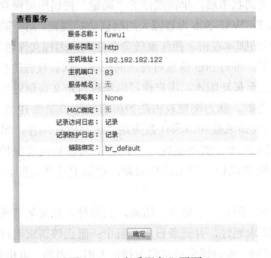

图 9.17　"查看服务"页面

③ 修改服务。单击服务后面的"修改"按钮,进入"修改服务"页面。修改服务包括主机地址、主机端口、MAC 绑定、策略集、站点域名以及是否记录日志。服务名称和服务类型不可以修改。

④ 删除服务。删除服务有两种方式，可以单击服务后面的"删除"按钮直接删除，也可以选择一个或多个服务，单击"删除所选"进行删除。

（2）反向代理模式服务管理。反向代理模式服务管理界面如图9.18所示，该界面显示出当前已有的被保护网络服务信息。

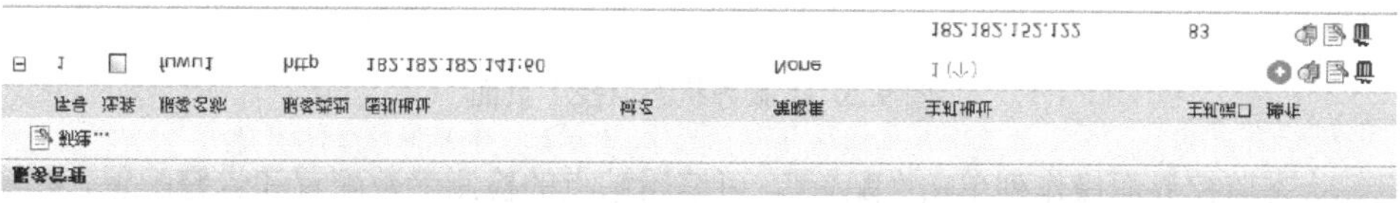

图9.18 反向代理模式服务管理页面

① 新建服务/主机。单击页面左上角的"新建"按钮，进入"新建服务"页面。在反向代理模式下，新建服务时需要输入或选择要监控的服务名称、服务类型、虚拟地址、虚拟端口、策略集、站点域名、是否记录日志、主机地址、主机端口以及是否SSL连接等，如图9.19所示。

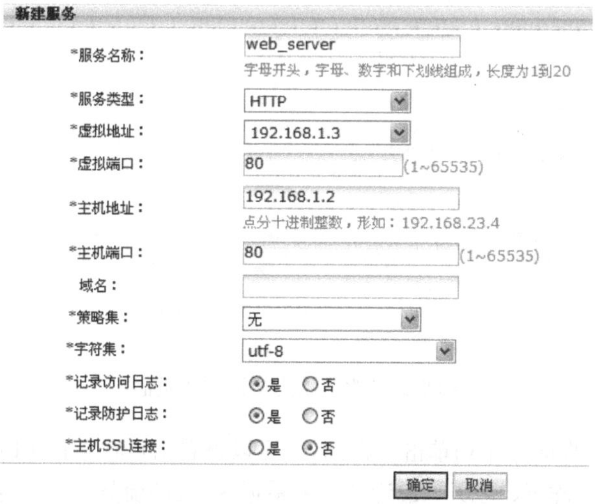

图9.19 反向代理"新建服务"页面

如果选择"记录访问日志"，则对该服务的访问均会记录在日志中，通过"日志"、"站点访问日志"可查询到相关记录。

服务新建完成后，可以添加一个或多个主机，需要指定主机地址、主机端口。

② 查看服务/主机。单击服务后面操作列的"查看"按钮，可以查看该服务的所有信息，单击某个主机后面的"查看按钮"，可以查看该主机的所有信息。

③ 修改服务/主机。单击服务后面的"修改"按钮进入修改服务页面。单击主机后面的"修改"按钮进入修改主机页面，对主机的主机地址、主机端口进行修改。

④ 删除服务/主机。删除服务有两种方式：单击保护服务后面的"删除"按钮，将删除选择的保护服务；也可以选择一个或多个服务，单击左下方的"删除所选"进行删除。单击保护主机后面的"删除"按钮，将删除选择的保护主机，当服务只剩下最后一个保护主机时，该按钮不可以用。

（3）服务状态监控。"服务状态监控"界面显示当前保护服务的HTTP/ping响应状态信息，可选择服务名称，查询各服务的状态，如图9.20所示。

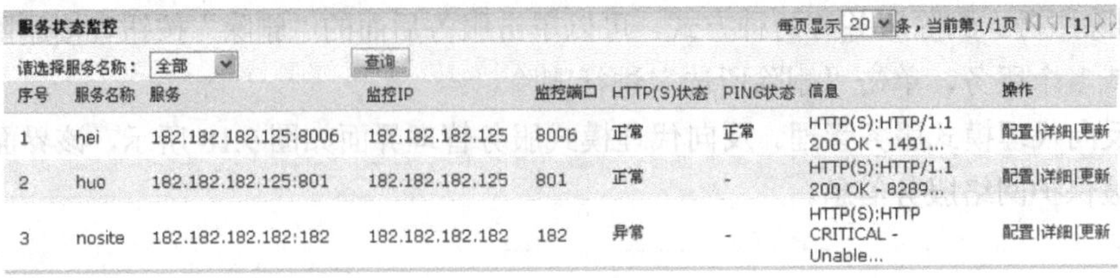

图 9.20 "服务状态监控"页面

服务状态监控界面操作列单击"配置",可编辑站点的检测参数配置和告警配置,如图 9.21 所示。"检测参数配置"是对检测站点状态的请求信息进行配置。"告警阈值配置"是配置站点状态监控日志的相关项。

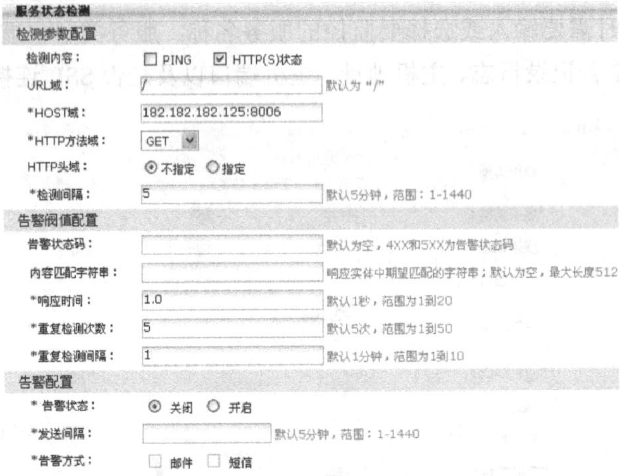

图 9.21 服务状态检测配置页面

"服务状态监控"界面操作列单击"详细",可以查看站点状态正常时的响应时间图,快捷查询支持最近 3 小时、昨天、今天、最近 7 天或最近 30 天的流量信息,也可以输入开始时间和结束时间进行查询。

8. 漏洞扫描管理

漏洞扫描通常是指基于漏洞数据库,通过扫描等手段,对指定的远程或者本地计算机系统的安全脆弱性进行检测,发现可利用的漏洞的一种安全检测(渗透攻击)行为。漏洞扫描的主要功能是对 Web 服务器进行扫描,以探测 Web 服务器存在的安全漏洞,如信息泄露、SQL 注入、拒绝服务、跨网站脚本编制等。便于在攻击还没有发生的情况下,对 Web 服务器进行安全评估,提早做出防护措施,避免黑客攻击、病毒入侵等造成的损失。漏洞扫描管理可以实现漏洞扫描任务的新建、删除、查询、执行、停止、删除以及扫描参数的查看,如图 9.22 所示。

图 9.22 "漏洞扫描管理"界面

（1）新建漏洞扫描任务。单击主页面的"新建"链接，进入"新建'漏洞扫描'任务"界面，如图 9.23 所示。

图 9.23 "新建'漏洞扫描'任务"界面

新建任务时有基本配置和高级配置两部分，其中高级配置部分默认是隐藏的，可以使用下展按钮显示或隐藏。任务名称：扫描任务的名字，两个漏洞扫描任务不能重名。任务添加方式：有单任务和批量任务两种方式，通过单选按钮只能选择其中一种。单任务方式每次只能添加一个漏洞扫描任务，批量任务方式每次可以添加多个漏洞扫描任务。扫描目标：扫描的网站，可以是一个 IP，也可以是一个域名，通过选中一行信息，单击"删除选中目标"可以删除一个扫描目标。

执行方式：有立即执行、将来执行和周期执行三种方式，选择"周期执行"的界面如图 9.24 所示。

图 9.24 周期执行（每天）的执行方式

扫描内容：包含信息泄露、SQL 注入、操作系统命令、跨站脚本编制、认证不充分和拒绝服务六项扫描内容，可以选择或取消扫描某项内容，至少选择一项。

（2）查询漏洞扫描任务。查询条件有任务名称和扫描目标，可以根据自己的需要查询任务。漏洞扫描任务显示页面还能进行每页显示条目数的调整，系统默认每页显示 20 条，还可以显示上一页、下一页、首页和最后一页。

（3）操作漏洞扫描任务。新建漏洞扫描任务成功后，就可以对漏洞扫描任务进行操作了。可以查看漏洞扫描报告、查看漏洞扫描详细信息、编辑漏洞扫描任务、运行漏洞扫描任务、停止漏洞扫描任务以及删除漏洞扫描任务。

对漏洞扫描任务的删除还可以通过任务下方的"删除所选任务"按钮进行删除，也可以一次全部删除所有漏洞扫描任务。选择一个已经完成的扫描任务，单击"扫描报告"列的"查看"链接，显示出扫描任务报告，其中有网站风险等级、扫描 IP/端口、扫描时间、任务模式、执行周期、漏洞数量等信息。

（4）查看扫描信息。选择一个扫描任务，单击"操作"列的"查看"链接，显示出扫描任务的详细信息,其中有任务名称、扫描目标、URI 信息、登录方式、执行方式、扫描内容等。对于正在执行中的任务,将显示当前的进度,已经完成的任务显示为 100%,如图 9.25 所示。

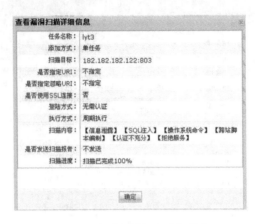

图 9.25 查看扫描任务详细信息

对于 Web 防火墙的具体使用和部署还要根据实际工作需要,设定相关的服务和策略,来保证网络的安全。具体操作请参照相关设备技术手册。

9.1.5 总结与回顾

目前在市场上流行的防火墙大多属于规则检查防火墙,因为该防火墙对于用户透明,在 OSI 最高层上加密数据,不需要去修改客户端的程序,也不需对每个需要在防火墙上运行的服务额外增加一个代理,如神州数码防火墙就是一种规则检查防火墙。

从趋势上看,未来的防火墙将位于网络级防火墙和应用级防火墙之间,也就是说,网络级防火墙将变得更加能够识别通过的信息,而应用级防火墙在目前的功能上则向"透明"、"低级"方面发展。最终防火墙将成为一个快速注册审核系统,可保护数据以加密方式通过,使所有组织可以放心地在节点间传送数据。

9.1.6 拓展知识

在 DCWAF-506 防火墙是集成了好多网络设备功能的下一代 Web 防火墙,虽然 Web 应用防火墙的名字中有"防火墙"三个字,但 Web 应用防火墙和传统防火墙是完全不同的产品,和 Web 安全网关也有很大区别。传统防火墙只是针对一些底层(网络层、传输层)的信息进行阻断,而 Web 应用防火墙则深入到应用层,对所有应用信息进行过滤,这是 Web 应用防火墙和传统防火墙的本质区别。Web 应用防火墙与 Web 安全网关的差异在于,Web 安全网关保护企业的上网行为免受侵害,而 Web 应用防火墙是专门为保护基于 Web 的应用程序而设计的。

Web 应用防火墙的一些常见特点有修补 Web 安全漏洞。Web 安全漏洞是 Web 应用开发者最头痛的问题,没人会知道下一秒有什么样的漏洞出现,会为 Web 应用带来什么样的危害。现在 Web 应用防火墙可以为我们做这项工作了,只要有全面的漏洞信息,Web 应用防火墙能在不到一个小时的时间内屏蔽掉这个漏洞。当然,这种屏蔽掉漏洞的方式不是非常完美的,并且没有安装对应的补丁本身就是一种安全威胁,但我们在没有选择的情况下,任何保护措施都比没有保护措施更好。Web 应用防火墙对 Web 应用保护有基于规则的保护和基于异常的保护两种。基于规则的保护可以提供各种 Web 应用的安全规则,Web 应用防火墙生产商会维护这个规则库,并时时为其更新,DCWAF-506 就是基于规则的 Web 应用防火墙。用户可以按照这些规则对应用进行全方面检测。还有的产品可以基于合法应用数据建立模型,并以此为依据判断应用数据的异常。但这需要对用户企业的应用具有十分透彻的了解才可能做到,可现实中这是十分困难的一件事情。Web 应用防火墙还有一些安全增强的功能,可以用来解决 Web 程序员过分信任输入数据带来的问题,比如隐藏表单域保护、抗入侵规避技术、响应监视和信息泄露保护。

Web 应用防火墙的定义已经不能再用传统的防火墙定义加以衡量了,其核心是对整个企业安全的衡量,已经无法适用单一的标准,需要将加速、平衡性、安全等各种要素融合在一起。

9.1.7 思考与训练

1. 选择题

(1)为控制企业内部对外的访问以及抵御外部对内部网的攻击,最好的选择是:

A. IDS B. 防火墙 C. 杀毒软件 D. 路由器

(2)内网用户通过防火墙访问公众网中的地址需要对源地址进行转换,规则中的动作应选择:

A. Allow B. NAT C. SAT D. FwdFast

(3)防火墙对于一个内部网络来说非常重要,它的功能包括:

A. 创建阻塞点 B. 记录 Internet 活动
C. 限制网络暴露 D. 包过滤

2. 实做题

安装并配置 DCWAF-506 防火墙。

项目 5 计算机系统及网络常见故障分析与解决

本项目主要讲述了计算机系统及网络中常见的故障分析诊断。计算机系统及网络故障产生的原因很多,诊断是一项非常复杂的工作。这就需要我们要有清晰的思路、准确的判断能力和丰富的实践经验,按照故障的检测原则及步骤,勤学勤练勤思考,不断总结,才能提高故障分析诊断能力,维护系统及网络的安全。

本项目共分 2 个任务,主要包括计算机系统及网络常见故障的分类、检测原则及检测方法,从计算机系统及网络两个方面进行了介绍。

通过本项目的学习,应达到以下的目标:
- 了解系统常见故障分类、检测原则;
- 理解常见软/硬件故障的排除方法;
- 了解常见网络故障判断步骤;
- 了解网络常见故障分类;
- 掌握蓝屏故障及解决方法;
- 掌握重启故障及解决方法;
- 掌握网卡驱动及 IP 设置问题;
- 熟练掌握网络测试命令;
- 熟练掌握连通测试及常见故障排除;
- 熟练掌握各种网络故障的诊断与维护。

任务 10 计算机系统常见故障分析诊断

计算机系统在使用过程中出现的故障千差万别，所以能及时准确地判断和处理计算机故障可以避免更大的损失。计算机系统故障产生的原因很多，计算机系统故障的诊断是一项非常复杂的工作。对常见计算机系统故障的处理要求我们不仅要有一定的实践经验和一定的理论知识，而且要有一个清晰的思路，达到一个准确的判断能力。因此，掌握计算机故障检测原则、知道计算机故障检测步骤、了解计算机故障检测方法是解决计算机故障的有力武器，除此之外，必须要在实际工作中不断总结，吸取经验，遇到具体问题要做到勤动手、勤思考。

10.1.1 学习目标

通过本教学情境的学习，应该达到的知识目标和能力目标如下表。

知识目标	能力目标
• 了解系统常见故障分类； • 了解常见故障检测原则； • 理解常见硬件故障的排除方法； • 了解常见软件故障的排除方法； • 掌握计算机日常维护方法	• 掌握蓝屏故障及解决方法； • 掌握重启故障及解决方法； • 掌握网卡驱动及 IP 设置问题

10.1.2 引导案例

1. 工作任务名称

计算机系统常见故障分析诊断。

2. 工作任务背景

教研室老师的计算机有时出现蓝屏、黑屏或经常重启现象，而有的老师能上 QQ，但是不能上网，不知是什么故障。

3. 工作任务分析

在使用计算机过程中，经常遇到或简单或复杂的故障，需要人们掌握一定的计算机维修技术，在故障出现时及时检测、排除故障。

为便于处理故障，可以将计算机故障主要分为硬件故障、软件故障两大类，掌握维修的基本原则和方法，才能及时排除故障。

4. 条件准备

除必须掌握的计算机常见故障检测方法及原则外，还需要小毛刷、皮老虎、吸尘器、抹布、酒精等清洁工具。

10.1.3 相关知识

1. 计算机常见故障分类

计算机系统产生故障的原因很多，不同的机型有不同的表现，不同类型的故障也有不同的处理方法，有时相同的故障都有不同的处理方法，所以有必要对计算机的故障进行分类。

（1）计算机硬件故障。硬件故障是指计算机的某个部件不能正常工作所引起的计算机故障。硬件故障主要包括以下几个方面。

- 电源故障：计算机电源损坏或者主板、硬盘等设备的供电线路损坏使之不能加电，导致计算机无法正常启动。
- 芯片故障：芯片的针脚损坏、接触不良或者因温度过热而使计算机无法正常工作。
- 连线故障：是指各设备之间的数据线连接错误，或者没有连接到正确位置而引发的故障。
- 部件故障：计算机中的主要部件如 CPU、主板、显示器或磁盘驱动器等硬件产生的故障，会造成系统工作不正常甚至无法工作。
- 兼容性故障：计算机各硬件部件之间是否能相互配合，在工作速度、频率、温度等方面能否具有一致性，是否相互兼容，如果不兼容就会引起故障。
- 接触不良故障：接触不良一般反映在各种插卡、内存、CPU 等与主板的接触不良，或电源线、数据线、音频线等连接不良。其中各种接口卡、内存与主板接触不良的现象较为常见，通常只要更换相应的插槽位置或用橡皮擦一擦金手指，就可排除故障。
- 未正确设置参数：由于参数没有设置或没有正确设置，系统都会提示出错。如病毒警告开关打开，则有可能无法成功安装 Windows。
- 硬件本身故障：硬件出现故障，除了本身的质量问题外，也可能是负荷太大或其他原因引起的，如电源的功率不足或 CPU 超频使用等，都有可能引起机器的故障。

（2）计算机软件故障。软件故障是指安装在计算机中的操作系统或者软件发生错误而引起的故障，主要包括以下几个方面。

- 操作系统中的文件损坏引起的故障：计算机是在操作系统的平台下运行的，如果把操作系统的某个文件删除或者修改，会引起计算机运行不正常甚至无法运行。
- 驱动程序不正确引起的故障：硬件能正常运行要有相应的驱动程序与之配合，如果没有安装驱动程序或没有安装正确会引起一系列故障，例如声卡不能发声，显示卡不能正常显示色彩等，这些都与驱动程序有关。
- 误操作引起的故障：误操作分为执行命令误操作和软件程序误操作。执行命令误操作是指执行了不该使用的命令，例如，系统运行时必须用到的文件（如后缀为 ini 或 dll 的文件），如果删除了这些文件，将会导致系统不能正常运行；对磁盘执行了格式化操作导致磁盘内的数据丢失。
- 计算机病毒引起的故障：计算机病毒会在很大程度上干扰和影响计算机的使用，染上病毒的计算机其运行速度会变慢，计算机存储的数据和信息可能会遭受破坏，甚至全部丢失。
- 不正确的系统设置引起的故障：系统设置故障分为 3 种类型，即系统启动时的 CMOS 设置、系统引导实时配置程序的设置和注册表的设置。如果这些设置不正确，或者没有设置，计算机可能会不工作和产生操作故障。

2. 常见故障检测原则

出现计算机系统故障，应当首先分析可能产生故障的原因，判断故障发生的范围，遵循一定的原则，不要急于盲目拆卸计算机硬件，以免操作失误或不当造成更大的损失。因此对计算机故障的处理一般应按照以下原则。

（1）先静后动。处理计算机故障时要保持头脑冷静，先想好怎样做、从何处入手，再实际动手。也就是说先分析判断，再进行维修。一般的做法，碰见计算机故障，先不进行通电操作，进行直观检查，目的是保证安全以免损害其他部件，经过分析确定给计算机加电不会引起更大故障后再对计算机进行加电检测。

（2）先软后硬。先从软件判断入手，再从硬件着手。就是计算机出故障以后，应先从软件上、操作系统上来分析原因，看是否能找到解决办法；能用软件解决的就不要动硬件，软件实在解决不了的故障问题，再从硬件上逐步分析，判断故障原因，进行硬件维修。

（3）从外到内。所谓从外到内检测，也可以说成是先外设后主机。计算机硬件系统是以计算机主机为核心，加上外部设备构成。因此，在对计算机故障检测时一般先从表面现象（机械磨损、接触松动、接触不良）及外部部件（开关、插座、引线）开始，再检测内部部件。对计算机内部部件检测也是遵循先外后内的原则，即先检测有无灰尘影响、烧坏部件现象，以及插接部件的连接情况。

（4）先电源后负载。计算机系统电源造成的故障影响最大，也是比较常见的计算机故障。在对计算机故障进行检测时，可以先从供电系统（检测电压的过压、不稳定、干扰、熔丝等）开始检测，接着检测计算机直流稳压电源，再检测计算机各负载部件电压，若各个部件电源电压正常，再检测计算机系统本身。

（5）先公共后局部。计算机系统出现故障时，对于某些影响最大、涉及范围最广的部件故障，应先给予解决，如 BIOS 不正常出现故障，则导致其他部件都不正常工作，因此，应先给予解决，然后再排除局部原因产生的故障。

对于计算机故障的处理需要遵循上面的原则，维修过程中应分清主次，抓住重点。在判断故障现象时，有时可能会看到一台计算机有不止一个故障现象，而是有两个或两个以上故障现象。如启动过程中无显示，但机器也在启动，同时启动完成后，有死机的现象等。此时，应该先判断、维修主要的故障现象，当修复后，再维修次要故障现象。有时主要故障解决后，可能次要故障也一起解决了。

3. 计算机常见硬件故障的排除方法

（1）清洁硬件法。对于长期使用的计算机，一旦出现故障，用户就需要考虑灰尘的问题。因为长时间的灰尘积累，会影响计算机的散热，从而引起计算机故障，所以用户需要保持计算机清洁。同时还要查看主板上的引脚是否有发黑的现象，这是引脚被氧化的表现，一旦引脚被氧化，很有可能导致电路接触不良，从而引起计算机故障。如果有灰尘存在，应该先进行除尘，然后进行故障的判断和进一步检测。一般常用的清洁工具包括小毛刷、皮老虎、吸尘器、抹布、酒精（不可用来擦拭机箱、显示器等的塑料外壳）。清洁用的工具应是防静电的。

（2）拔插法。拔插法是排除计算机故障最常用的方法之一，此方法的原理是计算机开机后 BIOS 会对计算机进行加电自检，如果不能顺利通过自检，BIOS 会发出报警声，不同的硬件故障会有不同的报警声。通过报警声初步判断故障所在，关机断电后把判断有故障的硬件拔出再重新插回，看故障是否消失，如果故障依旧，就说明不是该硬件检测方法的问题，再试其他的硬件，直到找到根源所在。

（3）替换法。替换法也是排除故障最常用的方法之一。此方法是用好的硬件替换可疑的硬件，若故障消失，说明原硬件的确有问题。替换的顺序一般如下所示。

① 根据故障的现象，考虑需要进行替换的部件或设备。

② 按先简单后复杂的顺序进行替换。如先内存、CPU，后主板。再如要判断打印故障时，可先考虑打印驱动是否有问题，再考虑打印电缆是否有问题，最后考虑打印机或计算机接口是否有故障等。

③ 最先考查与怀疑有故障的部件相连接的连接线、信号线等，之后是替换怀疑有故障的部件，再后是替换供电部件，最后是与之相关的其他部件。

④ 从部件的故障率高低来考虑最先替换的部件，故障率高的部件先进行替换。

（4）敲击法。计算机在运行中时好时坏，可能是虚焊、接触不良或金属氧化等原因造成的。对于这种情况，可以用敲击法进行检查。

（5）直接观察法。根据计算机出现的故障现象直接判断故障的原因，如电路板烧毁、风扇损害等现象是可以直接用肉眼看出来的。

4. 计算机常见软件故障的排除方法

（1）查杀病毒法。病毒是引起计算机故障的常见因素，用户可以使用杀毒软件进行杀毒以解决故障问题。常用的杀毒软件包括 360 杀毒、瑞星等，利用这些软件先进行全盘扫描，发现病毒后及时查杀，如果没有发现病毒，可以升级一下病毒库。

（2）操作系统检测法。首先检测操作系统是否有故障，如果有故障，必须先排除操作系统的故障。如 Windows 10 系统启动时出现 NTLDR is missing 的错误提示，解决方法：这个文件位于 C 盘根目录，我们只需要从 Windows 10 安装光盘里面提取这个文件，然后保存到 C 盘根目录上即可。

（3）驱动程序检查法。驱动程序是使用操作系统的一个基础，只有驱动程序有效地配合硬件，计算机才能工作。没有它硬件是根本没有办法工作的。在 Windows 操作系统中，设备管理器是管理计算机硬件设备的工具，可以借助设备管理器查看计算机中所安装的硬件设备、设置设备属性、安装或更新驱动程序、停用或卸载设备。如设备管理器的设备上出现红色的叉号，说明该设备已被停用。可以右击该设备，从快捷菜单中选择"启用"命令来启用该设备。

Windows 10 系统打开设备管理器的方法为，单击"开始"按钮，选择"设置"→"系统"选项，在左侧的菜单中选择"关于"，此时在右侧的"相关设置"中单击"设备管理器"选项即可。

（4）应用软件检查法。现在每台计算机上都会有大量的应用软件，有些软件是没有经过严格的测试就发布在网上，所以应用软件出现故障的概率非常高，应用软件出现问题一般都会有提示，只要根据提示进行操作即可。

10.1.4 任务实施

1. 蓝屏故障及解决方法

当系统中软件或硬件的工作条件发生了改变，有可能产生破坏系统内核的操作时，Windows 会调用蓝屏处理中断程序，根据错误发生类型转入蓝屏。

（1）软件方面导致蓝屏。
- 遭到病毒或黑客攻击；
- 注册表中存在错误或损坏；
- 启动时加载程序过多；
- 软件安装版本冲突；

- 虚拟内存不足造成系统多任务运算错误；
- 动态链接库文件丢失；
- 产生软/硬件冲突等原因。

解决方法：解决这类故障的最简单方法是重装操作系统；对于不能重装系统的计算机，只能由非常专业的维修人员来解决。

（2）硬件方面导致蓝屏。

① 超频过度。原因：过度超频增加了 CPU 运行功率，导致发热量大大增加，散热器不能及时有效地散热，CPU 内的电子器件特性损坏，不能正常工作。可以降低超频幅度或加强散热系统效率予以解决。

② 内存发生物理损坏或者内存与其他硬件不兼容。原因：内存损坏、稳定性差或不兼容也会产生蓝屏。此类故障在集成显卡芯片的计算机中占 70%左右。解决方法是逐一测试内存能否正常工作，更换有故障或不兼容的内存予以解决。

③ 系统硬件冲突。原因：硬件冲突往往导致蓝屏。在实践中经常遇到的是声卡或显卡的设置冲突。在"设备管理器"中检查是否存在带有黄色问号或感叹号的设备，如存在可试着先将其删除，并重新启动计算机，由 Windows 自动调整，一般可以解决问题。若还不行，可手工进行调整或升级相应的驱动程序。

2. 重启故障及解决方法

计算机在正常使用情况下无故重启是常见的故障之一。就算没有软件、硬件故障的计算机，偶尔也会因为系统 bug 或非法操作而重启，所以偶尔一两次的重启并不一定是计算机出了故障。若出现经常性重启，那就要从以下几个方面去考虑了。

（1）软件方面引起的重启故障。
- 操作系统中毒；
- 注册表错误或损坏；
- 启动时加载程序过多；
- 虚拟内存不足造成系统多任务运算错误；
- 动态链接库文件丢失；
- 系统资源产生冲突或资源耗尽；
- 产生软/硬件冲突等原因。

解决办法：解决这类故障的最简单方法是重装操作系统；对于不能重装系统的计算机，则只能由专业的维修人员来解决。

（2）硬件方面引起的重启故障。

① CPU 风扇转速异常或 CPU 过热造成重启。一般来说，CPU 风扇转速过低或 CPU 过热都会造成计算机死机。目前市场上大部分主板均有 CPU 风扇转速过低和 CPU 过热保护功能，当检测到 CPU 风扇转速低于某一数值，或者 CPU 温度超过某一度数，计算机将持续自动重启。

检测方法：将 BIOS 恢复默认设置，关闭上述保护功能，如果计算机不再重启，就可以确认故障源。

解决方法：更换更好的 CPU 散热器风扇，以改善 CPU 散热性能。

② 主板电容漏电爆浆（损坏）造成主板不稳定重启。计算机在长时间使用后，由于散热不良，部分质量较差的主板电容爆浆。如果只是轻微漏电爆浆，计算机依然可以正常使用。但随着主板电容漏电爆浆的严重化，主板会变得越来越不稳定，出现重启的故障。

检测方法：打开机箱平放，仔细观察主板上的电容，正常电容的顶部是完全平的，部分电容会有点内凹，但漏电爆浆的电容是凸起的。

　　解决方法：更换主板，或将主板漏电爆浆的电容进行更换。

3. 操作系统故障及解决方法

　　目前，计算机硬件和软件变得更加密不可分，许多原先由硬件实现的功能改由软件实现，对计算机来说，软件成份占了相当大部分，很多软件故障客观上也表现为硬件的故障。它要求维修人员既要具备硬件知识，又要具备相当的软件知识，具体问题具体分析，灵活解决计算机的各种故障。

　　（1）网卡驱动及 IP 设置问题。在确保有网卡驱动的情况下，进入"设备管理器"，右击其中的"网络适配器"，在快捷菜单中选择"卸载"，单击"确定"按钮。完成卸载后重启系统，如果 Windows 系统能够识别网卡，会自动安装驱动程序，反之则会提示安装驱动，只需安装好驱动，就会解决问题。新网卡插到计算机扩充槽后，只要重新启动计算机，系统就能找到新硬件，接着配置 IP 地址、子网掩码和网关，就可正常使用了。但当系统找不到网卡时，可在"设备管理器"中，查看网络适配器的设置，若看到网卡驱动程序项目左边标有黄色的惊叹号，则可断定网卡驱动程序工作不正常，这时可将网络适配器在系统配置中删除，然后重新启动计算机，系统就会检测到新硬件的存在，重新安装驱动程序就行了。有些网卡装完驱动后，系统要扫描很久之后，下角还会出现带黄色叹号的连接图标，需要配置 IP 地址和子网掩码，再单击"确定"按钮。

　　（2）能上 QQ 却无法打开网页问题。如果能上 QQ，却无法打开网页，可能是 DNS 服务地址设置有问题。可右击屏幕右下角的"网络"图标，选择"打开网络和共享中心"选项，单击打开"本地连接"后单击"属性"，在"本地连接 属性"对话框中选中"Internet 协议版本 4 (TCP/IPv4"，单击"属性"按钮，更改其属性中"DNS 服务地址"即可。

10.1.5　总结与回顾

　　在本教学情境中首先介绍了系统常见故障分类、检测原则、常见软/硬件故障的排除方法及计算机日常维护需要的知识，在任务实施中以蓝屏故障、经常重启、网卡驱动及 IP 设置等作为实例进行故障的诊断及解决。其实计算机的广泛应用就伴随着计算机的故障的大量产生，这就要求计算机的使用者掌握一些简单的计算机故障处理方法，不能一遇到问题就找专业维修人员，造成工作效率下降。用户可以结合本任务介绍故障产生的原因、故障现象、诊断的原则和故障排除的几种方法，解决一些常见的计算机故障，从而使计算机更好地为我们服务。

10.1.6　拓展知识

1. 显卡和声卡的维护处理

　　显卡是计算机发热的主要部位之一，显卡故障排除方法主要是检查显卡及其插槽，还要注意显示器信号线插头与显卡插座是否接触良好，平时要注意显卡风扇的运转是否灵活、是否有明显的噪声等，以延长显卡的使用寿命。对于声卡来说，在插拔麦克风和音箱时，最好不要在带电环境下进行上述操作，而是要在关闭电源的情况下进行，以免损坏其他配件。

2. CPU 故障的维护处理

　　CPU 风扇散热的好坏与计算机正常运行关系很大。散热器一旦出现故障，就会因温度升高而导致计算机性能大幅度下降，严重的话会烧毁 CPU。因此，平时使用时，不能忽视对其散热部件的保养，比如在气温较高的情况下，应该及时对散热风扇进行除尘处理，必要时更换散热风扇。

3. 内存故障的维护处理

开机后，若显示器没有画面，只听到连续的"哗哗哗"三声或"嘟嘟"声，或者屏幕上出现"Memory test fail"错误信息，则说明是内存出现故障。遇到这种故障，通常把内存条拔下来再插回去就可以排除，不过，一般还应该用橡皮或稍粗糙的干纸巾擦一擦内存条上的金手指。如果故障还无法排除，可以检查内存插槽有无变形、损坏。内存条的损坏判断比较困难，有时内存条坏了，开机后也有可能不出现任何报警提示。为了确定内存条是否损坏，可以用好的内存条插上试试。若内存条没有故障，则表示插槽接触不良，那就需要更换主板。

4. 电源故障的维护处理

计算机接通电源后，如果机箱电源指示灯不亮，风扇不转，故障就有可能出现在电源上。一旦出现这样的情况，要依次检查各电源导线是否通路，电源插头和按钮开关导线接头是否接好，如有必要，可打开电源盒直观检查电源，但检查前一定要断开电源，不能带电操作。如果以上检查都没有问题，则很可能是电源烧坏了（有条件的可用万能表测量输出电压加以核实），必须更换或请专业人员修理电源盒。

10.1.7 思考与训练

1. 简答题

（1）系统常见故障分类有哪些？
（2）系统常见故障检测原则是什么？
（3）常见软/硬件故障的排除方法有哪些？
（4）计算机日常维护需要的知识有哪些？

2. 实做题

根据前面介绍的知识，处理如蓝屏故障、经常重新启动、网卡驱动及IP设置等常见故障。

任务 11 计算机网络常见故障分析

网络故障极为普遍，网络故障的种类也多种多样，要在网络出现故障时及时对出现故障的网络进行维修，以最快的速度恢复网络的正常运行，掌握一套行之有效的网络维修维护理论、方法和技术是关键。本情境对网络中常见故障进行分类、分析并提出相应的解决方法。

11.1.1 学习目标

通过本教学情境的学习，应该达到的知识目标和能力目标如下表。

知识目标	能力目标
• 了解网络常见故障分类；	• 熟练掌握网络测试命令；
• 了解常见网络故障判断步骤；	• 熟练掌握连通测试及常见故障排除；
• 了解网络维护中注意事项	• 熟练掌握各种网络故障的诊断与维护

11.1.2 引导案例

1. 工作任务名称

计算机网络常见故障分析诊断。

2. 工作任务背景

学校各部门的计算机时常出现各种故障，如不能上网、不能共享打印机或文件、连接 Internet 速度过慢等，影响了学校的正常教学工作。

3. 工作任务分析

计算机网络自建成运行之后，网络出现故障在所难免，作为网络使用者需要具备常见网络故障的常识，才能及时解决网络故障，排查故障，才能拥有一个畅通无阻的、高效的网络环境。网络故障诊断应该实现三方面的目的：一是确定网络的故障点，恢复网络的正常运行；二是发现网络规划和配置中欠佳之处，改善和优化网络的性能；三是观察网络的运行状况，及时预测网络通信质量。

网络故障诊断以网络原理、网络配置和网络运行的知识为基础。从故障现象出发，以网络诊断工具为手段获取诊断信息，确定网络故障点，查找问题的根源，排除故障，恢复网络正常运行。

4. 条件准备

除了必须熟练掌握的网络测试命令（如 ping、ipconfig 等）外，还应准备一些测试工具，如线缆测试仪、交换机测试仪、万用表等。

11.1.3 相关知识

1. 网络常见故障分类

在现行的网络管理体制中，由于网络故障的多样性和复杂性，网络故障分类方法也不尽相同。根据常见的网络故障可分为物理类故障和逻辑类故障两大类。

（1）物理类故障。物理类故障一般是指线路或设备出现物理类问题或者说硬件类问题。

① 线路故障。在日常网络维护中，线路故障的发生率是相当高的，约占发生故障的 70%。线路故障通常包括线路损坏及线路受到严重电磁干扰。

排查方法：如果是短距离的范围内，判断网线好坏简单的方法是将该网络线一端插入一台确定能够正常连入局域网主机的"RJ-45"插座内，另一端插入确定正常的 Hub 端口，然后从主机的一端"ping"线路另一端的主机或路由器，根据通断来判断即可。如果线路稍长，或者网线不方便移动，就用网线测试器测量网线的好坏。如果线路很长，比如由邮电部门等供应商提供的，就需通知线路提供商检查线路，看线路中间是否被切断。

对于是否存在严重电磁干扰的排查，可以用屏蔽能力较强的屏蔽线在该段网路上进行通信测试。如果通信正常，则表明存在电磁干扰，注意远离如高压电线等电磁场较强的物体；如果同样不正常，则应排除线路故障并考虑其他原因。

② 端口故障。端口故障通常包括插头松动和端口本身的物理故障。

排查方法：此类故障通常会影响到与其直接相连设备的信号灯。因为信号灯比较直观，所以可以通过信号灯的状态大致判断出故障的发生范围和可能原因。也可以尝试使用其他端口看能否连接正常。

③ 集线器或路由器故障。集线器或路由器故障在此是指物理损坏，无法工作，导致网络不通。通常最简易的方法是替换排除法，用通信正常的网线和主机来连接集线器或路由器，如能正常通信，集线器或路由器正常；否则再转换集线器端口，排查是端口故障还是集线器或路由器的故障。很多时候，集线器或路由器的指示灯也能提示其是否有故障，正常情况下对应端口的灯应为绿灯。如若始终不能正常通信，则可认定是集线器或路由器故障。

④ 主机物理故障。网卡故障，也归为主机物理故障，因为网卡多装在主机内，靠主机完成配置和通信，即可以看做网络终端。此类故障通常包括网卡松动、网卡物理故障、主机的网卡插槽故障和主机本身故障。

排查方法：对于网卡松动可更换网卡插槽。对于网卡物理故障的情况，可以拿到其他正常工作的主机上测试网卡。如若仍无法工作，可以认定是网卡物理损坏，更换网卡即可。

（2）逻辑类故障。逻辑故障中的最常见情况是配置错误，也就是指因为网络设备的配置错误而导致的网络异常或故障。

① 路由器逻辑故障。路由器逻辑故障通常包括路由器端口参数设定有误、路由器路由配置错误、路由器 CPU 利用率过高和路由器内存余量太小等。

排查方法：路由器端口参数设定有误，会导致找不到远端地址。用"ping"命令或用"Traceroute"命令，查看在远端地址哪个节点出现问题，对该节点参数进行检查和修复。

路由器路由配置错误，会使路由循环或找不到远端地址。比如，两个路由器直接连接，这时应该让一台路由器的出口连接到另一路由器的入口，而这台路由器的入口连接另一路由器的出口才行，这时制作的网线就应该满足这一特性，否则也会导致网络错误。该故障可以用"Traceroute"命令，如果发现在"Traceroute"结果显示在某一段之后，两个 IP 地址循环出现，一般就是线路远端把端口路由又指向了线路的近端，导致 IP 包在该线路上来回反复传递。解决路由循环的方法就是重新配置路由器端口的静态路由或动态路由，把路由设置为正确配置，就能恢复线路了。

路由器 CPU 利用率过高和路由器内存余量太小，导致网络服务的质量变差，比如路由器内存余量越小丢包率就会越高等。检测这种故障，利用"MIB 变量浏览器"较直观，它收集路由器的路由表、端口流量数据、计费数据、路由器 CPU 的温度、负载以及路由器的内存余量等数据，通常情况下网络管理系统有专门的管理进程，不断地检测路由器的关键数据，并及时给出报警。解决这种故障，只有对路由器进行升级、扩大内存等，或者重新规划网络拓扑结构。

② 一些重要进程或端口关闭。一些有关网络连接数据参数的重要进程或端口受系统或病毒影响而导致意外关闭。比如，路由器的"SNMP"进程意外关闭，这时网络管理系统将不能从路由器中采集到任何数据，因此网络管理系统失去了对该路由器的控制，导致线路中断，没有流量。

排查方法：用"ping"命令查看线路近端的端口是否能"ping"通，"ping"不通时检查该端口是否处于"down"的状态，如果是则说明该端口已经给关闭了，因而导致故障。这时只需重新启动该端口，就可以恢复线路的连通。

③ 主机逻辑故障。主机逻辑故障所造成的网络故障率是较高的，通常包括网卡的驱动程序安装不当、网卡设备有冲突、主机的网络地址参数设置不当、主机网络协议或服务安装不当和主机安全性故障等。

网卡的驱动程序安装不当，包括网卡驱动未安装或安装了错误的驱动出现不兼容，都会导致网卡无法正常工作。排查方法：在设备管理器窗口中，检查网卡选项，看是否驱动安装正常，若网卡型号前标示出现红色的叉号或黄色的问号（感叹号），表明此时网卡无法正常工作。只要找到正确的驱动程序重新安装即可。

网卡设备与主机其他设备有冲突，会导致网卡无法工作。排查方法：分别查验网卡设置的接头类型、IRQ、I/O 端口地址等参数。若有冲突，只要重新设置（有些必须调整跳线），或者更换网卡插槽，让主机认为是新设备重新分配系统资源参数，一般都能使网络恢复正常。

主机的网络地址参数设置不当是常见的主机逻辑故障。比如，主机配置的 IP 地址与其他主机冲突，或 IP 地址根本就不在此网络范围内，这将导致该主机不能连通。排查方法：在"本地连接 属性"对话框中选中"Internet 协议版本 4（TCP/IPv4），单击"属性"按钮，查看 TCP/IP 参数是否符合要求，包括 IP 地址、子网掩码、网关和 DNS 参数，进行修复。

④ 主机安全故障。主机故障的另一种可能是主机安全故障。通常包括主机资源被盗、主机被黑客控制、主机系统不稳定等。

主机资源被盗，主机无法控制其"finger"、"RPC"、"rlogin"等服务。攻击者可以通过这些进程的正常服务或漏洞攻击该主机，甚至得到管理员权限，进而对磁盘所有内容有任意复制和修改的权限。还需注意的是，不要轻易地共享本机硬盘，因为这将导致恶意攻击者非法利用该主机的资源。

主机被黑客控制，会导致主机不受操纵者控制。通常是由于主机被安置了后门程序所致。发现此类故障一般比较困难，一般可以通过监视主机的流量、扫描主机端口和服务、安装防火墙和加补系统补丁来防止可能的漏洞。

主机系统不稳定，往往也是由于黑客的恶意攻击，或者主机感染病毒造成。通过杀毒软件进行查杀病毒，排除病毒的可能。或者重新安装操作系统，并安装操作系统最新的补丁程序，安装防火墙、防黑客软件和服务来防止漏洞的产生所造成的恶性攻击。

2. 网络常见故障判断步骤及维护中注意事项

（1）网络常见故障判断步骤。

① 首先检查网卡是否正常。每块网卡都带有 LED 指示灯，位置一般在主机箱的背面，绿灯表示连接正常，有的绿灯和红灯都要亮，红灯表示连接故障，不亮表示无连接或线路不通。

根据数据流量的大小，指示灯会时快时慢闪烁。正常情况下，在不传送数据时，网卡的指示灯闪烁较慢，传送数据时，闪烁较快。

② 连接计算机与其他网络设备的跳线、网线是否畅通。网络连线的故障通常包括网络线内部断裂、双绞线和 RJ-45 水晶头接触不良。可用测线器检测。

③ 两边的"RJ-45"水晶头是否插好。

④ 网卡插座是否有故障。

（2）网络维护中注意事项。

网络故障具体的诊断技术，总体来说是遵循先软后硬的原则，但是具体情况要具体分析，在网络维护中还需要注意以下几个方面。

① 建立完整的组网文档，以进行维护时查询。如系统需求分析报告、网络设计总体思路和方案、网路拓扑结构的规划、网络设备和网线的选择、网络的布线、网络的 IP 分配、网络设备分布等。

② 做好网络维护日志的良好习惯，尤其是有一些发生概率低但危害大的故障和一些概率高的故障，对每台机器都要做完备的维护文档，以便于故障的排查。这也是一种经验的积累。

③ 提高网络安全防范意识，提高口令的可靠性，并为主机加装最新的操作系统的补丁程序和防火墙、防黑客软件，以防止可能出现的漏洞。

11.1.4 任务实施

1. 连通测试及常见故障排除

在测试网络上两台计算机之间是否连接畅通时，经常使用"ping"命令。"ping"命令的工作原理是本机先向对方发一些数据包，如果网络畅通，对方将收到这些数据包，并向本机返回收到的信息；如果本机在限定时间内没有收到对方发来的回应信息，则认为网络不通。故障解决方法如下。

（1）使用"ping"命令测试网络的具体方法为：首先进入"命令提示符"界面，单击"开始"按钮，在"搜索程序和文件"文本框中输入"cmd"后回车确认，进入"命令提示符"界面。在此界面下输入"ping"命令由近及远地测试网络。

在"命令提示符"界面输入"ping 127.0.0.1"，其中"127.0.0.1"是所谓的 Loopback 地址。目的地址为"127.0.0.1"的信息不会送到网络上，而是送到本机的 Loopback 驱动程序。该操作用来测试本机的 TCP/IP 协议是否正常。如测试结果正常，则相应的信息如图 11.1 所示。

图 11.1　ping 127.0.0.1

图 11.1 显示内容是向 "127.0.0.1" 地址发出 4 个 ICMP 测试数据包，每个包 32 字节。每个包响应的时间小于 1ms。如果测试出现问题，则可通过重新安装 TCP/IP 协议来排除故障。

（2）"ping" 本机 IP 地址。用于测试网络设备是否正常，如本机地址为 "192.168.1.10"，则输入 "ping 192.168.1.10"。若网络设备有问题，例如网卡 IRQ 设置有误，此时屏幕出现如图 11.2 所示的结果。该故障可通过更换新网卡来解决。

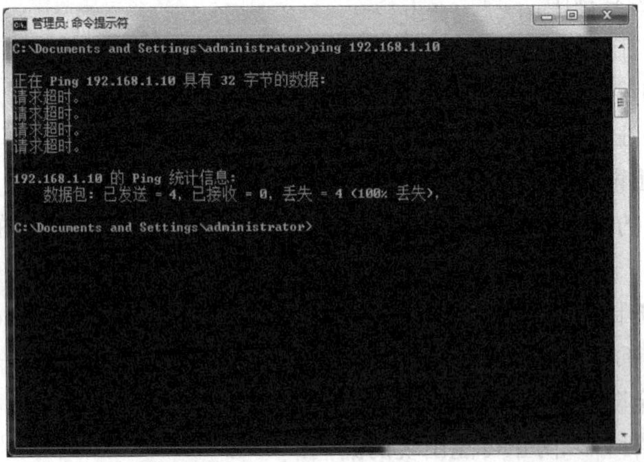

图 11.2 ping 本机 IP 地址

（3）"ping" 路由器 IP 地址。如果本机网络设备正常，就该测试对外连接的路由器（默认网关）了。若成功，代表内部网络与对外连接的路由器正常。若出现问题，可对路由器进行进一步检测，以排除故障。

（4）"ping" 外网 IP 地址。如果对外连接的路由器可以 "ping" 通，接下来就可以测试 Internet 上的任意一台主机。测试时目的地址可以是 IP 地址，也可以使用域名地址。如 "ping www.163.com" 或 "ping 60.28.178.159" 都可以，如图 11.3 所示，用以确定主机是否可以与外网进行通信。如果出现不同的故障，可以通过测试结果来分析是本地网络出现问题，还是互联网服务提供商（ISP）端出现问题，以便进一步排除故障。

图 11.3 ping 测试与外网的连通性

（5）路由跟踪命令 "tracert"。该命令用来跟踪一台主机到另一台主机所走过的路径，从而找出沿途所经过的路由器。例如，tracert www.163.com，结果如图 11.4 所示。通过该命令，可排除路由过程中出现的丢包问题。如果出现这类问题，可通过更换新的路由协议，或重新布置、配置路由器来解决。

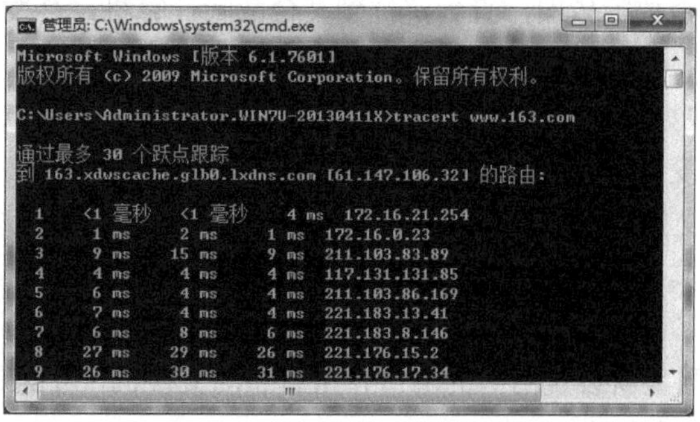

图 11.4　tracert www.163.com

（6）添加路由信息应对 ARP 欺骗。一般的 ARP 欺骗都是更改默认网关的，可以通过给本机添加静态路由来解决此类问题。因为只要添加了静态路由，那么本机发送的数据包就会通过指定路由传出，自然就不会因为 ARP 欺骗数据包存在而指向错误的网关了。进入"命令提示符"界面，手动添加路由。删除默认路由："route delete 0.0.0.0"；添加路由："route add –p 0.0.0.0 mask 0.0.0.0 192.168.1.2 metric 1"；确认修改："route change"，如图 11.5 所示。

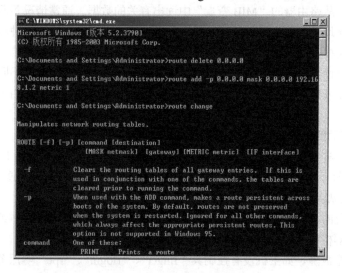

图 11.5　添加路由实验

2. 计算机不能上网的故障解决方法

（1）对于同时有一批计算机不能上网的故障，首先要找到这些计算机的共性，如它们是否属于同一个"VLAN"或接在同一台交换机上。若这些计算机属于同一"VLAN"，且分别连接于不同楼层的交换机，那么检查一下路由器上是否有 ACL 限制，在路由器上该 VLAN 的配置是否正确，路由协议（如 OSPF 协议）是否配置正确。

（2）若这些计算机属于同一交换机，则应该到机房检查该交换机是否有电源松落情况，或该交换机 CPU 负载率是否很高，与上一级网络设备的链路是否正常。

（3）通常某交换机连接的所有计算机都不能正常与网内其他计算机通信，这是典型的交换机死机现象，可以通过重新启动交换机的方法解决。

（4）如果重新启动后故障依旧，则检查一下那台交换机连接的所有计算机，逐个断开连接的每台计算机，查看是否故障依旧，直到定位到某台故障计算机，会发现多半是该计算机的网卡故障导致。

3. 交换机故障解决办法

交换机的某个端口变得非常缓慢，最后导致整台交换机或整个网络慢下来。通过控制台检查交换机的状态，发现交换机的缓冲池增长得非常快，达到了90%或更多。故障解决方法如下。

（1）首先应该使用其他计算机更换这个端口上原来连接的计算机，看是否是由这个端口连接的那台计算机的网络故障导致的。

（2）如故障依旧，则重新设置出错的端口并重新启动交换机，可能是这个端口损坏造成的。

4. 路由器故障的解决方法

（1）线路故障很多都涉及到路由器，因此也可以把一些线路故障归结为路由器故障。但线路涉及到两端的路由器，因此在考虑线路故障时，要涉及到多个路由器。有些路由器故障仅仅涉及到路由器本身，这些故障比较典型的就是路由器CPU温度过高、CPU利用率过高和路由器内存余量太小。其中最危险的就是路由器CPU温度过高，一旦这种情况发生，可能导致路由器烧毁。而CPU利用率过高或路由器内存余量太小都将直接影响到网络服务的质量，比如路由器上丢包率就会随内存余量的下降而上升。在检测这种类型的故障时，需要利用"MIB变量浏览器"这种工具，从路由器的"MIB变量"中读出有关的数据。通常情况下网络管理系统有专门的管理进程不断地检测路由器的关键数据，并及时给出报警。而解决这种故障，可以对路由器进行升级、扩展内存等，或者重新规划网络的拓扑结构。

（2）另一种路由器故障就是自身的配置出现错误。如配置的协议类型不匹配、配置的端口不对、时钟速率不匹配等问题，这种故障比较少见，在使用初期配置好路由器基本上就不会出现这些问题了。

5. 主机故障的解决方法

（1）主机故障常见的现象就是主机的配置出现问题。比如，主机配置的IP地址与其他主机相冲突，或IP地址不属于这个子网的范围，这些错误将导致该主机不能连通。如学校机房的网段属于172.16.18.0/24，所以主机地址只有设置在这个网段内才有效。

（2）服务设置的故障。如E-mail服务器设置不当导致不能收发E-mail，或者域名服务器设置不当导致不能解析域名等情况。这些情况需要重新设置相应的服务。

（3）主机安全故障，如主机没有控制其"finger"、"rlogin"、"rpc"等服务，恶意攻击者就可以通过这些多余进程的正常服务或"bug"来攻击该主机，甚至得到该主机的超级用户权限等。这些问题应该及早避免，禁止使用这些服务。

（4）主机的其他故障，如共享本机硬盘不当等，将导致恶意攻击者非法利用该主机的资源。

发现主机故障是一件困难的事情，特别是别人的恶意攻击。一般可以通过监视主机的流量、扫描主机的端口、扫描主机的服务来防止可能出现的漏洞。当发现主机受到攻击之后，应立即分析可能出现漏洞的地方，予以补救。同时及时通知网络管理人员注意。

现在各大高校都安装了硬件防火墙，如果硬件防火墙的设置不当，也会造成网络连接故障的发生。只要在设置硬件防火墙时加以注意，这类故障就不会发生。

6. 浏览器损坏的故障解决办法

在浏览网页时，IE 浏览器经常是病毒和木马攻击的目标，有时 IE 设置被莫名其妙地修改，例如，标题和默认主页被更换等。当 IE 浏览器出现问题时有两种解决方法：一种是手工调整注册表，打开"HKEY_CURRENT_USER\Microsoft\Internet Exporler\Main"，指向"StartPage"项并右击，在弹出的快捷菜单中选择"修改"菜单项，打开"编辑字符串"对话框，输入默认主页的名称；二是利用 IE 修复工具进行修复，如超级兔子、360 安全卫士等。

11.1.5 总结与回顾

本教学情境中主要介绍了计算机网络常见故障的分类、判断步骤及注意事项，用常见网络故障实例进行了分析诊断，最后介绍了网络软/硬件的维护。通过不断的实践积累，掌握一套行之有效的网络维护理论、方法和技术以维护网络安全。

11.1.6 拓展知识

1. 计算机网络硬件的维护

首先检测联网计算机网卡、网线、集线器、交换机、路由器等故障，计算机硬盘、内存、显示器等是否能够正常运行，对临近损坏的计算机硬件要及时进行更换。同时要查看网卡是否进行了正确的安装与配置。具体来说要确定联网计算机硬件能够达到联网的基本要求，计算机配置的硬件不会与上网软件发生冲突而导致不能正常联网。

2. 计算机网络软件的维护

（1）计算机网络设置检查。包括检查服务器是否正常，访问是否正常，以及检查网络服务、协议是否正常。

（2）集线器、交换器和路由器等网络设备的检查。包括检测网络设备的运行状态，检测网络设备的系统配置。

（3）网络安全性的检测。包括对服务器上安装的防病毒软件进行定期升级和维护，对系统进行定期的查杀病毒处理；对服务器上安装的防火墙做不定期的系统版本升级，检测是否有非法用户入网入侵行为；对联网计算机上的数据库做安全加密处理并对加密方式和手段进行定期更新，以保障数据的安全性。

（4）网络通畅性检测。在进行网络维护的过程中，经常会遇到网络通信不畅的问题，其具体表现为网络中的某一节点"ping"其他主机，显示一个很小的数据包，需要几百甚至几千毫秒，传输文件非常慢，遇到这种情况，应首先查看集线器或交换机的状态指示灯，并根据情况进行判断。

11.1.7 思考与训练

1. 简答题

（1）简述计算机网络常见故障分类。

（2）简述常见网络故障判断步骤。

（3）简述网络维护中注意事项。

2. 实做题

（1）熟练掌握连通测试及常见故障排除方法。

（2）熟练掌握各种网络故障的诊断与维护。

参考文献

[1] 李立功. 计算机网络应用基础项目教程. 北京：电子工业出版社，2013.9.
[2] 张伟，唐明. 计算机网络技术. 北京：清华大学出版社，2017.02.
[3] 丛书编委会. 计算机组装与维护. 北京：电子工业出版社，2012.1.
[4] 龚娟. 计算机网络基础（第 2 版）. 北京：人民邮电出版社，2013.3.